Springer Studium Mathematik – Bachelor

Herausgegeben von

M. Aigner, Freie Universität Berlin, Berlin, Germany

H. Faßbender, Technische Universität Braunschweig, Braunschweig, Germany

B. Gentz, Universität Bielefeld, Bielefeld, Germany

D. Grieser, Universität Oldenburg, Oldenburg, Germany

P. Gritzmann, Technische Universität München, Garching, Germany

J. Kramer, Humboldt-Universität zu Berlin, Berlin, Germany

V. Mehrmann, Technische Universität Berlin, Berlin, Germany

G. Wüstholz, ETH Zürich, Zürich, Switzerland

Die Reihe „Springer Studium Mathematik" richtet sich an Studierende aller mathematischen Studiengänge und an Studierende, die sich mit Mathematik in Verbindung mit einem anderen Studienfach intensiv beschäftigen, wie auch an Personen, die in der Anwendung oder der Vermittlung von Mathematik tätig sind. Sie bietet Studierenden während des gesamten Studiums einen schnellen Zugang zu den wichtigsten mathematischen Teilgebieten entsprechend den gängigen Modulen. Die Reihe vermittelt neben einer soliden Grundausbildung in Mathematik auch fachübergreifende Kompetenzen. Insbesondere im Bachelorstudium möchte die Reihe die Studierenden für die Prinzipien und Arbeitsweisen der Mathematik begeistern. Die Lehr- und Übungsbücher unterstützen bei der Klausurvorbereitung und enthalten neben vielen Beispielen und Übungsaufgaben auch Grundlagen und Hilfen, die beim Übergang von der Schule zur Hochschule am Anfang des Studiums benötigt werden. Weiter begleitet die Reihe die Studierenden im fortgeschrittenen Bachelorstudium und zu Beginn des Masterstudiums bei der Vertiefung und Spezialisierung in einzelnen mathematischen Gebieten mit den passenden Lehrbüchern. Für den Master in Mathematik stellt die Reihe zur fachlichen Expertise Bände zu weiterführenden Themen mit forschungsnahen Einblicken in die moderne Mathematik zur Verfügung. Die Bücher können dem Angebot der Hochschulen entsprechend auch in englischer Sprache abgefasst sein.

Weitere Bände dieser Reihe finden sie unter
http://www.springer.com/series/13446

Lars Grüne · Oliver Junge

Gewöhnliche Differentialgleichungen

Eine Einführung aus der Perspektive der dynamischen Systeme

2., aktualisierte Auflage

 Springer Spektrum

Lars Grüne
Mathematisches Institut
Universität Bayreuth
Bayreuth, Deutschland

Oliver Junge
Zentrum Mathematik
Technische Universität München
Garching, Deutschland

ISBN 978-3-658-10240-1
DOI 10.1007/978-3-658-10241-8

ISBN 978-3-658-10241-8 (eBook)

Die Deutsche Nationalbibliothek verzeichnet diese Publikation in der Deutschen Nationalbibliografie; detaillierte bibliografische Daten sind im Internet über http://dnb.d-nb.de abrufbar.

Springer Spektrum
© Springer Fachmedien Wiesbaden 2009, 2016

Planung: Ulrike Schmickler-Hirzebruch

Gedruckt auf säurefreiem und chlorfrei gebleichtem Papier.

Springer Fachmedien Wiesbaden GmbH ist Teil der Fachverlagsgruppe Springer Science+Business Media
(www.springer.com)

Vorwort

Dieses Buch bietet eine kompakte Einführung in die Theorie der gewöhnlichen Differentialgleichungen aus dem Blickwinkel der dynamischen Systeme. Ziel ist es, sowohl die Kernaussagen der klassischen Theorie zu vermitteln, als auch einen Einblick in zahlreiche verwandte und darauf aufbauende Themen zu geben. Die Darstellung ist dabei so konkret wie möglich gehalten.

Das Buch gliedert sich in zwei Teile. Im ersten Teil wird die grundlegende Theorie linearer und nichtlinearer Differentialgleichungen – Existenz und Eindeutigkeit, Darstellung und Regularität von Lösungen – mit ausführlichen Beweisen und vielen Beispielen behandelt. Neben einem Kapitel mit ausgewählten Techniken zur analytischen Lösung von Differentialgleichungen findet sich dabei auch ein einführendes Kapitel zur numerischen Integration von Anfangswertproblemen, um die Relevanz dieser Methoden in der Praxis zu betonen. Diese beiden Kapitel werden ergänzt durch zwei einführende Anhänge zu den Paketen MAPLE und MATLAB, die zum Experimentieren anregen sollen. Auf der zum Buch gehörigen Web-Seite http://www.dgl-buch.de stehen neben den in den beiden Anhängen beschrieben Worksheets und M-Files weitere Programme zur Verfügung, die sich auch zur Verwendung in Vorlesungen eignen. Insbesondere sei dabei das Pendel-Demonstrationsprogramm pendel_anim.m erwähnt, mit dem die Lösungen des linearen und des nichtlinearen Pendel-Modells auf verschiedene Weise animiert dargestellt werden können, vgl. Abb. 1. Viele im Buch erläuterten Konzepte können hiermit experimentell nachvollzogen werden.

Der zweite Teil des Buches beginnt mit Kap. 7 und ist fokussiert auf Themen aus der Theorie der Dynamischen Systeme und Anwendungen. Hier soll insbesondere deutlich werden, in welcher Weise die grundlegenden Aussagen und Techniken des ersten Teils helfen, Modelle realer Systeme detailliert zu analysieren. Die Kapitel zur Stabilitätstheorie führen auf Fragen der Steuerungs- bzw. Regelungstheorie hin, die insbesondere in den Ingenieurwissenschaften von zentralem Interesse sind. Die Kapitel über spezielle Lösungsmengen, Verzweigungen und Attraktoren führen das Thema im Hinblick auf die Änderung von Systemparametern bzw. allgemeinere Stabilitätskonzepte fort. Im Kapitel über Hamilton-Systeme erarbeiten wir Basiswissen zu dieser in der Mechanik, Physik und Chemie so wichtigen Systemklasse, das im abschließenden Kapitel aufgegriffen wird, in

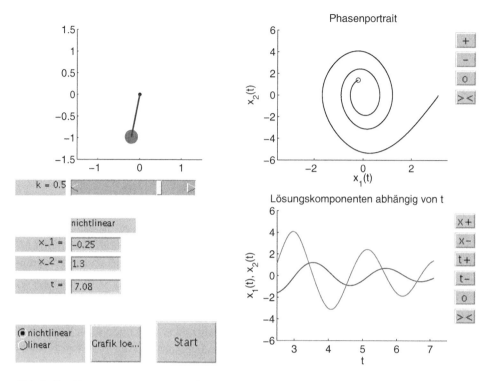

Abb. 1 Das Programm `pendel_anim.m`

dem Modellierung und Analyse mit gewöhnlichen Differentialgleichungen exemplarisch anhand dreier Anwendungsbeispiele durchgeführt wird.

Im Vergleich zur ersten Auflage haben wir die Anordnung des Stoffs in der vorliegenden, gründlich überarbeiteten zweiten Auflage ein wenig umgestellt. Insbesondere wurde die Behandlung der Stabilitätstheorie für Gleichgewichte vorgezogen und wird nun vor der Einführung weiterer Begriffe aus der Theorie dynamischer Systeme behandelt, was uns aus didaktischer Sicht vorteilhaft erscheint. Zudem wurden kleinere Ergänzungen im Stoff gemacht sowie Fehler und Ungenauigkeiten beseitigt.

Hinweise für Dozenten

Das Buch ist so strukturiert, dass ein Kapitel in etwa dem Stoff einer Vorlesungswoche mit vier Wochenstunden entspricht. Es ist daher möglich, das Buch direkt als Vorlage für eine vierstündige Vorlesung mit 13 Semesterwochen zu verwenden. Da auch wir selbst aber eher selten so vorgehen, ist es uns wichtig, dennoch Raum für individuelle Schwerpunkte zu lassen. Gründe hierfür gibt es viele: Eine Dozentin, die viel Wert auf ausführliche Erläuterungen von Beweisen legt, wird in den Grundlagenkapiteln möglicherweise mehr Zeit

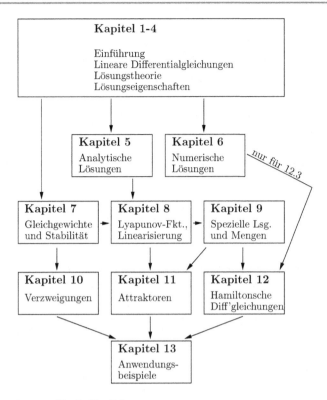

Abb. 2 Voraussetzungen für die Kapitel

benötigen, während ein Dozent, der die anwendungsorientierten Aspekte betont, diesen Teil schneller abhandelt und dafür mehr Zeit auf die Beispiele verwendet. Eine praxisorientierte Vorlesung kann die Anhänge über MAPLE und MATLAB, die ansonsten in den Übungen behandelt oder den Studierenden zum Selbststudium empfohlen werden können, in die Vorlesung integrieren und dafür Beweise nur skizziert vorstellen oder einzelne Abschnitte oder Kapitel weglassen. In einem Curriculum, in dem eine Vorlesung über numerische Methoden für Differentialgleichungen zum Kanon gehört, kann das Kap. 6 ausgelassen oder stark gekürzt werden; wenn andererseits der Existenz- und Eindeutigkeitssatz bereits in der grundlegenden Analysis-Vorlesung behandelt wird, kann er hier sicherlich auch recht kurz abgehandelt werden. Und nicht zuletzt gibt es an vielen Hochschulen Kurse über Differentialgleichungen, die nur drei oder zwei Wochenstunden vorsehen, so dass Kürzungen des Stoffes unumgänglich sind.

Um solche Schwerpunktsetzungen und Kürzungen so einfach wie möglich zu machen, haben wir die Voraussetzungen für die einzelnen Kapitel in Abb. 2 grafisch dargestellt.

Ein Pfeil von Kapitel *x* zu Kapitel *y* bedeutet dabei, dass Kapitel *x* Stoff enthält, der in Kapitel *y* benötigt wird. Dies bedeutet natürlich nicht, dass *alle* Definitionen und Resultate dieser Kapitel dort gebraucht werden. Wenn also die vollständige Behandlung eines vorhergehenden Kapitels aus Zeitgründen nicht möglich ist, empfiehlt es sich, genauer zu prüfen, welche Teile tatsächlich benötigt werden. Insbesondere gilt dies für die Anwendungsbeispiele in Kap. 13, die bei entsprechender Aufbereitung auch parallel zum aktuell behandelten Stoff in eine Vorlesung integriert werden können.

Die Anhänge zu MAPLE und MATLAB sind in Abb. 2 nicht berücksichtigt, weil sie primär zur Behandlung in den Übungen oder zum Selbststudium gedacht sind. Sie setzen den Stoff der Kapitel 1–5 für die analytischen Methoden sowie von Kapitel 6 für die numerischen Methoden voraus; will man allerdings nur die Bedienung der numerischen Methoden erlernen, ohne viel Wert auf den theoretischen Hintergrund zu legen, so kann man die Anhänge auch ohne Kapitel 6 lesen.

Danksagung

Wir möchten an dieser Stelle den Herausgebern der Reihe *Springer Studium Mathematik – Bachelor* des Verlages Springer Spektrum danken, ohne deren Anregung dieses Buchprojekt wahrscheinlich nicht begonnen worden wäre. Großer Dank gebührt zudem Nils Altmüller, Stefan Jerg, Péter Koltai, Marcus von Lossow, Florian Müller, Sina Ober-Blöbaum, Jürgen Pannek und Karl Worthmann, die durch gründliches Korrekturlesen, vielfältige Anregungen zur Präsentation des Stoffes und nicht zuletzt das Probelösen der Übungsaufgaben zum Gelingen des Buches entscheidend beigetragen haben. Für alle verbleibenden Fehler übernehmen natürlich allein wir die Verantwortung, sind aber dankbar für jeden Hinweis.

Bayreuth   Lars Grüne
München, im April 2015   Oliver Junge

Inhaltsverzeichnis

Einführung

Differentialgleichungen sind Gleichungen, die eine Funktion mittels ihrer Werte und denen ihrer Ableitungen charakterisieren. Im Falle *gewöhnlicher* Differentialgleichungen ist dies eine Funktion, die auf den reellen Zahlen $\mathbb{R}$ definiert ist, also eine Abbildung von $\mathbb{R}$ (oder einer Teilmenge von $\mathbb{R}$) in einen beliebigen Bildraum. In diesem Buch werden wir dieses eindimensionale Argument der Lösungsfunktion stets als *Zeit* auffassen und mit $t \in \mathbb{R}$ bezeichnen. Als Bildraum betrachten wir hier ausschließlich den euklidischen Raum $\mathbb{R}^d$. Die in diesem Buch betrachteten gewöhnlichen Differentialgleichungen sind also *mathematische Modelle des Verhaltens von zeitlich veränderlichen Systemen*. Bezeichnen wir die Ableitung einer Funktion $t \mapsto x(t)$ nach der Zeit t mit $\dot{x}$, so lässt sich eine gewöhnliche Differentialgleichung häufig schreiben als

$$\dot{x}(t) = f(t, x(t)). \tag{1.1}$$

Die Abbildung $f : \mathbb{R} \times \mathbb{R}^d \to \mathbb{R}^d$, das sogenannte *Vektorfeld*, ist also gegeben, die Funktion $x(\cdot)$, die die Bewegung des Systems beschreibt, gesucht. In den meisten Fällen schreibt man für (1.1) kurz

$$\dot{x} = f(t, x). \tag{1.2}$$

Den Wert $x(t)$ der gesuchten Funktion x nennen wir den *Zustand* des Systems zur Zeit t. Der Zustand ist also eine vektorwertige Funktion der Zeit und die Differentialgleichung (1.1) setzt *zu jedem Zeitpunkt* den Zustand mit seiner zeitlichen Ableitung in Beziehung. Insbesondere ist durch eine Differentialgleichung zunächst nur eine *implizite* Beschreibung der zeitlichen Entwicklung des Zustands gegeben. In dieser Eigenschaft liegt die Mächtigkeit dieser Klasse von mathematischen Modellen: Es genügt, *zeitlich lokal* anzugeben, wie der Zustand und seine Änderung in Beziehung stehen, um eine Vorhersage des Verhaltens des Systems über lange Zeiträume abgeben zu können. Eine Differentialgleichung zu *lösen* heißt, die gesuchte Funktion oder *Lösungskurve* x zu finden, die in jedem Zeitpunkt t die Differentialgleichung erfüllt. Manche Differentialgleichungen sind analytisch lösbar, oft muss man zur Lösung einer Differentialgleichung jedoch auf numerische Methoden zurückgreifen. Leistungsfähige Rechner sind heutzutage in der Lage,

© Springer Fachmedien Wiesbaden 2016
L. Grüne, O. Junge, *Gewöhnliche Differentialgleichungen*,
Springer Studium Mathematik – Bachelor, DOI 10.1007/978-3-658-10241-8_1

auch große Modelle in vertretbarer Zeit zu *simulieren*, d. h. Lösungskurven (approximativ) zu berechnen. In den Kap. 5 und 6 werden eine Reihe von analytischen und numerischen Lösungsverfahren vorgestellt. Andererseits ist es nicht immer unbedingt nötig, eine Differentialgleichung zu lösen, um Eigenschaften ihrer Lösungskurven zu ermitteln. Viele Eigenschaften lassen sich vielmehr direkt aus der Differentialgleichung ableiten. Tatsächlich legen wir in diesem Buch auf diese Herangehensweise unser Hauptaugenmerk.

Autonome Differentialgleichungen Oftmals hängt das Vektorfeld einer Differentialgleichung (1.1) nicht von der Zeit t ab, d. h. es liegt eine Gleichung der Form

$$\dot{x} = f(x) \tag{1.3}$$

vor. Solche Gleichungen heißen *autonom*, ebenso wird das Vektorfeld f in diesem Fall *autonom* genannt. Zeitabhängige Gleichungen und Vektorfelder werden demgegenüber *nichtautonom* genannt. Im Rest dieser Einleitung werden wir einige Beispiele betrachten, die allesamt autonom sind.

Frage 1 Die einfachste Differentialgleichung ist $\dot{x} = 0$, d. h. $f(t, x) = 0$ für alle t und x. Was sind ihre Lösungskurven $x(\cdot)$? Was sind die Lösungskurven von $\dot{x} = c$, wobei $c \in \mathbb{R}^d$ ein (konstanter) Vektor ist?

Exponentielles Wachstum Im einfachsten Fall wird der Systemzustand $x(t)$ durch eine einzige reelle Zahl charakterisiert. Betrachten wir zum Beispiel eine sich vermehrende Population (von Bakterien o.ä.) der Größe $x \geq 0$. Das zeitliche Verhalten der Populationsgröße wird durch eine Kurve $x : \mathbb{R} \to [0, \infty)$ beschrieben.

Nehmen wir an, das Wachstum der Population ist zu jedem Zeitpunkt $t \in \mathbb{R}$ proportional zu ihrer Größe:

$$\dot{x}(t) = cx(t) \tag{1.4}$$

mit einer Konstanten $c > 0$. Dann rechnet man leicht nach, dass alle Kurven der Form

$$x(t) = e^{ct} x_0$$

für eine beliebige reelle Zahl x_0 die Differentialgleichung (1.4) erfüllen. Zum Zeitpunkt $t_0 = 0$ gilt für diese Kurven gerade $x(0) = x_0$ (da es sich um eine Population handelt, ist für uns nur der Fall $x_0 \geq 0$ von Interesse). Legt man also die Größe der Population zum Zeitpunkt $t_0 = 0$ fest, so wählt man damit eine Lösungskurve aus und bestimmt somit das Verhalten des Systems für alle Zeiten (vgl. Abb. 1.1). Tatsächlich sind dies bereits alle möglichen Lösungen der Differentialgleichung (1.4) – eine Folgerung aus dem Existenz- und Eindeutigkeitssatz 3.6.

Frage 2 Wie sehen die Lösungskurven von $\dot{x} = -cx$, $c > 0$, aus?

Abb. 1.1 Lösungskurven für verschiedene *Anfangswerte* $x_0 \geq 0$ der Differentialgleichung (1.4), $c = 1$

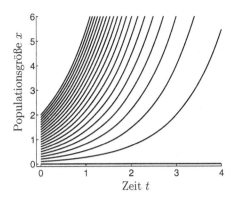

Das Pendel Eine etwas komplexere Differentialgleichung liefert ein klassisches Beispiel aus der Mechanik: ein (nur in einer Ebene bewegliches) Pendel, bei dem eine Masse m an einem starren Stab der Länge 1 aufgehängt ist (Abb. 1.2, links). Bezeichnet α den Winkel zwischen Pendel und der Vertikalen, dann wirkt auf ein Pendel der Masse m die Kraft $-gm\sin(\alpha)$ in Richtung seiner Bewegung[1]. Newtons zweites Gesetz „$F = ma$" ergibt also die Gleichung $-gm\sin(\alpha) = m\ddot{\alpha}$. Diese Gleichung ist aber noch nicht in der Form (1.1), da hier die zweite Ableitung $\ddot{\alpha}$ auftaucht. Mit einem Trick können wir sie aber in diese Form überführen: Definieren wir den Vektor $x = (x_1, x_2)^{\mathrm{T}} := (\alpha, \dot{\alpha})^{\mathrm{T}} \in \mathbb{R}^2$, so ist die Gleichung äquivalent zu dem System

$$\dot{x} = \begin{bmatrix} x_2 \\ -g\sin(x_1) \end{bmatrix}. \tag{1.5}$$

Das zugehörige Vektorfeld $f(x) = (x_2, -g\sin(x_1))^{\mathrm{T}}$ ist rechts in Abb. 1.2 dargestellt.

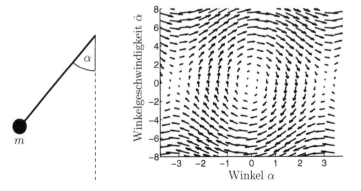

Abb. 1.2 Pendel, Vektorfeld des Pendels

---

[1] $g = 9,81\,\mathrm{m/s}^2$ ist die Erdbeschleunigung.

Erstaunlicherweise ist es nicht möglich, eine explizite Formel für die Lösungskurven der Differentialgleichung (1.5) anzugeben. Besonders einfache Lösungen sind aber sofort sichtbar: in den Punkten $x_k^* = (k\pi, 0)^{\mathrm{T}}$ für $k \in \mathbb{Z}$ gilt $f(x_k^*) = 0$. Die zeitliche Ableitung der Lösungskurve ist dort also Null und damit sind die Lösungen zeitlich konstant. Man bezeichnet solche Punkte als *Ruhelösungen*, *Ruhelage* oder *Gleichgewichtspunkte*. Sie sind in Abb. 1.3 als schwarze Punkte dargestellt.

Geometrisch lässt sich die Differentialgleichung (1.1) als die Forderung interpretieren, dass jede Lösungskurve in jedem Punkt tangential zum Vektorfeld f verläuft. Der qualitative Verlauf einiger Lösungskurven des Pendels lässt sich daher anhand des Vektorfelds erahnen: *geschlossene* Kurven, die einer pendelnden Bewegung ohne Überschlag, sowie „wellenförmige" Kurven, die einer Überschlagsbewegung des Pendels, also dem „Rotieren" des Pendels entsprechen.[2] Diese beiden Typen von Lösungskurven sind ebenfalls in der Abb. 1.3 dargestellt. Man beachte, dass sich die Darstellung der Lösungskurven hier von der Darstellung in Abb. 1.1 unterscheidet: Dort sind die Lösungskurven als Funktionen der Zeit dargestellt, während sie in Abb. 1.3 als Kurven im *Zustandsraum* $\mathbb{R}^2$ dargestellt sind. Da der Zustandsraum auch als *Phasenraum* bezeichnet wird, nennt man diese Darstellungsform *Phasenportrait*. Jede besitzt ihre eigenen Vor- und Nachteile und wir werden beide im Verlauf dieses Buches verwenden.

Frage 3 Warum sind die Pfeile in Abb. 1.3 so gerichtet, dass die geschlossenen Lösungskurven den Ursprung im Uhrzeigersinn umlaufen?

Schließlich lässt sich in diesem System noch ein weiterer Lösungstyp entdecken, der gewissermaßen die Grenze zwischen jenen beiden Typen bildet: eine Lösungskurve, die die Ruhelösung x_{-1}^* mit der Ruhelösung x_1^* verbindet. Diese Kurve läuft also für $t \to \infty$

Abb. 1.3 Verschiedene Lösungskurven des Pendels

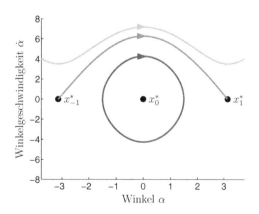

[2] Da wir in unserem einfachen Pendelmodell keine Reibung modelliert haben, wird das Pendel nicht gebremst, weswegen sich sowohl die Pendelbewegung als auch die Überschlagsbewegung für alle Zeiten fortsetzen.

auf x_1^* zu und für $t \to -\infty$ auf x_{-1}^*. Wie ist diese Lösung physikalisch zu interpretieren? Tatsächlich repräsentieren alle x_k^* mit geradem k denselben physikalischen Zustand: Das Pendel hängt senkrecht nach unten. Analog kann man alle x_k^* mit ungeradem k identifizieren: sie entsprechen der Situation, dass das Pendel senkrecht nach oben steht. Dieser Gleichgewichtspunkt ist allerdings *instabil*: Die kleinste Störung (z. B. durch ein leichtes Anstoßen) genügt, um das Pendel zum Umfallen zu bringen. Dagegen ist der Gleichgewichtspunkt x_0^* *stabil*: Eine kleine Störung bewirkt lediglich, dass das Pendel anfängt, ganz leicht zu pendeln. Die Lösung entfernt sich also im instabilen Fall für beliebig kleine Störungen sehr weit von der Ruhelage, während sie im stabilen Fall für kleine Störungen für alle zukünftigen Zeiten nahe der Ruhelage verbleibt. Diesen physikalischen Begriff von Stabilität und Instabilität kann man mathematisch präzisieren und anhand des Vektorfeldes f überprüfen, vgl. Kap. 7 und 8. Die Lösungskurve, die x_{-1}^* mit x_1^* verbindet, entspricht nun gerade einem *einmaligen* Überschlag des Pendels aus dem instabilen oberen Gleichgewichtspunkt zurück in denselben: das Pendel rotiert genau einmal und bleibt dann wieder senkrecht stehen, eine Bewegung, die wegen der Instabilität der Gleichgewichte x_{-1}^* und x_1^* zwar praktisch fast unmöglich zu realisieren ist, theoretisch aber gleichwohl existiert.

Frage 4 Die in Abb. 1.3 eingezeichneten Lösungskurven stehen jeweils stellvertretend für eine ganze Familie von Kurven mit qualitativ gleichem Verhalten. Gibt es noch weitere, qualitativ andere Lösungskurven, die in Abb. 1.3 nicht eingezeichnet sind?

Die Differentialgleichung des Pendels weist also neben der unbeschränkten wellenförmigen Lösung drei verschiedene Lösungstypen auf, die für $t \in [0, \infty)$ *beschränkt* sind: Gleichgewichtspunkte (d. h. zeitlich konstante Lösungen), *periodische* Lösungen (d. h. geschlossene Lösungskurven), sowie *asymptotische* Lösungen (d. h. Lösungen, die für $t \to \infty$ gegen eine andere Lösung, hier gegen einen Gleichgewichtspunkt, konvergieren). Man könnte auf die Idee kommen, dass jede beschränkte Lösungskurve von einem dieser drei Typen sein muss. Das ist jedoch nicht der Fall – um weitere Typen zu finden, müssen wir allerdings Differentialgleichungen mit einem mindestens dreidimensionalen Zustandsraum betrachten.

Das Lorenz-System Ein berühmtes Beispiel ist das von Edward N. Lorenz[3] 1963 betrachtete System

$$\dot{x}_1 = \sigma(x_2 - x_1)$$
$$\dot{x}_2 = \rho x_1 - x_2 - x_1 x_3 \qquad (1.6)$$
$$\dot{x}_3 = x_1 x_2 - \beta x_3.$$

Es handelt sich um eine gewöhnliche Differentialgleichung im $\mathbb{R}^3$ mit drei reellen Parametern σ, ρ und β, die Lorenz durch Vereinfachung von Gleichungen hergeleitet hat,

---

[3] amerikanischer Mathematiker und Meteorologe, 1917–2008.

Abb. 1.4 Lösungskurve im Lorenz-System zum Anfangswert $(1, 1, 1)^{\mathrm{T}}$

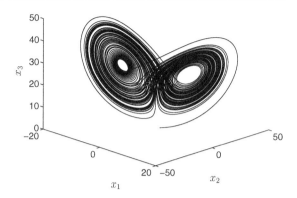

die bestimmte Wetterphänomene modellieren. Alle Lösungskurven dieses Systems sind für $t \in [0, \infty)$ beschränkt, aber fast alle sind weder konstant, noch periodisch, noch asymptotisch. Abbildung 1.4 zeigt die (numerisch approximierte) schmetterlingsförmige Lösungskurve zum Anfangswert $x_0 = (1, 1, 1)^{\mathrm{T}}$ (bzw. deren Anfang) mit den Parameterwerten $\sigma = 10$, $\rho = 28$, $\beta = 8/3$. Es ist schwierig, ihr irgendeine makroskopische Gesetzmäßigkeit zuzuordnen – außer der Tatsache, dass sie gelegentlich von der einen zur anderen Seite des „Schmetterlings" wechselt.

Eine wesentliche Beobachtung von Lorenz war, dass der langfristige Verlauf einer Lösungskurve sehr sensitiv vom gewählten Anfangswert abhängt. In Abb. 1.5 ist der zeitliche Verlauf der x_1-Komponente der Lösungskurve aus Abb. 1.4 zusammen mit dem der Kurve zum Anfangswert $(1 + 10^{-6}, 1, 1)$ dargestellt. Zunächst verhalten sich die beiden Lösungen praktisch identisch – was zu erwarten ist, da die Lösungen stetig vom Anfangswert abhängen. Ab etwa $t = 30$ allerdings verhalten sich die beiden Lösungskurven trotz der geringen anfänglichen Abweichung völlig unterschiedlich. Dass dies kein Widerspruch zur stetigen Abhängigkeit der Lösungen vom Anfangswert ist, werden wir in Kap. 4 genauer untersuchen, vgl. die Diskussion nach Satz 4.2.

Für Lösungskurven mit diesen Eigenschaften – beschränkt, aber irregulär, sowie sensitiv abhängig vom Anfangswert – hat sich der Begriff *chaotisch* etabliert. Die Entdeckung dieses Phänomens hat auch außerhalb der Mathematik zu einem Paradigmenwechsel ge-

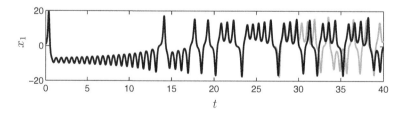

Abb. 1.5 Vergleich der zeitlichen Entwicklung der x_1-Komponente zweier Lösungskurven des Lorenz-Systems zu den Anfangswerten $(1, 1, 1)^{\mathrm{T}}$ (*schwarz*) und $(1 + 10^{-6}, 1, 1)^{\mathrm{T}}$ (*grau*)

führt: obwohl die ein natürliches oder technisches System beschreibenden Gleichungen *deterministisch* sind (also keine zufälligen Komponenten enthalten), kann es dennoch unmöglich sein, den Zustand des Systems in ferner Zukunft zuverlässig vorherzusagen. Der formale Beweis dafür, dass die Lösungen des Lorenz-Systems chaotisch sind, benötigt Techniken, die über den Umfang dieses einführenden Buchs deutlich hinaus gehen. Wir werden aber in Kap. 11 zumindest beweisen, dass diese schmetterlingsförmige Menge – ein sogenannter *Attraktor* – tatsächlich existiert.

1.1 Übungen

Aufgabe 1.1 Bestimmen Sie alle Lösungskurven der Differentialgleichungen $\dot{x}(t) = t$.

Aufgabe 1.2 Mit dem MATLAB Programm `lorenzdemo`[4] können die Lösungen des Lorenz-Systems grafisch dargestellt werden. Führen Sie damit numerische Experimente durch, welche die sensitive Abhängigkeit vom Anfangswert belegen. *Hinweis:* Um zwei Grafiken in dasselbe Koordinatensystem zu zeichnen, muss in MATLAB nach Erzeugen der ersten Grafik die Anweisung `hold on` eingegeben werden.

Aufgabe 1.3 Mit dem MATLAB Programm `pendel_anim`[4] können interaktiv Lösungen der Pendel-Gleichung dargestellt werden. Wenn Sie darin den Parameter k auf 0 stellen, erhalten Sie das in diesem Kapitel behandelte Modell. Finden Sie Anfangswerte, mit denen Sie (zumindest näherungsweise) die in Abb. 1.3 dargestellten Lösungen erhalten und überprüfen Sie anhand der Animation, welchen Bewegungen des Pendels diese entsprechen.

Aufgabe 1.4 Mit der MAPLE Anweisung `dfieldplot` können Vektorfelder grafisch dargestellt werden. Führen Sie dies zunächst für das auf der Hilfe-Seite der Anweisung angegebene Beispiel durch und ändern Sie das Beispiel dann so ab, dass das Vektorfeld des Pendels (1.5) dargestellt wird.

---

[4] Erhältlich unter http://www.dgl-buch.de.

Lineare Differentialgleichungen

2

Die einfachste Differentialgleichung ist, abgesehen vom „trivialen" Fall $\dot{x} = a$, von der Form

$$\dot{x} = ax, \tag{2.1}$$

wobei $a \in \mathbb{R}$ eine Konstante ist. Die Gleichung modelliert die Eigenschaft, dass das aktuelle Wachstum von x proportional zur aktuellen Größe von x ist. Diese *lineare* Differentialgleichung war uns bereits in der Einleitung bei der Modellierung der Entwicklung einer Population begegnet. Die Lösungen von (2.1) hatten wir dort als

$$x(t) = \exp(at)\, x_0 \tag{2.2}$$

kennengelernt. Hier ist x_0 eine beliebige reelle Zahl, die den Wert $x_0 = x(0)$ der Lösung zum Zeitpunkt $t = 0$ festlegt, der sogenannte *Anfangswert*. Falls $a \neq 0$ ist, wachsen (für $a > 0$) oder fallen (für $a < 0$) also alle Lösungen exponentiell.

Gleichung (2.1) ist ein besonders einfacher Fall, die folgende Definition beschreibt die allgemeine Form einer (autonomen) linearen Differentialgleichung.

Definition 2.1 Eine Differentialgleichung $\dot{x} = f(x)$ heißt *linear*, falls das Vektorfeld f als Funktion vom $\mathbb{R}^d$ in den $\mathbb{R}^d$ linear ist, d. h. falls

$$f(x + y) = f(x) + f(y) \quad \text{und} \quad f(\alpha x) = \alpha f(x)$$

für alle $x, y \in \mathbb{R}^d$ und $\alpha \in \mathbb{R}$.

Ist das Vektorfeld linear, dann ist es von der Form $f(x) = Ax$ mit einer (reellen) $d \times d$-Matrix A. Eine autonome lineare Differentialgleichung hat also die Form

$$\dot{x} = Ax. \tag{2.3}$$

© Springer Fachmedien Wiesbaden 2016
L. Grüne, O. Junge, *Gewöhnliche Differentialgleichungen*,
Springer Studium Mathematik – Bachelor, DOI 10.1007/978-3-658-10241-8_2

Ihre Lösungen lassen sich formal genauso darstellen wie die der skalaren Gl. (2.1):

$$x(t) = \exp(At)\, x_0 \tag{2.4}$$

mit dem Anfangswert $x_0 \in \mathbb{R}^d$ und einer von At abhängigen[1] Matrix $\exp(At) \in \mathbb{R}^{d \times d}$. Im folgenden Abschn. 2.1 werden wir klären, was „$\exp(A)$" bzw. „$\exp(At)$" für $A \in \mathbb{R}^{d \times d}$ bedeuten soll.

Man nennt die Differentialgleichung (2.3) *autonom* (oder auch eine lineare Differentialgleichung *mit konstanten Koeffizienten*), weil das Vektorfeld $f(x) = Ax$ nicht von der Zeit t abhängt. Allgemeiner kann man *nichtautonome* Differentialgleichungen der Form

$$\dot{x}(t) = f(t, x(t)) \tag{2.5}$$

betrachten, hier ist $f : I \times D \to \mathbb{R}^d$, $I \subset \mathbb{R}$, $D \subset \mathbb{R}^d$, ein (*zeitabhängiges*) Vektorfeld. Eine nichtautonome *lineare* Differentialgleichung ist durch eine „zeitabhängige Matrix", also eine Funktion $t \mapsto A(t)$ gegeben:

$$\dot{x}(t) = A(t)x(t).$$

Mit der Lösung solcher Systeme werden wir uns in Abschn. 2.2 beschäftigen.

Frage 5 Formal kann man sich auf autonome Systeme beschränken, da man einer nichtautonomen Differentialgleichung (2.5) eine autonome zuordnen kann, die „dieselben" Lösungen besitzt. Dazu führt man die neue Variable $y = (t, x) \in I \times D$ ein. Wie lautet das zugehörige Vektorfeld g, so dass $\dot{y} = g(y)$ dieselben Lösungen wie (2.5) hat? **Zusatzfrage:** Falls (2.5) linear ist, ist dann auch $\dot{y} = g(y)$ linear oder zumindest affin linear?

2.1 Autonome Systeme

Wie erwähnt lassen sich alle Lösungskurven des Systems $\dot{x} = Ax$ in der Form $x(t) = \exp(At)\, x_0$ mit $x_0 \in \mathbb{R}^d$ darstellen. Als Motivation für die Definition der *Exponentialfunktion* $\exp(At)$ oder e^{At} für Matrizen[2] betrachten wir zunächst diagonale und diagonalisierbare Matrizen.

Diagonale Matrizen Falls $A = \mathrm{diag}(a_1, \ldots, a_d)$ eine Diagonalmatrix ist, nimmt $\dot{x} = Ax$ eine besonders einfache Form an: das System ist *entkoppelt*, d. h. es liegen d voneinander unabhängige skalare Gleichungen

$$\dot{x}_i = a_i x_i,$$

---

[1] Für $A \in \mathbb{R}^{d \times d}$ und $t \in \mathbb{R}$ bezeichnet At die Matrix, in der jeder Eintrag von A mit t multipliziert wird.

[2] Wie im Reellen verwenden wir die Schreibweisen $\exp(At)$ und e^{At} synonym.

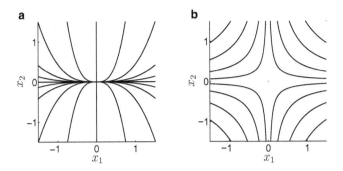

Abb. 2.1 Lösungskurven von $\dot{x} = Ax$ mit Diagonalmatrix $A \in \mathbb{R}^{2 \times 2}$. **a** $A = \mathrm{diag}(-1, -3)$, **b** $A = \mathrm{diag}(-1, 1)$

$i = 1, \ldots, d$, vor. Für den Anfangswert $x_0 = (x_{01}, \ldots, x_{0d})^{\mathrm{T}}$ sind deren Lösungen $x_i(t) = \exp(a_i t)\, x_{0i}$, es gilt also

$$\exp(At) = \begin{bmatrix} \exp(a_1 t) & & \\ & \ddots & \\ & & \exp(a_d t) \end{bmatrix}. \tag{2.6}$$

In Abb. 2.1 sind einige Lösungskurven für zwei Systeme mit Diagonalmatrix und verschiedenen Eigenwerten dargestellt. Man beachte, dass die Lösungskurven in dieser Abbildung im *Zustands-* oder *Phasenraum* $\mathbb{R}^2$, also dem Bildraum der Lösungsfunktionen $t \mapsto x(t)$, dargestellt sind. Hier ist insbesondere die zeitliche Abhängigkeit nicht sichtbar. Eine solche Darstellung der Lösung(en) nennt man *Phasenportrait*.

Frage 6 Wie sehen die Phasenportraits für die Systemmatrizen $A = \mathrm{diag}(1, 1)$ und $A = \mathrm{diag}(0, 1)$ aus?

Diagonalisierbare Matrizen Falls A diagonalisierbar ist, können wir das Problem auf eines mit einer Diagonalmatrix zurückführen, indem wir eine Koordinatentransformation in eine Basis aus Eigenvektoren durchführen. Sei dazu V zunächst eine beliebige invertierbare $d \times d$-Matrix und $x(t)$ Lösung von (2.3). Dann gilt für $z = V^{-1}x$ wegen $x = Vz$ die Gleichung

$$\dot{z} = V^{-1}\dot{x} = V^{-1}Ax = V^{-1}AVz. \tag{2.7}$$

Enthält V nun die Eigenvektoren von A, dann ist $V^{-1}AV = L$ mit $L = \mathrm{diag}(\lambda_1, \ldots, \lambda_d)$ und es folgt

$$\dot{z} = Lz \tag{2.8}$$

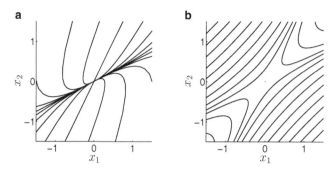

Abb. 2.2 Lösungskurven von $\dot{x} = Ax$, $A = VLV^{-1}$ und $V = \begin{bmatrix} 1 & \frac{1}{2} \\ \frac{1}{2} & 1 \end{bmatrix}$. **a** $L = \mathrm{diag}(-1, -3)$, **b** $L = \mathrm{diag}(-1, 1)$

mit der Diagonalmatrix L, für die wir die Lösungen bereits kennen. Die Lösungen von $\dot{x} = Ax$ sind damit $x(t) = Vz(t)$, bzw. explizit

$$x(t) = V \exp(Lt)\, V^{-1}x_0 = V \begin{bmatrix} \exp(\lambda_1 t) & & \\ & \ddots & \\ & & \exp(\lambda_d t) \end{bmatrix} V^{-1}x_0$$

mit beliebigem $x_0 \in \mathbb{R}^d$. Für eine diagonalisierbare Matrix A muss also

$$\exp(A) = V \exp(L)\, V^{-1} \tag{2.9}$$

gelten, wobei L eine Diagonalmatrix mit den Eigenwerten von A auf der Diagonalen und V die Matrix mit den zugehörigen Eigenvektoren als Spalten ist. Beispielhafte Lösungskurven für diesen Fall finden sich in Abb. 2.2.

Nehmen wir nun an, der Anfangswert x_0 ist ein Vielfaches des Eigenvektors v_i zum Eigenwert λ_i von A,

$$x_0 = c\, v_i.$$

Dann ist $V^{-1}x_0 = cV^{-1}v_i = c\, e_i$ der i-te Einheitsvektor und für die Lösung $x(t)$ erhalten wir

$$\begin{aligned} x(t) &= V \exp(Lt)V^{-1}\, x_0 \\ &= V \exp(Lt)\, c\, e_i \\ &= c \exp(\lambda_i t)\, v_i, \end{aligned} \tag{2.10}$$

d.h. die Kurve $x(t)$ verbleibt in dem von v_i aufgespannten Raum. Das Argument lässt sich leicht verallgemeinern und wir erhalten:

Proposition 2.2 Jeder Eigenraum $E \subset \mathbb{R}^d$ von A ist *invariant* für die Lösungen $x(t) = V \exp(Lt)V^{-1}x_0$ von $\dot{x} = Ax$, d.h. gilt $x_0 \in E$, dann gilt $x(t) \in E$ für alle t.

Frage 7 Beweisen Sie Proposition 2.2.

Die Matrix-Exponentialfunktion Die skalare Exponentialfunktion $\exp : \mathbb{R} \to \mathbb{R}$ ist als unendliche Reihe definiert:

$$\exp(x) = 1 + x + \frac{1}{2!}x^2 + \frac{1}{3!}x^3 + \dots$$

Die Darstellung (2.6) der Exponentialfunktion für eine diagonalisierbare Matrix A lässt sich also umschreiben zu

$$\exp(At) = V \begin{bmatrix} \exp(\lambda_1 t) & & \\ & \ddots & \\ & & \exp(\lambda_n t) \end{bmatrix} V^{-1}$$

$$= I + V(Lt)V^{-1} + V\frac{1}{2!}(Lt)^2 V^{-1} + V\frac{1}{3!}(Lt)^3 V^{-1} + \dots$$

$$= I + At + \frac{1}{2!}(At)^2 + \frac{1}{3!}(At)^3 + \dots$$

Das motiviert die folgende

Definition 2.3 Für eine Matrix $A \in \mathbb{C}^{d \times d}$ ist die *Matrix-Exponentialfunktion* $\exp(A)$ definiert als

$$\exp(A) = \sum_{k=0}^{\infty} \frac{1}{k!} A^k = I + A + \frac{1}{2!}A^2 + \frac{1}{3!}A^3 + \dots \qquad (2.11)$$

Diese Definition ist nur sinnvoll, wenn die Reihe (2.11) für jede Matrix $A \in \mathbb{C}^{d \times d}$ konvergiert. Das tut sie: Zur Begründung betrachten wir die Frobeniusnorm $\|A\| = (\sum_{i,j} |a_{ij}|^2)^{1/2}$ von A. Für diese Matrix-Norm gilt $\|AB\| \le \|A\|\|B\|$, also

$$1 + \|A\| + \frac{1}{2!}\|A^2\| + \dots \le 1 + \|A\| + \frac{1}{2!}\|A\|^2 + \dots$$

$$= \exp(\|A\|).$$

Zudem gilt für jeden Eintrag $a_{ij}^{(k)}$ der Matrix A^k, $k \ge 1$, die Ungleichung $|a_{ij}^{(k)}| \le \|A^k\|$; für die Einträge $a_{ij}^{(0)}$ von $A^0 = I$ gilt $|a_{ij}^{(0)}| \le 1$. Folglich ist die Reihe links der Ungleichung eine Majorante für jeden Eintrag der Reihe $I + A + \frac{1}{2!}A^2 + \dots$ – und damit ist jeder Eintrag der Reihe (2.11) absolut konvergent.

Diese absolute Konvergenz erlaubt es, direkt die Ableitung der Funktion $t \mapsto \exp(At)$ zu bestimmen: wir dürfen jeden Matrixeintrag der Reihe gliedweise ableiten und erhalten

$$
\begin{aligned}
\frac{d}{dt} \exp(At) &= \frac{d}{dt} \left(I + At + \frac{1}{2!}A^2t^2 + \frac{1}{3!}A^3t^3 + \dots \right) \\
&= A + \frac{2}{2!}A^2t + \frac{3}{3!}A^3t^2 + \dots \\
&= A \left(I + At + \frac{1}{2!}(At)^2 + \dots \right) = A \exp(At),
\end{aligned}
$$

also genau die gleiche Eigenschaft wie bei der skalaren Exponentialfunktion. Insbesondere haben wir damit bestätigt, dass

$$
x(t) = \exp(At)\, x_0
$$

eine Lösung der linearen Differentialgleichung $\dot{x} = Ax$ mit $x(0) = x_0$ ist. Für eine beliebige Zeit $t_0 \in \mathbb{R}$ sieht man analog leicht, dass

$$
x(t) = \exp(A(t - t_0))\, x_0 \tag{2.12}
$$

eine Lösung von $\dot{x} = Ax$ mit $x(t_0) = x_0$ ist. In dieser Darstellung wird t_0 als *Anfangszeit* und x_0 wie bisher als *Anfangswert* bezeichnet. Tatsächlich ist (2.12) die eindeutige Lösung, die die Bedingung $x(t_0) = x_0$ erfüllt, wie wir im nächsten Kapitel ganz allgemein zeigen werden.

Bemerkung 2.4 Wir wollen noch vier aus der Reihendarstellung folgende wichtige Beobachtungen machen, bevor wir weiter auf die Bestimmung der Matrix-Exponentialfunktion eingehen:

(i)   Falls $AB = BA$, so gilt für die Matrix-Exponentialfunktion die übliche Funktionalgleichung $e^{A+B} = e^A e^B$.

(ii) Ist $A = VBV^{-1}$ mit einer regulären Transformationsmatrix $V \in \mathbb{R}^{d \times d}$, dann gilt

$$
\exp(A) = V \exp(B) V^{-1}.
$$

(iii) Für eine Matrix mit Blockstruktur

$$
A = \begin{bmatrix} A_1 & & 0 \\ & \ddots & \\ 0 & & A_m \end{bmatrix},
$$

wobei $A_1, \dots, A_m$ quadratische Matrizen sind, folgt

$$
\exp(A) = \begin{bmatrix} \exp(A_1) & & 0 \\ & \ddots & \\ 0 & & \exp(A_m) \end{bmatrix},
$$

(iv) Ein Unterraum $U \subset \mathbb{R}^d$, für den $Ax \in U$ gilt für alle $x \in U$, heißt *invariant bzgl.*
    A. Für jedes $x \in U$ und $t \in \mathbb{R}$ gilt dann auch $\exp(At)x \in U$ (vgl. Prop. 2.2).

Frage 8 Was ist $\exp(At)$ für die Matrix $A = \begin{bmatrix} 0 & -1 \\ 1 & 0 \end{bmatrix}$?

Aus (ii) folgt, dass sich die Bestimmung der Matrix-Exponentialfunktion einer Matrix
A auf die Bestimmung von $\exp(B)$ einer geeigneten *Normalform B* von A zurückführen
lässt (das hatten wir ja bereits für diagonalisierbare Matrizen ausgenutzt). Die Beobachtung in (iii) legt dabei nahe, eine Normalform mit Blockstruktur zu verwenden. Wir
werden daher im Folgenden die Jordan-Normalform von A verwenden.

Nicht-diagonalisierbare Matrizen Jede Matrix $A \in \mathbb{R}^{d \times d}$ lässt sich auf *Jordan-
Normalform*[3] transformieren, d. h. zu jeder Matrix $A \in \mathbb{R}^{d \times d}$ gibt es eine reguläre
Matrix $V \in \mathbb{R}^{d \times d}$, so dass die Matrix

$$J = V^{-1} A V$$

die folgende Gestalt hat:

$$J = \begin{bmatrix} J_1 & & \\ & \ddots & \\ & & J_m \end{bmatrix}. \tag{2.13}$$

Die *Jordan-Blöcke* J_i, $i = 1, \dots, m$, haben die Form

$$J_i = \begin{bmatrix} \lambda & 1 & & \\ & \lambda & \ddots & \\ & & \ddots & 1 \\ & & & \lambda \end{bmatrix}, \tag{2.14}$$

dabei ist λ ein Eigenwert von A. Hat der Eigenwert λ die geometrische Vielfachheit e,
dann taucht λ in e Jordan-Blöcken auf.

Beispiel 2.5 Im einfachsten nicht-diagonalisierbaren Fall liegt also ein 2×2-System der
folgenden Form vor:

$$\dot{x} = \begin{bmatrix} a & 1 \\ 0 & a \end{bmatrix} x = Ax, \quad a \in \mathbb{R}.$$

Was ist $\exp(At)$ in diesem Fall? Wir zerlegen die Matrix A,

$$A = \begin{bmatrix} a & 0 \\ 0 & a \end{bmatrix} + \begin{bmatrix} 0 & 1 \\ 0 & 0 \end{bmatrix} = D + N,$$

---

[3] Camille Jordan, französischer Mathematiker, 1838–1922.

Abb. 2.3 Zeitlicher Verlauf
der Lösung von Beispiel 2.5
im Vergleich zum exponentiellen Verlauf

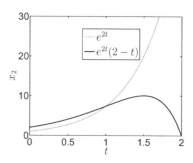

in eine Diagonalmatrix D und eine *nilpotente*[4] Matrix N. Da $DN = ND$, gilt nach
Bemerkung 2.4 $\exp(D + N) = \exp(D)\exp(N)$ und damit

$$\exp(At) = \exp((D + N)t) = \exp(Dt)\exp(Nt).$$

Die Exponentialfunktion der Diagonalmatrix D können wir bereits bestimmen, was ist
also mit $\exp(N)$? Nun, da $N^2 = 0$ und damit $N^k = 0$ für $k \geq 2$, folgt sofort

$$\exp(Nt) = I + Nt.$$

Damit erhalten wir
$$\exp(At) = \exp(Dt)\exp(Nt)$$
$$= \begin{bmatrix} e^{at} & 0 \\ 0 & e^{at} \end{bmatrix} \begin{bmatrix} 1 & t \\ 0 & 1 \end{bmatrix}$$
$$= \begin{bmatrix} e^{at} & t e^{at} \\ 0 & e^{at} \end{bmatrix}.$$

Wir erhalten also in der ersten Komponente der Lösung $x(t) = \exp(At)x_0$ einen in t
polynomiellen Anteil, sie lautet nämlich explizit

$$x_1(t) = e^{at} x_{01} + e^{at} t x_{02}$$
$$= e^{at} (x_{01} + t x_{02}).$$

Dass dieser Anteil durchaus einen signifikanten Effekt auf das qualitative Verhalten der
Lösung haben kann, ist beispielhaft in Abb. 2.3 für $a = 2$ und $x^0 = (2, -1)^{\mathrm{T}}$ dargestellt.

Betrachten wir nun den allgemeinen Fall

$$\dot{x} = J_i x,$$

---

[4] Eine quadratische Matrix N heißt *nilpotent*, falls $N^k = 0$ für ein $k \in \mathbb{N}$.

mit dem Jordan-Block J_i aus (2.14). Wieder können wir die Systemmatrix J_i zerlegen,

$$
J_i = \begin{bmatrix} \lambda & & \\ & \ddots & \\ & & \lambda \end{bmatrix} + \begin{bmatrix} 0 & 1 & & \\ & 0 & \ddots & \\ & & \ddots & 1 \\ & & & 0 \end{bmatrix} = L + N,
$$

in eine Diagonalmatrix $L = \mathrm{diag}(\lambda, \ldots, \lambda)$ und eine nilpotente Matrix N. Wieder gilt $LN = NL$, also $\exp(L + N) = \exp(L)\exp(N)$. Ist N eine $k \times k$-Matrix, dann gilt $N^k = N^{k+1} = \ldots = 0$ und damit

$$
\exp(N) = I + N + \frac{1}{2}N^2 + \ldots + \frac{1}{(k-1)!}N^{k-1}.
$$

Wir erhalten also insgesamt

$$
\exp(J_i t) = \exp(Lt)\exp(Nt)
$$

$$
= \begin{bmatrix} e^{\lambda t} & & \\ & \ddots & \\ & & e^{\lambda t} \end{bmatrix} \begin{bmatrix} 1 & t & \frac{1}{2}t^2 & \frac{1}{3!}t^3 & \cdots & \frac{1}{(k-1)!}t^{k-1} \\ & 1 & t & \frac{1}{2}t^2 & \cdots & \vdots \\ & & 1 & t & \cdots & \vdots \\ & & & 1 & \ddots & \vdots \\ & & & & \ddots & t \\ & & & & & 1 \end{bmatrix}. \tag{2.15}
$$

Zusammenfassend ergibt sich also das folgende Vorgehen zur Berechnung der Lösung einer linearen autonomen Differentialgleichung (2.3):

1. Berechne die Jordan-Normalform (2.13) und die zugehörigen Koordinatentransformationsmatrizen V und V^{-1}.
2. Berechne die Matrix-Exponential-Funktion $\exp(J_i t)$ für die einzelnen Jordan-Blöcke gemäß (2.15) und daraus die Gesamt-Matrix-Exponentialfunktion mittels (2.4).
3. Die Lösung $x(t)$ mit $x(t_0) = x_0$ ist dann gegeben durch $x(t) = V\exp(J(t - t_0))V^{-1}x_0$.

Bezeichnen $v_{i1}, \ldots, v_{id_i}$, $i = 1, \ldots, m$, die Hauptvektoren (oder verallgemeinerten Eigenvektoren) zum Eigenwert λ_i – also gerade die Einträge der Matrix V – und ist der Anfangswert x_0 gegeben durch

$$
x_0 = \sum_{i=1}^{m}\sum_{j=1}^{d_i}\alpha_{ij}v_{ij},
$$

so ergibt sich aus der Formel aus 3. mit etwas Rechnung die ausführliche Lösungsdarstellung

$$x(t) = \sum_{i=1}^{m} e^{\lambda_i(t-t_0)}\left[\left(\alpha_{i1} + (t-t_0)\alpha_{i2} + \ldots + \frac{(t-t_0)^{d_i-1}}{(d_i-1)!}\alpha_{id_i}\right) \cdot v_{i1} \right.$$

$$+ \left(\alpha_{i2} + (t-t_0)\alpha_{i3} + \ldots + \frac{(t-t_0)^{d_i-2}}{(d_i-2)!}\alpha_{id_i}\right) \cdot v_{i2}$$

$$\vdots$$

$$\left. + \alpha_{id_i} \hspace{6cm} \cdot v_{id_i} \right]$$

Diese Formel ist beim Rechnen per Hand manchmal einfacher zu verwenden als die Formel aus 3., weil sie ohne das Aufstellen der Jordan-Normalform und das explizite Invertieren von V auskommt.

Frage 9 Gilt die Aussage von Proposition 2.2 auch für die verallgemeinerten Eigenräume von A?

Komplexe Eigenwerte Die gerade diskutierten Lösungsdarstellungen gelten gleichermaßen für reelle wie für komplexe Eigenwerte. Zwar betrachten wir in diesem Buch nur reelle Differentialgleichungen $\dot{x} = Ax$ – aber natürlich kann auch eine reelle Matrix A komplexe Eigenwerte besitzen. Gibt es eine reelle Interpretation der zugehörigen (komplexen) Lösungen?

Betrachten wir einen komplexen Eigenwert $\lambda = \alpha + i\beta \in \mathbb{C}$ von A und die zugehörige Differentialgleichung des diagonalisierten Systems (2.8):

$$\dot{z} = \lambda z, \quad z \in \mathbb{C}. \tag{2.16}$$

Ihre Lösungen sind

$$z(t) = e^{\lambda t} z_0 = e^{(\alpha+i\beta)t} z_0 = e^{\alpha t} e^{i\beta t} z_0 \tag{2.17}$$

für einen beliebigen Anfangswert $z_0 \in \mathbb{C}$. Der Faktor $e^{\alpha t}$, der den Realteil α des Eigenwerts λ enthält, bewirkt wieder ein exponentielles Anwachsen ($\alpha > 0$) bzw. Abfallen ($\alpha < 0$) der Lösung.

Der Faktor $e^{i\beta t}$, in dem der Imaginärteil vorkommt, sorgt für eine *Drehung* um den Ursprung: Stellen wir Real-und Imaginärteil der Lösung $z = a + ib$ explizit dar, so wird aus (2.17)

$$a(t) + ib(t) = e^{\alpha t}(\cos \beta t + i \sin \beta t)(a_0 + ib_0),$$

beziehungsweise, wenn wir $\mathbb{C}$ mit dem $\mathbb{R}^2$ identifizieren,

$$\begin{bmatrix} a(t) \\ b(t) \end{bmatrix} = e^{\alpha t} \begin{bmatrix} \cos \beta t & -\sin \beta t \\ \sin \beta t & \cos \beta t \end{bmatrix} \begin{bmatrix} a_0 \\ b_0 \end{bmatrix}. \tag{2.18}$$

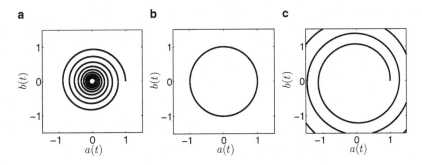

Abb. 2.4 Lösungskurven von $\dot{z} = \lambda z$ für $z_0 = 1$ und verschiedene λ. **a** $\mathrm{Re}(\lambda) < 0$, **b** $\mathrm{Re}(\lambda) = 0$, **c** $\mathrm{Re}(\lambda) > 0$

Die 2×2-Matrix in dieser Darstellung der Lösung dreht den Vektor $(a_0, b_0)^{\mathrm{T}} \in \mathbb{R}^2$ um den Winkel βt um den Ursprung. Die Lösungskurve im $\mathbb{R}^2$ bzw. in $\mathbb{C}$ liegt also für $\alpha = 0$ auf einem *Kreis*, vgl. Abb. 2.4b. Entsprechend hat sie für $\alpha \neq 0$ die Form einer Spirale – je nach Vorzeichen von α spiralt die Lösung nach innen ($\alpha < 0$) oder außen ($\alpha > 0$).

Wenn wir die zeitliche Entwicklung des Realteils (oder des Imaginärteils) einzeln betrachten, erhalten wir für $\alpha < 0$ eine *gedämpfte Schwingung*, für $\alpha = 0$ eine (ungedämpfte) Schwingung und für $\alpha > 0$ eine *angeregte* Schwingung, vgl. Abb. 2.5.

Wie lässt sich mit Hilfe dieser reellen Darstellung der Lösung für die skalare Differentialgleichung (2.16) nun die Lösung des allgemeinen linearen Systems (2.3) reell beschreiben? Betrachten wir dazu noch einmal die Darstellung (2.10) der Lösung von $\dot{x} = Ax$ zum Anfangswert $x_0 = v$,

$$x(t) = e^{\lambda t} v$$
$$= e^{\alpha t} e^{i\beta t} (u + iw),$$

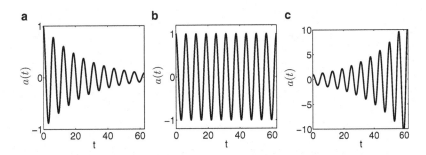

Abb. 2.5 Zeitliche Entwicklung des Realteils $a(t)$ der Lösung von $\dot{z} = \lambda z$ für $z_0 = 1$ und verschiedene λ. **a** $\mathrm{Re}(\lambda) < 0$, **b** $\mathrm{Re}(\lambda) = 0$, **c** $\mathrm{Re}(\lambda) > 0$

wobei $v = u + iw$ der Eigenvektor zum Eigenwert $\lambda = \alpha + i\beta$ von A ist. Schreiben wir $x(t) = a(t) + ib(t)$, dann erhalten wir

$$a(t) + ib(t) = e^{\alpha t}(\cos \beta t + i \sin \beta t)(u + iw).$$

Wir erhalten also für jeden komplexen Eigenwert $\lambda = \alpha + i\beta$ von A *zwei* (linear unabhängige) reelle Lösungen zum Anfangswert $v = u + iw$, nämlich

$$a(t) = e^{\alpha t}(u \cos \beta t - w \sin \beta t) \quad \text{sowie}$$
$$b(t) = e^{\alpha t}(u \sin \beta t + w \cos \beta t).$$

Die Lösungskurve liegt also in dem von Realteil u und Imaginärteil w des Eigenvektors v aufgespannten Unterraum $\text{span}(u, w)$ des $\mathbb{R}^d$ – das qualitative Verhalten ist das Gleiche wie für (2.17), vgl. Abb. 2.4. Betrachten wir wieder die zeitliche Entwicklung des Realteils (oder des Imaginärteils) einzeln, so erhalten wir wieder jeweils Schwingungen, und zwar innerhalb des von u und w aufgespannten zweidimensionalen reellen Unterraums. Innerhalb dieses Unterraums ist die Lösung also wieder von der Form (2.18).

Nun benötigen wir zur reellen Darstellung der Lösung(skomponente) zu einem komplexen Eigenwert also einen *zwei*dimensionalen Unterraum – müssen wir also ein Differentialgleichungssystem höherer Dimension betrachten, wenn wir die Lösungen reell darstellen wollen? Nein, denn da A reell ist, ist mit jedem Eigenwert λ von A mit zugehörigem Eigenvektor v auch der komplex konjugierte Wert $\bar{\lambda}$ Eigenwert von A, und zwar zum Eigenvektor $\bar{v}$: Aus $Av = \lambda v$ folgt $\overline{Av} = \overline{\lambda v}$ und da A reell ist, gilt $A = \bar{A}$, insgesamt also $A\bar{v} = \bar{\lambda}\bar{v}$. Realteil w und Imaginärteil $-u$ des Eigenvektors $\bar{v} = w - iu$ spannen aber denselben (reellen) Unterraum auf wie w und u.

Frage 10 Skizzieren Sie die Lösungen der Differentialgleichung $\dot{x} = \begin{bmatrix} 0 & -1 \\ 1 & 0 \end{bmatrix} x$.

2.2   Nichtautonome Systeme

Bei einer nichtautonomen Differentialgleichung $\dot{x}(t) = f(t, x(t))$ ist das Vektorfeld f zeitlich variabel. Als einfachster Fall modelliert eine skalare nichtautonome lineare Gleichung[5]

$$\dot{x} = a(t)\, x \tag{2.19}$$

die Entwicklung einer Population, deren Wachstumsrate $a(t)$ von der Zeit abhängt (z. B. weil sich die Temperatur oder andere Umgebungsbedingungen ändern). Hier ist $a : I \rightarrow$

---

[5] Mit dieser Schreibweise ist gemeint, dass wir eine Funktion x suchen, die die Gleichung $\dot{x}(t) = a(t)x(t)$ für alle $t \in I$ erfüllt.

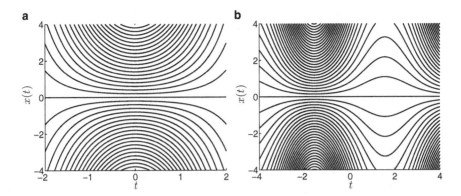

Abb. 2.6 Lösungskurven nichtautonomer skalarer linearer Differentialgleichungen zu verschiedenen $x_0 = x(t_0)$. **a** $\dot{x}(t) = t\,x(t)$, $t_0 = 0$, **b** $\dot{x}(t) = \cos(t)\,x(t)$, $t_0 = 0$

$\mathbb{R}$ eine auf einem gewissen Intervall I definierte stetige Funktion. Die Lösungen von (2.19) lassen sich als

$$x(t) = \exp\left(\int_{t_0}^{t} a(\tau)\,d\tau\right) x_0 \tag{2.20}$$

mit beliebigem $x_0 \in \mathbb{R}$ darstellen (wie man leicht durch Ableiten dieser Funktion nachprüft). Natürlich gilt die Darstellung nur für $t_0, t \in I$, außerdem gilt offensichtlich $x(t_0) = x_0$.

Beispiel 2.6 Die Lösungen der Differentialgleichung

$$\dot{x}(t) = t\,x$$

sind

$$x(t) = \exp\left(\int_{t_0}^{t} \tau\,d\tau\right) x_0 = e^{(t^2 - t_0^2)/2}\,x_0,$$

vgl. Abb. 2.6a. In Abb. 2.6b sind die Lösungen von

$$\dot{x}(t) = \cos(t)\,x$$

für verschiedene $x_0 = x(0)$ dargestellt.

Nichtautonome lineare Systeme Ein nichtautonomes lineares System von Differentialgleichungen ist von der Form

$$\dot{x} = A(t)\,x, \tag{2.21}$$

wobei $A : I \rightarrow \mathbb{R}^{d \times d}$ eine auf einem Intervall I definierte stetige matrixwertige Funktion ist. Zunächst ist zu beachten, dass die matrixwertige Verallgemeinerung von (2.20) – also mit $A(\tau)$ an Stelle von $a(\tau)$ – keine gültige Lösungsformel liefert: die Überprüfung der Lösungseigenschaft scheitert daran, dass $\exp\left(\int_{t_0}^{t} A(\tau)\, d\tau\right)$ und $A(t)$ im Allgemeinen nicht kommutieren.

Man kann durch Spezialisierung des allgemeinen Existenz- und Eindeutigkeitssatzes, den wir im nächsten Kapitel kennenlernen werden, zeigen, dass (2.21) eine auf ganz I definierte eindeutige Lösung x hat, die zur Zeit t_0 einen *beliebigen* Anfangswert $x_0 = x(t_0) \in \mathbb{R}^d$ annimmt. Im folgenden bezeichnen wir diese Lösung für $t \in I$ mit $x(t; t_0, x_0)$.

Um eine allgemeine Darstellung der Lösung zu finden, machen wir uns zunächst Gedanken über die Struktur der Lösungsmenge

$$X = \left\{ x : I \rightarrow \mathbb{R}^d \mid \dot{x} = A(t)x \right\}$$

von (2.21). Offensichtlich ist die Nullfunktion $x(\cdot) = 0$ eine Lösung. Kennen wir zwei Lösungen x und y, dann gilt

$$\frac{d}{dt}(x + y) = \dot{x} + \dot{y} = A(t)x + A(t)y = A(t)(x + y),$$

also ist $x + y$ ebenfalls eine Lösung. Analog schließt man, dass für jede reelle Zahl α auch αx eine Lösung ist. Die Menge X ist also ein Vektorraum. Welche Dimension hat X? Zur Beantwortung dieser Frage konstruieren wir einen Isomorphismus von X in einen Vektorraum, dessen Dimension wir kennen: wir betrachten die lineare Abbildung $S : X \rightarrow \mathbb{R}^d$,

$$S(x) = x(t_0),$$

wobei t_0 ein beliebiger Zeitpunkt aus I ist. Diese Abbildung ist injektiv, denn zu gegebenem $x_0 \in \mathbb{R}^d$ ist die Lösung $x \in X$ mit $x(t_0) = x_0$ eindeutig (vgl. Satz 3.6 im nächsten Kapitel). Sie ist außerdem surjektiv, da wir x_0 beliebig wählen können. Die Abbildung S ist also ein Isomorphismus von X auf den $\mathbb{R}^d$ und daher hat X die Dimension d. Insgesamt haben wir also folgenden Satz bewiesen:

Satz 2.7 Die Lösungsmenge X von (2.21) ist ein d-dimensionaler Vektorraum.

Folglich lässt sich jede Lösung $x \in X$ als Linearkombination einer Basis $\varphi_1, \ldots, \varphi_d$ von X darstellen:

$$x(t) = \Phi(t)c,$$

wobei die Matrix $\Phi(t) = [\varphi_1(t) \ldots \varphi_d(t)]$ spaltenweise aus Basisfunktionen – also aus d linear unabhängigen Lösungen von (2.21) – besteht und $c \in \mathbb{R}^d$ die Koeffizienten der Basisdarstellung enthält. Jede Basis von X liefert dabei natürlich eine andere Matrix.

Eine spezielle Basis von X ist dabei besonders angenehm: jene, für die $\varphi_i(t_0) = e_i$ gilt (für einen beliebigen, aber eben für alle φ_i gleichen Zeitpunkt $t_0 \in I$). Dann ist $\Phi(t_0)$ die Einheitsmatrix, also $\Phi(t_0)c = c$ und somit

$$c = \Phi(t_0)c = x(t_0) = x_0.$$

Natürlich variiert diese angenehme Basis in der Regel mit dem gewählten Anfangszeitpunkt t_0, d. h. wir erhalten eine einparametrige Familie $\varphi_1(t; t_0), \ldots, \varphi_d(t; t_0)$, $t_0 \in I$, von Basisfunktionen.

Definition 2.8 Die Funktion

$$(t; t_0) \mapsto \Phi(t; t_0)$$

mit $\Phi(t; t_0) = [\varphi_1(t; t_0) \ldots \varphi_d(t; t_0)]$ heißt *Übergangsmatrix* oder *Fundamentalmatrix* des Systems (2.21) (zur Anfangszeit t_0).

Frage 11 Überprüfen Sie, dass im autonomen Fall $\Phi(t; t_0) = \exp(A(t - t_0))$ gilt.

Die Lösung $x(t) = x(t; t_0, x_0)$ des nichtautonomen Systems (2.21), die zur Zeit t_0 den Wert x_0 annimmt, lässt sich somit in der Form

$$x(t; t_0, x_0) = \Phi(t; t_0)x_0$$

darstellen. Für festes t und t_0 ist die Abbildung $x_0 \mapsto x(t; t_0, x_0)$ also linear!

Die Übergangsmatrix hat außerdem die folgenden („Fluss"-) Eigenschaften, denen wir in allgemeinerer Form in Kap. 9 wieder begegnen werden:

Proposition 2.9 Es gilt

1. $\Phi(t_0; t_0) = I$,
2. $\Phi(s; t)\Phi(t; t_0) = \Phi(s; t_0)$ und
3. $\Phi(t; t_0)^{-1} = \Phi(t_0; t)$

für alle $t_0, t, s \in I$.

▶ **Beweis** Die Eigenschaft (1) ist per Definition von Φ erfüllt. Die Eigenschaft (3) folgt unmittelbar aus (2) für $s = t_0$. Schließlich gilt (2), da beide Seiten der Gleichung das Anfangswertproblem

$$\dot{\Psi}(s) = A(s)\Psi(s), \quad \Psi(t) = \Phi(t; t_0)$$

mit Anfangszeit t lösen, dessen Lösung eindeutig ist (vgl. erneut den allgemeinen Existenz- und Eindeutigkeitssatz 3.6, den man hier auf Spalten der Matrix $\Psi(s)$ anwendet). □

2.3   Inhomogene lineare Systeme

Die bisher in diesem Kapitel betrachteten linearen Differentialgleichungen nennt man *homogen*. Eine *inhomogene* lineare Differentialgleichung ist von der Form

$$\dot{x} = A(t)x + b(t), \qquad (2.22)$$

wobei $b : I \to \mathbb{R}^d$ eine stetige Funktion ist. Die Struktur der Lösungsmenge

$$X_b = \left\{ x : I \to \mathbb{R}^d \mid \dot{x} = A(t)x + b(t) \right\}$$

ergibt sich wie bei linearen Gleichungssystemen aus der zugehörigen homogenen Gleichung: ist $x_s \in X_b$ eine Lösung von (2.22) und $x \in X$ eine Lösung der zugehörigen homogenen Gleichung $\dot{x} = A(t)x$, dann ist auch $x_s + x$ eine Lösung von (2.22). Sind umgekehrt x_s und $\hat{x}_s$ zwei Lösungen von (2.22), dann ist $x_s - \hat{x}_s$ eine Lösung der homogenen Gleichung. Wir erhalten also:

Satz 2.10 Die Lösungsmenge X_b von (2.22) ist ein d-dimensionaler affiner Unterraum,

$$X_b = x_s + X.$$

Tatsächlich lässt sich mit Hilfe der allgemeinen Lösung der homogenen Gleichung die Lösung der Differentialgleichung (2.22) mit Anfangswert $x(t_0) = x_0$ explizit darstellen: Die Funktion

$$x_s(t) = \Phi(t; t_0)\, x_0 + \int_{t_0}^{t} \Phi(t; s)\, b(s)\, ds \qquad (2.23)$$

erfüllt $x_s(t_0) = x_0$ und besitzt die Ableitung

$$\dot{x}_s(t) = A(t)\, \Phi(t; t_0)\, x_0 + b(t) + \int_{t_0}^{t} A(t)\, \Phi(t; s)\, b(s)\, ds$$

$$= A(t)\, x_s(t) + b(t)$$

und ist daher die gesuchte Lösung. Hier ist $\Phi(t; t_0)$ wieder die Übergangsmatrix des zugehörigen homogenen Systems.

2.4   Übungen

Aufgabe 2.1 Stellen Sie die Lösungen des linearen Systems

$$\dot{x} = -\frac{1}{3} \begin{bmatrix} 1 & 4 \\ -4 & 11 \end{bmatrix} x$$

in der Form $x(t) = M(t)x_0$ dar.

Aufgabe 2.2 Geben Sie zwei Matrizen A und B an, so dass

$$\exp(A + B) \neq \exp(A)\exp(B).$$

Aufgabe 2.3 Beweisen Sie die folgende Aussage (vgl. Proposition 2.2): Jeder verallgemeinerte Eigenraum von A ist invariant (d. h. gilt $x(t_0) \in E$ für eine Lösung x von $\dot{x} = Ax$, dann auch $x(t) \in E$ für alle t).

Aufgabe 2.4 Gegeben sei die Matrix

$$A = \begin{bmatrix} a & b \\ -b & a \end{bmatrix}$$

mit $a, b \in \mathbb{R}$.

(i)   Berechnen Sie die Matrix-Exponentialfunktion e^{At} von A.
(ii) Geben Sie eine reelle Darstellung der Lösungen von $\dot{x} = Ax$ an.
(iii) Skizzieren Sie das Phasenportrait der Lösungen für die vier Fälle
      (1) $a > 0, b = 0$
      (2) $b > 0, a = 0$
      (3) $a > 0, b > 0$
      (4) $a < 0, b > 0$

Hinweis: Bei allen Aufgabenteilen kann MAPLE nützlich sein.

Aufgabe 2.5 Verwenden Sie die Techniken dieses Kapitels, um die Lösung der *nichtlinearen* Differentialgleichung

$$\dot{x} = \begin{bmatrix} x_2 \\ -x_3 x_1 \\ 0 \end{bmatrix}$$

mit $x(0) = (a, b, c)^{\mathsf{T}}$ für alle $a, b, c \in \mathbb{R}$ zu berechnen.
Hinweis: Bestimmen Sie zuerst $x_3(t)$.

Aufgabe 2.6 Es sei $g : \mathbb{R} \to \mathbb{R}^d$ eine stetige Abbildung mit $\lim_{t \to \infty} g(t) = 0$. Zeigen Sie, dass alle Lösungen der d-dimensionalen inhomogenen linearen Differentialgleichung

$$\dot{x} = -x + g(t)$$

für $t \to \infty$ gegen Null konvergieren.

Lösungstheorie

3

In diesem Kapitel beschäftigen wir uns mit der Existenz und Eindeutigkeit von Lösungen gewöhnlicher Differentialgleichungen der Form

$$\dot{x} = f(t, x). \tag{3.1}$$

Hierbei ist $f : D \to \mathbb{R}^d$ ein zeitabhängiges stetiges Vektorfeld mit Definitionsmenge $D \subseteq \mathbb{R} \times \mathbb{R}^d$, d. h. f ist definiert für jedes Paar $(t, x) \in D$. Im einfachsten Fall ist f global definiert, also $D = \mathbb{R} \times \mathbb{R}^d$. Im autonomen Fall (1.3) hängt f nicht von der Zeit t ab, daher betrachten wir die Definitionsmenge D in diesem Fall als eine Teilmenge von $\mathbb{R}^d$.

3.1 Umformung in eine Gleichung erster Ordnung

Gleichung (3.1) ist eine gewöhnliche Differentialgleichung *erster Ordnung*, da nur eine erste Ableitung auftritt. Zudem liegt Gl. (3.1) in *expliziter Form* vor, da sie nach der höchsten auftretenden Ableitung $\dot{x}$ aufgelöst ist. Gewöhnliche Differentialgleichungen aus den Anwendungen sind oft nicht in dieser Form gegeben. Ein Beispiel dafür ist die Pendelgleichung

$$-g m \sin(y) = m \ddot{y},$$

die wir bereits in der Einleitung betrachtet haben und bei der $y \in \mathbb{R}$ den Winkel α des Pendels beschreibt. Diese Gleichung ist nicht von erster Ordnung (weil die zweite Ableitung $\ddot{y}$ auftaucht) und auch nicht explizit (weil $\ddot{y}$ nicht alleine steht).

Man kann Gleichungen höherer Ordnung aber stets in die Standardform erster Ordnung überführen. Um diese Umformung zu erläutern, betrachten wir die allgemeinste Form einer gewöhnlichen Differentialgleichung, nämlich eine Gleichung *n-ter Ordnung* in *impliziter Form*

$$F(t, y, y^{(1)}, \ldots, y^{(n)}) = 0,$$

© Springer Fachmedien Wiesbaden 2016
L. Grüne, O. Junge, *Gewöhnliche Differentialgleichungen*,
Springer Studium Mathematik – Bachelor, DOI 10.1007/978-3-658-10241-8_3

in der $y^{(k)}$, $k = 1, \ldots, n$, die k-te zeitliche Ableitung der gesuchten Funktion $y : \mathbb{R} \to \mathbb{R}^l$ bezeichnet und $n \geq 1$ die Ordnung der Gleichung ist. Wir nehmen nun an, dass sich diese Gleichung nach der höchsten auftretenden Ableitung $y^{(n)}$ auflösen lässt[1], sich also als explizite Gleichung n-ter Ordnung

$$y^{(n)} = G(t, y, \ldots, y^{(n-1)}) \tag{3.2}$$

für eine geeignete Funktion $G : D \to \mathbb{R}^l$ mit Definitionsbereich $D \subseteq \mathbb{R} \times (\mathbb{R}^l)^n = \mathbb{R} \times \mathbb{R}^{nl}$ schreiben lässt. Für die Pendelgleichung erhalten wir hier $n = 2$ und

$$G(t, y, y^{(1)}) = -g \sin(y).$$

Um die Gl. (3.2) in die Form (3.1) umzuschreiben, führen wir den Vektor

$$x = \begin{bmatrix} y \\ y^{(1)} \\ \vdots \\ y^{(n-1)} \end{bmatrix} \in (\mathbb{R}^l)^n,$$

dessen Komponenten wir mit x_i, $i = 1, \ldots, d = nl$ bezeichnen. Dann gilt

$$\dot{x} = \begin{bmatrix} y^{(1)} \\ y^{(2)} \\ \vdots \\ y^{(n)} \end{bmatrix} = \begin{bmatrix} x_{l+1} \\ x_{l+2} \\ \vdots \\ x_{nl} \\ G(t, x) \end{bmatrix} =: f(t, x). \tag{3.3}$$

Die Funktion y erfüllt daher genau dann die Gl. (3.2), wenn x die Gl. (3.1) mit f aus (3.3) erfüllt. Daher können wir stets annehmen, dass die zu betrachtende Differentialgleichung in der Form (3.1) vorliegt.

Frage 12 Modelliert man im Pendel auch die Reibung (in der Aufhängung, oder die Luftreibung), so erhält man die Gleichung

$$gm \sin(\alpha) + km\dot{\alpha} + m\ddot{\alpha} = 0,$$

wobei $k > 0$ die Stärke der Reibung angibt. Wie lautet diese in Form einer expliziten Gleichung erster Ordnung?

---

[1] Ist dies nicht der Fall, so liegt eine *Differential-Algebraische Gleichung* vor, deren Lösungstheorie wir in diesem Buch nicht behandeln.

3.2 Anfangswertprobleme

Eine gewöhnliche Differentialgleichung in der Form (3.1) kann unendlich viele Lösungen besitzen. Als Beispiel betrachte die einfache reelle lineare Differentialgleichung

$$\dot{x} = x,$$

für die man leicht nachrechnet, dass die Funktion $x(t) = Ce^t$ für beliebiges $C \in \mathbb{R}$ eine Lösung ist. Ein Eindeutigkeitsresultat kann man also nur erzielen, wenn man die Problemstellung „Löse die Gleichung (3.1)" so präzisiert, dass aus den unendlich vielen Konstanten C eine eindeutige Konstante ausgewählt wird.

Dies erreichen wir, indem wir zu der Gl. (3.1) eine sogenannte *Anfangsbedingung* hinzunehmen.

Definition 3.1 Ein *Anfangswertproblem* besteht darin, eine Lösung $x(t)$ einer gegebenen Differentialgleichung (3.1) zu finden, die für eine *Anfangszeit* $t_0 \in \mathbb{R}$ und einen *Anfangswert* $x_0 \in \mathbb{R}^d$ mit $(t_0, x_0) \in D$ die Bedingung

$$x(t_0) = x_0 \tag{3.4}$$

erfüllt. Das Paar (t_0, x_0) nennen wir *Anfangsbedingung* und die dadurch charakterisierte Lösung bezeichnen wir mit $x(t; t_0, x_0)$.

Für unsere einfache lineare Differentialgleichung sieht man leicht, dass die Konstante C in $x(t) = Ce^t$ durch die Anfangsbedingung eindeutig festgelegt wird: Aus $x(t_0) = Ce^{t_0} = x_0$ folgt nämlich sofort

$$C = x_0 e^{-t_0}.$$

Dieser Sachverhalt ist in Abb. 3.1 dargestellt. Von den vielen verschiedenen dargestellten Lösungen erfüllt nur eine – nämlich die durchgezogen dargestellte – die durch den Punkt angedeutete Anfangsbedingung $x(0) = 1$.

Integralgleichungen Im Folgenden werden wir beweisen, dass Anfangswertprobleme tatsächlich für eine große Klasse von Differentialgleichungen eindeutige Lösungen besitzen. Dazu benötigen wir noch ein wichtiges Hilfsmittel, das eine einfache Folgerung aus dem Hauptsatz der Differential- und Integralrechnung ist.

Lemma 3.2 Für das Anfangswertproblem (3.1), (3.4) mit Anfangsbedingung $(t_0, x_0) \in D$, ein offenes Intervall I mit $t_0 \in I$ und eine stetige Funktion $x : I \to \mathbb{R}^d$ gilt: Die Funktion $x(t)$ ist genau dann eine stetig differenzierbare Lösung des Anfangswertproblems für $t \in I$, wenn sie die Integralgleichung

$$x(t) = x_0 + \int_{t_0}^{t} f(s, x(s))ds \tag{3.5}$$

für alle $t \in I$ erfüllt.

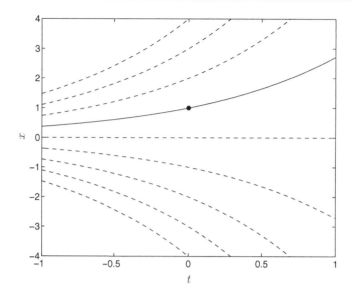

Abb. 3.1 Verschiedene Lösungen der Gleichung $\dot{x}(t) = x(t)$

▶ **Beweis** Es sei $x(t)$ eine stetig differenzierbare Lösung des Anfangswertproblems. Dann gilt $\dot{x}(t) = f(t, x(t))$ für $t \in I$ und damit auch

$$\int_{t_0}^{t} \dot{x}(s)ds = \int_{t_0}^{t} f(s, x(s))ds.$$

Für die linke Seite dieser Gleichung folgt aus dem Hauptsatz der Differential- und Integralrechnung und der Anfangsbedingung

$$\int_{t_0}^{t} \dot{x}(s)ds = x(t) - x(t_0) = x(t) - x_0.$$

Also ist die angegebene Integralgleichung erfüllt.

Umgekehrt erfülle eine stetige Funktion x die Integralgleichung. Dann ist $f(t, x(t))$ stetig in t, weswegen das Integral auf der rechten Seite der Integralgleichung und damit auch $x(t)$ selbst stetig differenzierbar nach t ist. Wir können also beide Seiten der Integralgleichung nach t ableiten und erhalten so

$$\dot{x}(t) = \frac{d}{dt} \int_{t_0}^{t} f(s, x(s))ds = f(t, x(t)),$$

womit die Differentialgleichung erfüllt ist. Wegen

$$x(t_0) = x_0 + \underbrace{\int_{t_0}^{t_0} f(s, x(s))ds}_{=0} = x_0$$

ist auch die Anfangsbedingung erfüllt. □

Beachte, dass dieses Lemma neben der Äquivalenz von Anfangswertproblem und Integralgleichung noch ein Detail liefert, das sich im Folgenden als sehr nützlich erweisen wird: Wenn eine stetige Funktion $x(t)$ die Integralgleichung (3.5) mit stetigem f erfüllt, so ist dieses $x(t)$ „automatisch" stetig differenzierbar.

Frage 13 Angenommen, das Vektorfeld f hängt nicht von x, sondern nur von t ab. Welche Interpretation hat in diesem Fall der Wert $x(t)$ der Lösung des Anfangswertproblems $\dot{x} = f(t)$, $x(t_0) = 0$ zum Zeitpunkt t?

3.3 Der Existenz- und Eindeutigkeitssatz

Der Banachsche Fixpunktsatz Der in diesem Abschnitt formulierte und bewiesene Existenz- und Eindeutigkeitssatz ist eine der klassischen Anwendungen des Banachschen Fixpunktsatzes[2], den wir zunächst wiederholen. Wir benötigen dazu drei Begriffe: Es sei V ein Vektorraum mit einer Norm $\|\cdot\|_V$. Der Raum V ist ein *Banachraum*, wenn jede Cauchy-Folge in V gegen ein Element in V konvergiert. Eine *Kontraktion* (lat. *contrahere*: zusammenziehen) ist eine Abbildung $T : B \to B$, $B \subset V$, für die eine Konstante $k < 1$ existiert, so dass

$$\|T(x) - T(y)\|_V \leq k\|x - y\|_V \tag{3.6}$$

für alle $x, y \in B$. Ein *Fixpunkt* von T ist ein Punkt $x^* \in B$ mit $T(x^*) = x^*$.

Satz 3.3 Es sei V ein Banachraum, $B \subset V$ abgeschlossen und $T : B \to B$ eine Kontraktion. Dann existiert ein eindeutiger Fixpunkt $x^* \in B$ von T.

▶ **Beweis** Wähle ein beliebiges $x_0 \in B$ und betrachte die induktiv für $m = 0, 1, 2, \ldots$ definierte Folge

$$x_{m+1} = T(x_m) \in B.$$

Aus der Kontraktionsungleichung (3.6) folgt induktiv

$$\|T(x_m) - T(x_{m+1})\|_V \leq k\|T(x_{m-1}) - T(x_m)\|_V \leq \ldots \leq k^m\|x_0 - T(x_0)\|_V.$$

---

[2] Stefan Banach, polnischer Mathematiker, 1892–1945.

Damit folgt für alle $n \geq m \geq 1$

$$\|x_m - x_n\|_V = \|T(x_{m-1}) - T(x_{n-1})\|_V$$

$$\leq \sum_{l=m-1}^{n-2} \|T(x_l) - T(x_{l+1})\|_V$$

$$\leq \sum_{l=m-1}^{n-2} k^l \|x_0 - T(x_0)\|_V$$

$$\leq k^{m-1} \sum_{l=0}^{\infty} k^l \|x_0 - T(x_0)\|_V$$

$$\leq \frac{k^{m-1}}{1-k} \|x_0 - T(x_0)\|_V.$$

Weil k^{m-1} gegen 0 konvergiert für $m \to \infty$, ist x_m eine Cauchy-Folge, die wegen der Banachraum-Eigenschaft von V gegen einen Grenzwert $x^* \in V$ konvergiert, der wegen der Abgeschlossenheit von B auch wieder in B liegt. Für diesen gilt wegen der (aus der Kontraktionsungleichung (3.6) folgenden) Stetigkeit von T

$$T(x^*) = T(\lim_{m \to \infty} x_m) = \lim_{m \to \infty} T(x_m) = \lim_{m \to \infty} x_{m+1} = x^*,$$

x^* ist also ein Fixpunkt. Um die Eindeutigkeit zu zeigen, seien x^* und x^{**} zwei Fixpunkte von T in B. Dann gilt

$$\|x^* - x^{**}\|_V = \|T(x^*) - T(x^{**})\|_V \leq k \|x^* - x^{**}\|_V,$$

was wegen $k < 1$ nur für $\|x^* - x^{**}\|_V = 0$, also $x^* = x^{**}$ gelten kann.   □

Der Beweis des Existenz- und Eindeutigkeitssatzes beruht nun darauf, diesen Satz auf den Vektorraum der potentiellen Lösungen des Anfangswertproblems anzuwenden. Hier kommt uns nun das im Anschluss an Lemma 3.2 erwähnte Detail zu Gute: Wenn wir im Beweis mit der Integralgleichung (3.5) statt mit dem Anfangswertproblem arbeiten, so reicht es, hier den Raum der stetigen Funktionen zu betrachten, da eine in diesem Raum gefundene Lösung der Integralgleichung (3.5) automatisch auch stetig differenzierbar ist.

Der Banachraum der stetigen Funktionen Das folgende Lemma zeigt, dass dieser Raum bezüglich der ∞-Norm einen Banachraum bildet.

Lemma 3.4 Mit der Norm

$$\|x\|_\infty := \sup_{t \in I} \|x(t)\|,$$

wobei $\|\cdot\|$ eine beliebige Norm auf dem $\mathbb{R}^d$ bezeichnet, ist der Raum $C(I, \mathbb{R}^d)$ der stetigen Funktionen $x : I \to \mathbb{R}^d$ für jedes abgeschlossene Intervall $I \subseteq \mathbb{R}$ ein Banachraum.

▶ **Beweis** Die Vektorraumeigenschaft ist klar, da Summen und skalare Vielfache stetiger Funktionen wieder stetige Funktionen sind. Zu zeigen bleibt, dass der Raum vollständig ist, d. h. dass jede Cauchy Folge $x_k \in C(I, \mathbb{R}^d)$, $k \in \mathbb{N}$, gegen ein $x^* \in C(I, \mathbb{R}^d)$ konvergiert.

Da der $\mathbb{R}^d$ ein Banachraum ist und die Folge $x_k(t)$ für jedes feste $t \in I$ eine Cauchy-Folge in $\mathbb{R}^d$ ist, existiert für jedes $t \in I$ der Grenzwert $x^*(t) := \lim_{k \to \infty} x_k(t)$. Wir zeigen, dass die so definierte Funktion $x^* : I \to \mathbb{R}$ stetig und Grenzwert der Cauchy-Folge bzgl. $\| \cdot \|_\infty$ ist. Dabei beweisen wir die Stetigkeit mit dem ε-δ-Kriterium, d. h. wir zeigen, dass zu beliebigem $\varepsilon > 0$ und $t \in I$ ein $\delta > 0$ existiert, so dass

$$\|x^*(t) - x^*(s)\| \leq \varepsilon$$

gilt für alle $s \in (t - \delta, t + \delta) \cap I$. Da die x_k eine Cauchy-Folge bezüglich $\| \cdot \|_\infty$ bilden, existiert $k^* \in \mathbb{N}$, so dass $\|x_k - x_l\|_\infty \leq \varepsilon/4$ gilt für alle $k, l \geq k^*$. Damit folgt für alle $t \in I$ und alle $k \geq k^*$

$$\|x^*(t) - x_k(t)\| = \| \lim_{l \to \infty} x_l(t) - x_k(t)\| = \lim_{k \to \infty} \|x_l(t) - x_k(t)\| \leq \varepsilon/4. \tag{3.7}$$

Dies zeigt $\|x^* - x_k\|_\infty \leq \varepsilon/4$ für alle $k \geq k^*$, weswegen x_k bzgl. der Norm $\| \cdot \|_\infty$ gegen x^* konvergiert. Wegen der Stetigkeit von x_{k^*} existiert nun $\delta > 0$ mit $\|x_{k^*}(t) - x_{k^*}(s)\| \leq \varepsilon/2$ für alle $s \in (t - \delta, t + \delta) \cap I$. Daher folgt mit der Dreiecksungleichung und (3.7)

$$\|x^*(t) - x^*(s)\|$$
$$\leq \underbrace{\|x^*(t) - x_{k^*}(t)\|}_{\leq \varepsilon/4} + \underbrace{\|x_{k^*}(s) - x_{k^*}(t)\|}_{\leq \varepsilon/2} + \underbrace{\|x^*(s) - x_{k^*}(s)\|}_{\leq \varepsilon/4} \leq \varepsilon$$

für alle diese s und damit die Stetigkeit von x^*. □

Existenz und Eindeutigkeit Zum Beweis des Existenz- und Eindeutigkeitssatzes müssen wir noch eine weitere Forderung an das Vektorfeld stellen.

Definition 3.5 Das Vektorfeld $f : D \to \mathbb{R}^d$ heißt (lokal) Lipschitz-stetig[3] in x, wenn für jede kompakte Teilmenge $K \subset D$ eine Konstante $L > 0$ existiert, so dass die Ungleichung

$$\|f(t, x_1) - f(t, x_2)\| \leq L \|x_1 - x_2\|$$

für alle $(t, x_1), (t, x_2) \in K$ gilt.

Mit dieser Eigenschaft können wir den Satz nun formulieren und beweisen.

---

[3] Rudolf Lipschitz, deutscher Mathematiker, 1832–1903.

Abb. 3.2 Mengen im Beweis
von Teil 1

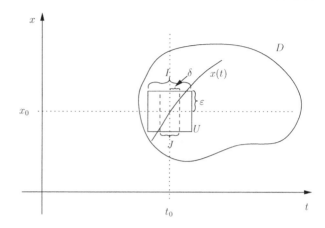

Satz 3.6 Betrachte die gewöhnliche Differentialgleichung (3.1). Das Vektorfeld f sei stetig und Lipschitz-stetig in x.

Dann gibt es für jede Anfangsbedingung $(t_0, x_0) \in D$ genau eine Lösung $x(t; t_0, x_0)$ des Anfangswertproblems (3.1), (3.4). Diese ist definiert für alle t aus einem offenen *maximalen Existenzintervall* $I_{t_0,x_0} \subseteq \mathbb{R}$ mit $t_0 \in I_{t_0,x_0}$.

▶ **Beweis Teil 1:** Wir zeigen zunächst, dass es für jede Anfangsbedingung $(t_0, x_0) \in D$ ein abgeschlossenes Intervall J um t_0 gibt, auf dem die Lösung existiert und eindeutig ist.

Dazu wählen wir ein beschränktes abgeschlossenes Intervall I um t_0 und ein $\varepsilon > 0$, so dass die kompakte Umgebung $U = I \times \overline{B}_\varepsilon(x_0)$ von (t_0, x_0) in D liegt (dies ist möglich, da D eine offene Menge ist). Da f stetig ist und U kompakt ist, existiert eine Konstante M, so dass $\|f(t, x)\| \leq M$ für alle $(t, x) \in U$ gilt. Wir wählen nun $J = [t_0 - \delta, t_0 + \delta]$ wobei $\delta > 0$ so gewählt ist, dass $J \subseteq I$ gilt und $L\delta < 1$ sowie $M\delta < \varepsilon$ erfüllt ist, wobei L die Lipschitz-Konstante von f für $K = U$ ist. Alle somit konstruierten Mengen sind in Abb. 3.2 dargestellt.

Nun verwenden wir zum Beweis der Existenz und Eindeutigkeit der Lösung auf J den Banachschen Fixpunktsatz auf dem Banachraum $C(J, \mathbb{R}^d)$ mit der Norm $\|\cdot\|_\infty$, vgl. Lemma 3.4. Auf $C(J, \mathbb{R}^d)$ definieren wir die Abbildung

$$T : C(J, \mathbb{R}^d) \to C(J, \mathbb{R}^d), \quad T(x)(t) := x_0 + \int_{t_0}^{t} f(\tau, x(\tau)) d\tau.$$

Beachte, dass für jedes $t \in J$ und jedes $x \in B := C(J, \overline{B}_\varepsilon(x_0))$ die Ungleichung

$$\|T(x)(t) - x_0\| = \left\| \int_{t_0}^{t} f(\tau, x(\tau)) d\tau \right\| \leq \left| \int_{t_0}^{t} \underbrace{\|f(\tau, x(\tau))\|}_{\leq M, \text{ weil } (\tau, x(\tau)) \in \overline{U}} d\tau \right|$$

$$\leq \delta M \leq \varepsilon$$

gilt, weswegen T die Menge B in sich selbst abbildet.

Um den Banachschen Fixpunktsatz auf dieser Menge anzuwenden, müssen wir zeigen, dass $T : B \to B$ eine Kontraktion ist, also dass (3.6) gilt für alle $x, y \in B$ und ein $k < 1$. Diese Eigenschaft folgt für $k = L\delta < 1$ aus

$$\|T(x) - T(y)\|_\infty = \sup_{t \in J} \left\| \int_{t_0}^{t} f(\tau, x(\tau)) d\tau - \int_{t_0}^{t} f(\tau, y(\tau)) d\tau \right\|$$

$$\leq \sup_{t \in J} \left| \int_{t_0}^{t} \underbrace{\|f(\tau, x(\tau)) - f(\tau, y(\tau))\|}_{\leq L\|x(\tau)-y(\tau)\| \leq L\|x-y\|_\infty} d\tau \right|$$

$$\leq \sup_{t \in J} |t - t_0| L \|x - y\|_\infty = \delta L \|x - y\|_\infty.$$

Also sind die Voraussetzungen des Banachschen Fixpunktsatzes erfüllt, weswegen T einen eindeutigen Fixpunkt $x \in B$, also eine „Fixpunktfunktion", besitzt. Da diese Fixpunktfunktion x nach Konstruktion von T die Integralgleichung (3.5) erfüllt, ist sie nach Lemma 3.2 eine stetig differenzierbare Lösung des Anfangswertproblems.

Es bleibt zu zeigen, dass diese eindeutig ist, dass also kein weiterer Fixpunkt $y \in C(J, \mathbb{R}^d)$ existiert. Aus dem Banachschen Fixpunktsatz folgt bereits, dass in $B = C(J, \overline{B}_\varepsilon(x_0))$ kein weiterer Fixpunkt von T liegt. Zum Beweis der Eindeutigkeit reicht es also zu zeigen, dass außerhalb von B kein Fixpunkt y liegen kann. Wir beweisen dies per Widerspruch: Angenommen, es existiert eine Fixpunktfunktion $y \notin B$ von T, d. h. es gilt $\|y(t) - x_0\| > \varepsilon$ für ein $t \in J$, für das wir o. B. d. A. $t > t_0$ annehmen. Dann existiert aus Stetigkeitsgründen ein $t^* \in J$ mit $\|y(t^*) - x_0\| = \varepsilon$ und $y(s) \in \overline{B}_\varepsilon(x_0)$ für $s \in [t_0, t^*]$. Damit folgt

$$\varepsilon = \|y(t^*) - x_0\| = \left\| \int_{t_0}^{t^*} f(s, y(s)) ds \right\| \leq \int_{t_0}^{t^*} \|f(s, y(s))\| ds$$

$$\leq (t^* - t_0) M < \delta M,$$

was wegen $\delta M \leq \varepsilon$ ein Widerspruch ist. Daher liegt jeder mögliche Fixpunkt $y \in C(J, \mathbb{R}^d)$ von T bereits in B, womit die Eindeutigkeit folgt.

Zusammenfassend liefert uns Teil 1 des Beweises also, dass *lokal* – also auf einem kleinen Intervall J um t_0 – eine eindeutige Lösung $x(t) = x(t; t_0, x_0)$ existiert. Dies ist die Aussage des *Satzes von Picard-Lindelöf*[4], der in vielen Büchern als eigenständiger Satz formuliert ist.

Teil 2: Wir zeigen als nächstes die Eindeutigkeit der Lösung auf beliebig großen Intervallen I. Seien dazu x und y zwei auf einem Intervall I definierte Lösungen des

---

[4] Charles Picard, französischer Mathematiker, 1856–1941
Ernst Lindelöf, finnischer Mathematiker, 1870–1946.

Anfangswertproblems. Wir beweisen $x(t) = y(t)$ für alle $t \in I$ per Widerspruch und nehmen dazu an, dass ein $t \in I$ existiert, in dem die beiden Lösungen nicht übereinstimmen, also $x(t) \neq y(t)$. O. b. d. A. sei $t > t_0$. Da beide Lösungen nach Teil 1 auf J übereinstimmen und stetig sind, existieren $t_2 > t_1 > t_0$, so dass

$$x(t_1) = y(t_1) \quad \text{und} \quad x(t) \neq y(t) \text{ für alle } t \in (t_1, t_2) \tag{3.8}$$

gilt. Offenbar lösen beide Funktionen das Anfangswertproblem mit Anfangsbedingung $(t_1, x(t_1)) \in D$. Aus Teil 1 des Beweises folgt die Eindeutigkeit der Lösungen dieses Problems auf einem Intervall $\widetilde{J}$ um t_1, also

$$x(t) = y(t) \text{ für alle } t \in \widetilde{J}.$$

Da $\widetilde{J}$ als Intervall um t_1 einen Punkt t mit $t_1 < t < t_2$ enthält, widerspricht dies (3.8), weswegen x und y für alle $t \in I$ übereinstimmen müssen.

Teil 3: Schließlich zeigen wir die Existenz des maximalen Existenzintervalls. Für J aus Teil 1 definieren wir dazu

$$t^+ := \sup\{s > t_0 \mid \text{es existiert eine Lösung auf } J \cup [t_0, s)\}$$

sowie

$$t^- := \inf\{s < t_0 \mid \text{es existiert eine Lösung auf } J \cup (s, t_0]\}$$

und setzen $I_{t_0, x_0} = (t^-, t^+)$. Sowohl t^- als auch t^+ existieren, da die Mengen, über die das Supremum bzw. Infimum genommen wird, nichtleer sind, da sie alle $t_0 \in J$ enthalten. Per Definition von t^+ bzw. t^- kann es keine Lösung auf einem größeren Intervall $I \supset I_{t_0, x_0}$ geben, also ist dies das maximale Existenzintervall. $\qquad\qquad\square$

Bemerkung 3.7 Eine schwächere Version dieses Satzes ist der *Satz von Peano*[5], der nur die Stetigkeit von f und nicht die Lipschitz-Stetigkeit voraussetzt. Der Satz von Peano garantiert allerdings nur die Existenz und nicht die Eindeutigkeit der Lösungen. Die genaue Formulierung und der Beweis dieses Satzes findet sich z. B. in Aulbach [1, Abschnitt 2.2] oder Walter [2, Kapitel 7].

Verhalten am Rand des Existenzintervalls Am Rand des maximalen Existenzintervalls $I_{t_0, x_0} = (t^-, t^+)$ hört die Lösung auf zu existieren. Ist das Intervall in einer Zeitrichtung beschränkt, so kann dies nur zwei verschiedene Ursachen haben: Entweder die Lösung divergiert, oder sie konvergiert gegen einen Randpunkt von D. Im Fall der Divergenz liegt zudem jeder Häufungspunkt ebenfalls auf dem Rand von D. Formal ausgedrückt:

Falls $t^+ < \infty$ ist und die Lösung $x(t_n; t_0, x_0)$ für eine Folge $t_n \nearrow t^+$ gegen ein $x^+ \in \mathbb{R}^d$ konvergiert, so muss $(t^+, x^+) \notin D$ gelten. Analog gilt die Aussage für $t_n \searrow t^-$.

---

[5] Giuseppe Peano, italienischer Mathematiker, 1858–1932.

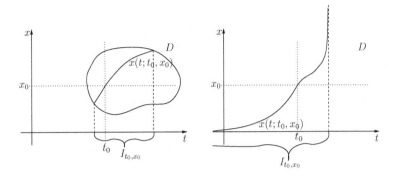

Abb. 3.3 Lösungsverhalten am Rand des Existenzintervalls für eine beschränkte (*links*) und eine unbeschränkte Definitionsmenge D (*rechts*)

Hierbei steht $t_n \nearrow t^+$ kurz für $t_n \to t^+$ und $t_n < t^+$ und $t_n \searrow t^-$ für $t_n \to t^-$ und $t_n > t^-$.

Anschaulich sind die zwei Möglichkeiten „Konvergenz" und „Divergenz gegen ∞" in Abb. 3.3 dargestellt.

Zur Begründung dieses Verhalten unterscheiden wir zwei Fälle; wir betrachten dabei nur das Verhalten bei t^+, die Argumentation bei t^- verläuft analog:

1. Fall: $x(t_n; t_0, x_0)$ konvergiert für alle Folgen $t_n \nearrow t^+$ gegen ein $x^+ \in \mathbb{R}^d$.

Nehmen wir in diesem Fall an, dass der Grenzwert (t^+, x^+) in D liegt. Dann existiert eine Lösung $x(t; t^+, x^+)$ auf einem offenen Intervall I_{t^+, x^+} um t^+. Folglich ist die zusammengesetzte Lösung

$$y(t) = \begin{cases} x(t; t_0, x_0), & t \in I_{t_0, x_0} \\ x(t; t^+, x^+), & t \in I_{t^+, x^+} \setminus I_{t_0, x_0} \end{cases}$$

stetig und erfüllt für alle $t \in I_{t_0, x_0} \cup I_{t^+, x^+}$ die Integralgleichung (3.5), damit nach Lemma 3.2 auch das Anfangswertproblem und ist folglich eine Lösung, die über t^+ hinaus definiert ist: ein Widerspruch zur Definition von t^+.

2. Fall: $x(t_n; t_0, x_0)$ konvergiert für eine Folge $t_n \nearrow t^+$ gegen einen Punkt $x^+ \in \mathbb{R}^d$, aber nicht für eine weitere Folge $s_m \nearrow t^+$.

Nehmen wir in diesem Fall wieder an, dass (t^+, x^+) in D liegt. Dann existiert ein $\delta > 0$, so dass der abgeschlossene Ball $\overline{B}_\delta((t^+, x^+))$ wieder in D liegt und weil f stetig ist, existiert $M > 0$ mit $\|f(t, x)\| \leq M$ für alle $(t, x) \in \overline{B}_\delta((t^+, x^+))$. Sei nun $\varepsilon \in (0, \delta)$ gegeben und m und n so groß, dass $|t^+ - s_m| < \varepsilon/M$ und $|t^+ - t_n| < \varepsilon/M$. Dann folgt analog zu den Abschätzungen im Beweis von Satz 3.6 die Ungleichung $\|x(s_m; t_0, x_0) - x(t_n; t_0, x_0)\| < \varepsilon$. Da $\varepsilon > 0$ beliebig war, konvergiert $x(s_m; t_0, x_0)$ damit für $m \to \infty$ gegen denselben Grenzwert wie $x(t_n; t_0, x_0)$ für $n \to \infty$, was der Annahme widerspricht.

Im Fall $D = \mathbb{R} \times \mathbb{R}^d$ gilt daher für $t^+ < \infty$ bzw. $t^- > -\infty$ insbesondere, dass die Lösung $x(t; t_0, x_0)$ für $t \nearrow t^+$ bzw. $t \searrow t^-$ divergieren muss, da eine Konvergenz

gegen $(t^+, x^+) \notin D$ bzw. $(t^-, x^-) \notin D$ nicht möglich ist. Aus dem gleichen Grund
kann die Lösung auch keine Häufungspunkte besitzen, weswegen $\|x(t; t_0, x_0)\| \to \infty$ für
$t \nearrow t^+$ bzw. $t \searrow t^-$ gelten muss. Beachte, dass dieser Fall tatsächlich auftreten kann:
eine unbeschränkte Definitionsmenge D von f bedeutet nicht, dass auch die Lösungen
auf einem unbeschränkten Intervall $I_{t_0, x_0} = \mathbb{R}$ existieren, wie das dritte der vier folgenden
Beispiele zeigt.

Beispiele für das Verhalten am Rand Wir illustrieren das Randverhalten an vier Beispielen eindimensionaler Differentialgleichungen, deren exakte Lösung wir angeben können:

(1) Das erste Beispiel ist das Anfangswertproblem

$$\dot{x}(t) = -\frac{x(t)}{t - 1}, \qquad x(0) = 1.$$

Definitionsmenge der Differentialgleichung ist offenbar

$$D = \{(t, x) \in \mathbb{R} \times \mathbb{R} \mid t \neq 1\}.$$

Durch Nachrechnen prüft man leicht nach, dass die Lösung durch

$$x(t; 0, 1) = -\frac{1}{t - 1}$$

gegeben ist, deren maximales Existenzintervall offenbar $I_{0,1} = (-\infty, 1)$ ist. Für $t \nearrow$
1 erhält man $x(t; 0, 1) \to \infty$, die Lösung divergiert also.

(2) Das zweite Beispiel ist das Anfangswertproblem

$$\dot{x}(t) = -\frac{1}{x(t)}, \qquad x(0) = 1,$$

welches die Definitionsmenge

$$D = \{(t, x) \in \mathbb{R} \times \mathbb{R} \mid x \neq 0\}$$

besitzt. Hier gilt

$$x(t; 0, 1) = \sqrt{-2t + 1},$$

also $I_{0,1} = (-\infty, 1/2)$. Offenbar divergiert diese Lösung für $t \nearrow t^+ = 1/2$ nicht
und muss deshalb gegen einen Punkt $(t^+, x^+) \notin D$ konvergieren, was wegen $x^+ = 0$
auch tatsächlich der Fall ist.

(3) Das dritte Beispiel ist das Problem

$$\dot{x}(t) = x(t)^2, \qquad x(0) = 1$$

mit der Definitionsmenge $D = \mathbb{R} \times \mathbb{R}$. Obwohl die Definitionsmenge hier unbeschränkt ist, existiert die Lösung nicht für alle Zeiten; tatsächlich ist leicht nachzurechnen, dass die Lösung wie im ersten Beispiel durch

$$x(t; 0, 1) = -\frac{1}{t - 1}$$

gegeben ist, weswegen $I_{0,1} = (-\infty, 1)$ gilt. Wie aus der theoretischen Überlegung zu erwarten, divergiert die Lösung für $t \nearrow t^+ = 1$. Dieses Beispiel zeigt insbesondere die oben bereits betonte Tatsache, dass eine unbeschränkte Definitionsmenge D im Allgemeinen kein unbeschränktes Existenzintervall I_{t_0, x_0} impliziert.

(4) Das letzte Beispiel

$$\dot{x}(t) = \frac{1}{t^2} \sin(1/t) x(t)$$

mit $D = \{(t, x) \in \mathbb{R} \times \mathbb{R} \mid t \neq 0\}$ ist eine Gleichung mit divergierenden Lösungen, die aber Häufungspunkte besitzen. Die Lösungen dieser Gleichung sind gegeben durch $x(t) = c e^{\cos(1/t)}$ mit beliebigem $c \in \mathbb{R}$ und sind damit beschränkt, oszillieren für $t \nearrow$ 0 und $t \searrow 0$ aber immer schneller zwischen $c e^{-1}$ und $c e^1$ und konvergieren deswegen nicht. Es existieren allerdings die Häufungspunkte $(0, x^+)$, $x^+ \in [c e^{-1}, c e^1]$, die – wie nach den obigen Überlegungen zu erwarten – am Rand von D liegen.

Frage 14 Wie lautet die Lösung im Beispiel (2) für den Anfangswert $x(0) = -1$? Was ist das maximale Existenzintervall?

3.4   Folgerungen aus dem Eindeutigkeitssatz

In diesem Abschnitt besprechen wir einige Folgerungen aus dem Eindeutigkeitssatz 3.6. Hierbei nehmen wir stets an, dass die betrachteten Gleichungen die Bedingungen des Eindeutigkeitssatzes erfüllen.

Kozykluseigenschaft Eine direkte Konsequenz aus Satz 3.6 ist die sogenannte *Kozykluseigenschaft* der Lösungen: für $(t_0, x_0) \in D$ gilt

$$x(t; t_0, x_0) = x(t; t^*, x(t^*; t_0, x_0)), \tag{3.9}$$

für alle Zeiten $t^*, t \in \mathbb{R}$, zu denen die in (3.9) auftretenden Lösungen existieren. Diese Eigenschaft folgt aus der einfachen Beobachtung, dass der linke Ausdruck in (3.9) das Anfangswertproblem mit Anfangsbedingung $(t^*, x(t^*; t_0, x_0))$ löst. Da der rechte dies ebenfalls tut, müssen beide nach Satz 3.6 übereinstimmen.

Eine Folgerung aus der Kozykluseigenschaft ist, dass sich unterschiedliche Lösungen einer Differentialgleichung nicht schneiden können. Betrachten wir nämlich zwei Lösungen $x(t; t_0, x_0)$ und $x(t; t_1, x_1)$, für die ein $t^* \in \mathbb{R}$ existiert mit

$$x(t^*; t_0, x_0) = x(t^*; t_1, x_1),$$

so folgt aus dieser Gleichung und der Kozykluseigenschaft für alle t, für die die Lösungen definiert sind

$$x(t; t_0, x_0) = x(t; t^*, x(t^*; t_0, x_0)) = x(t; t^*, x(t^*; t_1, x_1)) = x(t; t_1, x_1).$$

Folglich stimmen die beiden Lösungen für alle t aus ihrem Existenzintervall überein.

Für zwei Lösungen einer Differentialgleichung, die die Bedingungen von Satz 3.6 erfüllt, gibt es also nur die folgenden zwei Möglichkeiten:

(i)   zwei Lösungen stimmen komplett überein
(ii) zwei Lösungen stimmen zu keiner Zeit überein

Insbesondere ist also die Konstellation zweier sich nur in einem Punkt schneidender Lösungen, wie sie in Abb. 3.4 skizziert ist, unmöglich.

Autonome Differentialgleichungen   Weitergehende Aussagen können wir treffen, wenn wir *autonome* gewöhnliche Differentialgleichungen (1.3) betrachten. In diesem Fall gilt, dass jede Lösung mit „verschobenem" Zeitargument der Form $x(t - t_0; 0, x_0)$ das Anfangswertproblem mit Anfangsbedingung (t_0, x_0) löst, wegen der Eindeutigkeit folgt also

$$x(t - t_0; 0, x_0) = x(t; t_0, x_0).$$

Für autonome Gleichungen lassen sich also alle Lösungen durch einfaches Verschieben des zeitlichen Arguments aus der Lösung mit Anfangszeit $t_0 = 0$ berechnen! Wir berücksichtigen dies bei unserer Notation, indem wir Lösungen von autonomen Gleichungen immer mit Anfangszeit 0 schreiben und diese der einfacheren Notation wegen weglassen, also statt $x(t; 0, x_0)$ einfach $x(t; x_0)$ schreiben[6] und damit $x(t; t_0, x_0)$ als $x(t - t_0; x_0)$ ausdrücken.

Die Kozykluseigenschaft vereinfacht sich damit für autonome Gleichungen zu

$$x(t; x_0) = x(t - t^*, x(t^*; x_0)), \tag{3.10}$$

oder, äquivalent

$$x(t_1 + t_2; x_0) = x(t_1, x(t_2; x_0)), \tag{3.11}$$

---

[6] In den späteren Kapiteln werden wir hierfür die Flussnotation $\varphi^t(x_0)$ verwenden, vgl. Gl. (3.13).

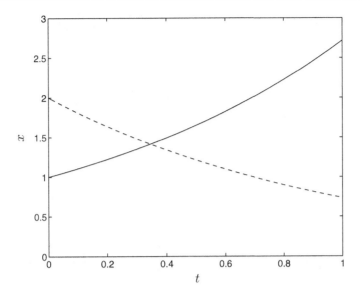

Abb. 3.4 Unmögliche Konstellation zweier sich schneidender Lösungen einer Differentialgleichung

wiederum für alle Zeiten $t, t^*, t_1, t_2 \in \mathbb{R}$, für die die angegebenen Lösungen existieren.

Für nichtautonome Gleichungen haben wir gesehen, dass zwei Lösungen, die zu einer Zeit $t^* \in \mathbb{R}$ übereinstimmen, bereits für alle Zeiten t aus ihrem Existenzintervall übereinstimmen. Für autonome Gleichungen erweitert sich diese Eigenschaft dahingehend, dass zwei Lösungen, die zu zwei *unterschiedlichen* Zeiten $t^*, s^* \in \mathbb{R}$ übereinstimmen, bei geeigneter Verschiebung des Zeitarguments für alle Zeiten übereinstimmen. Gilt nämlich

$$x(t^*; t_0, x_0) = x(s^*; t_1, x_1),$$

oder äquivalent

$$x(t^* - t_0; x_0) = x(s^* - t_1; x_1),$$

so folgt mit (3.11) für $t_1 = t - t^*$ und $t_2 = t^* - t_0$ bzw. $t_2 = s^* - t_1$:

$$
\begin{aligned}
x(t; t_0, x_0) &= x(t - t_0; x_0) \\
&= x(t - t^*; x(t^* - t_0; x_0)) \\
&= x(t - t^*; x(s^* - t_1; x_1)) \\
&= x(t - t^* + s^* - t_1; x_1) \ = \ x(t - t^* + s^*; t_1, x_1).
\end{aligned}
$$

Die Lösungen stimmen also – nach Verschiebung des zeitlichen Arguments um $-t^* + s^*$ – für alle Zeiten überein.

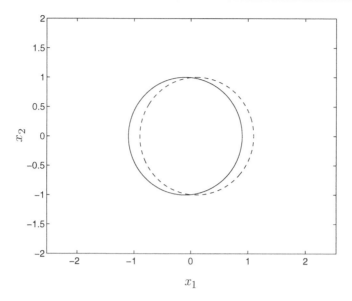

Abb. 3.5 Unmögliche Konstellation zweier sich schneidender Lösungskurven im Phasenportrait einer autonomen Differentialgleichung

Für die grafische Darstellung der Lösungen als Kurven im Phasenportrait, wie sie z. B. in Abb. 1.3 verwendet wurde, bedeutet dies, dass sich zwei verschiedene Lösungskurven nicht schneiden können. Eine Konstellation wie in Abb. 3.5 ist also unmöglich.

Eine weitere Eigenschaft autonomer Gleichungen ist, dass sich die Zeitrichtung umkehrt, wenn man das negative Vektorfeld betrachtet: wenn $x(t)$ das Anfangswertproblem $\dot{x} = f(x)$, $x(t_0) = x_0$ löst, so erfüllt die zeitumgekehrte Lösung $y(t) = x(-t)$

$$\dot{y}(t) = \frac{d}{dt}x(-t) = f(x(-t)) \cdot (-1) = -f(x(-t)) = -f(y(t)). \tag{3.12}$$

Ein negatives Vorzeichen vor dem Vektorfeld kehrt die Zeitrichtung also gerade um.

3.5 Dynamische Systeme

Die Lösungseigenschaft (3.11) autonomer Differentialgleichungen motiviert die folgende Definition *abstrakter* dynamischer Systeme.

Definition 3.8 Sei $(\mathbb{T}, +)$ eine Gruppe und $\varphi = \{\varphi^t\}_{t \in \mathbb{T}}$ eine Familie von Abbildungen auf $D_0 \subset \mathbb{R}^d$ mit den Eigenschaften

(1) $\varphi^0 = id$,
(2) $\varphi^s \circ \varphi^t = \varphi^{s+t}$

für alle $s, t \in \mathbb{T}$, d. h. die Abbildungen $\{\varphi^t\}_{t \in \mathbb{T}}$ bilden mit der Verknüpfung $\circ$ eine Halbgruppe. Dann heißt (D_0, φ) *dynamisches System*. Die Menge D_0 ist der *Zustandsraum*, die Familie φ der *Fluss*. Die Menge $O(x) = \{\varphi^t(x) \mid t \in \mathbb{T}\}$ nennt man *Orbit*, *Trajektorie* oder *Phasenkurve* des Punktes x.

Für eine auf $D_0 \subseteq \mathbb{R}^d$ definierte autonome gewöhnliche Differentialgleichung, deren Lösungen $x(t; x_0)$ für jedes $x_0 \in D_0$ für alle $t \in \mathbb{R}$ existieren, definiert

$$\varphi^t(x_0) := x(t; x_0) \tag{3.13}$$

ein dynamisches System auf $\mathbb{T} = \mathbb{R}$: Aus der Anfangsbedingung $x(0, x_0) = x_0$ folgt gerade Bedingung (1) und aus (3.11) folgt gerade die Bedingung (2) in Definition 3.8. Wir werden diese Flussschreibweise der Lösungen ab Kap. 7 verstärkt verwenden. Offensichtlich ist $t \mapsto \varphi^t(x_0)$ für $\varphi^t(x_0) = x(t; x_0)$ stetig differenzierbar nach t und es gilt

$$\frac{d}{dt}\varphi^t(x_0) = f(\varphi^t(x_0)).$$

Ist umgekehrt ein abstraktes dynamisches System (D_0, φ) gegeben und $t \mapsto \varphi^t(x)$ stetig differenzierbar in jedem Punkt $x \in D_0$, dann können wir durch

$$f(x) := \frac{d}{dt}\varphi^t(x)\Big|_{t=0}$$

ein Vektorfeld definieren und offensichtlich ist φ der von f erzeugte Fluss.

Dynamische Systeme auf $\mathbb{T} = \mathbb{R}$ mit nach t stetig differenzierbarem Fluss korrespondieren also in natürlicher Weise zu gewöhnlichen Differentialgleichungen mit maximalen Existenzintervalle $I_{x_0} = \mathbb{R}$. Darüberhinaus schließt Definition 3.8 für $\mathbb{T} = \mathbb{Z}$ aber auch den Fall *diskreter* dynamischer Systeme mit ein, die wir in diesem Buch nicht behandeln werden.

3.6 Übungen

Aufgabe 3.1 Beweisen Sie, dass jede stetig differenzierbare Abbildung

$$f : D \to \mathbb{R}^d$$

mit $D \subseteq \mathbb{R} \times \mathbb{R}^d$ Lipschitz-stetig im Sinne von Definition 3.5 ist.

Aufgabe 3.2 Bestimmen Sie die Lösung der skalaren Differentialgleichung n-ter Ordnung

$$y^{(n)} = 0$$

mit Anfangsbedingung $y^{(n-1)}(0) = \ldots = y(0) = 1$.

Aufgabe 3.3 Wir betrachten die skalare autonome Differentialgleichung mit

$$f(x) = 3x^{\frac{2}{3}}.$$

(i)   Beweisen Sie, dass die Gleichung auf dem Definitionsbereich $D = \mathbb{R} \setminus \{0\}$ eindeutige Lösungen besitzt.

(ii)   Rechnen Sie nach, dass die Funktion $x(t) = t^3$ eine Lösung der Gleichung ist.

(iii) Finden Sie eine Lösung $y : \mathbb{R} \to \mathbb{R}$ mit $y(0) = 0$, die nicht für alle $t \in \mathbb{R}$ mit $x(t)$ aus (ii) übereinstimmt. Warum ist dies kein Widerspruch zur Eindeutigkeitsaussage in (i)?

Aufgabe 3.4 Gegeben sei eine autonome zweidimensionale Differentialgleichung $\dot{x} = f(x)$ mit

$$f(x) = \begin{bmatrix} g(x_1) \\ h(x_1)x_2 \end{bmatrix}$$

für eine Lipschitz-stetige Funktion $g : \mathbb{R} \to \mathbb{R}$ und eine stetige Funktion $h : \mathbb{R} \to \mathbb{R}$.

(i)   Zeigen Sie anhand eines Beispiels für g und h, dass diese Gleichung die Voraussetzungen des Existenz- und Eindeutigkeitssatzes 3.6 auf $D = \mathbb{R}^2$ im Allgemeinen nicht erfüllt.

(ii)   Beweisen Sie, dass die Gleichung trotzdem eine eindeutige Lösung für jede Anfangsbedingung $(t_0, x_0) \in \mathbb{R} \times \mathbb{R}^2$ besitzt.

Literatur

1. AULBACH, B.: *Gewöhnliche Differenzialgleichungen*. Elsevier-Spektrum, Heidelberg, 2. Aufl., 2004.

2. WALTER, W.: *Gewöhnliche Differentialgleichungen*. Springer, Heidelberg, 7. Aufl., 2000.

Da die Lösung $x(t; t_0, x_0)$ einer gewöhnlichen Differentialgleichung ja gerade die Differentialgleichung (3.1) löst, ist sie natürlicherweise differenzierbar nach ihrem zeitlichen Argument t – und damit auch Lipschitz-stetig und insbesondere stetig in t, vgl. Aufgabe 3.1. Aber wie ist das mit den anderen beiden Argumenten, der Anfangszeit t_0 und dem Anfangszustand x_0? Dies wollen wir in diesem Kapitel untersuchen.

4.1 Stetigkeit

Das Gronwall Lemma Bei der Untersuchung der Stetigkeit der Lösungen gewöhnlicher Differentialgleichungen ergibt sich das Problem, dass man aus der Gl. (3.1) bzw. der zugehörigen Integralgleichung (3.5) nur implizite Abschätzungen erhält, in denen sowohl die abzuschätzenden Funktionen selbst als auch Integrale über diese Funktionen auftauchen. Wir beginnen diesen Abschnitt daher mit einem Lemma, das uns ein Hilfsmittel liefert, um implizite Integralungleichungen aufzulösen.

*Lemma 4.1 (**Gronwall-Lemma**[1])* Sei $I \subset \mathbb{R}$ ein Intervall, $\psi : I \to \mathbb{R}^+$ eine stetige Funktion, die für Konstanten $\alpha, \beta \in \mathbb{R}$ mit $\beta \geq 0$, ein $t_0 \in I$ und alle $t \in I$ mit $t \geq t_0$ die Abschätzung

$$\psi(t) \leq \alpha + \beta \int_{t_0}^{t} \psi(s)ds \qquad (4.1)$$

erfüllt. Dann gilt für alle $t \in I$ mit $t \geq t_0$ die Ungleichung

$$\psi(t) \leq \alpha e^{\beta(t-t_0)}. \qquad (4.2)$$

---

[1] Thomas Gronwall, schwedischer Mathematiker, 1877–1932 (eigentlich Grönwall, das „ö" wurde zu „o", nachdem er 1904 in die USA ausgewandert war).

© Springer Fachmedien Wiesbaden 2016
L. Grüne, O. Junge, *Gewöhnliche Differentialgleichungen*,
Springer Studium Mathematik – Bachelor, DOI 10.1007/978-3-658-10241-8_4

▶ **Beweis** Für $\beta = 0$ folgt die Aussage sofort. Für $\beta > 0$ definieren wir die Hilfsfunktion

$$\phi(t) := \int_{t_0}^{t} \psi(s)ds.$$

Mit dieser schreibt sich (4.1) nach dem Hauptsatz der Differential- und Integralrechnung als

$$\dot{\phi}(t) \leq \alpha + \beta\phi(t).$$

Definiere nun die weitere Hilfsfunktion

$$\theta(t) := \phi(t)e^{-\beta t}.$$

Durch Differenzieren von θ erhält man mit der Produktregel

$$\dot{\theta}(t) = \left(\frac{d}{dt}\phi(t)\right)e^{-\beta t} + \phi(t)\frac{d}{dt}e^{-\beta t}$$
$$\leq (\alpha + \beta\phi(t))e^{-\beta(t)} - \beta\phi(t)e^{-\beta t} \ = \ \alpha e^{-\beta t}.$$

Integration dieser Ungleichung von t_0 bis t liefert wegen $\theta(t_0) = 0$

$$\theta(t) = \theta(t) - \theta(t_0) \leq \frac{\alpha}{\beta}(e^{-\beta t_0} - e^{-\beta t}).$$

Damit ergibt sich für ϕ

$$\phi(t) \leq \frac{\alpha}{\beta}e^{\beta(t-t_0)} - \frac{\alpha}{\beta}.$$

Für ψ erhält man daraus

$$\psi(t) \leq \alpha + \beta\phi(t) \leq \alpha + \alpha e^{\beta(t-t_0)} - \alpha = \alpha e^{\beta(t-t_0)},$$

also die Behauptung.   □

Frage 15 Welche Aussage über die Funktion ψ erhält man, wenn ψ unter den Voraussetzungen des Lemmas für alle t die Ungleichung $\psi(t) \leq \beta \int_{t_0}^{t} \psi(s)ds$ erfüllt?

Lipschitz-Stetigkeit im Anfangswert Die Stärke des Gronwall-Lemmas liegt darin, dass eine implizite Integralungleichung, in der die Funktion ψ auf beiden Seiten auftritt, in eine explizite Ungleichung für ψ umgewandelt wird. Dies ist genau das richtige Hilfsmittel, um die Lipschitz-Stetigkeit der Funktion $x(t; t_0, x_0)$ in x_0 zu beweisen.

Satz 4.2 Es gelten die Voraussetzungen des Existenz- und Eindeutigkeitssatzes 3.6. Dann ist jede Lösung $x(t; t_0, x_0)$ für alle t aus ihrem maximalen Existenzintervall I_{t_0, x_0} stetig im Anfangswert x_0. Darüberhinaus ist sie Lipschitz-stetig in x_0 im folgenden Sinn:

Für jedes kompakte Intervall $I \subset I_{t_0, x_0}$ gibt es Konstanten $\delta > 0$ und $L_I > 0$, so dass für alle $y_0 \in \mathbb{R}^d$ mit $\|y_0 - x_0\| \leq \delta$ die Inklusion $I \subset I_{t_0, y_0}$ und die Ungleichung

$$\|x(t; t_0, x_0) - x(t; t_0, y_0)\| \leq L_I \|x_0 - y_0\|$$

für alle $t \in I$ gilt.

▶ **Beweis** Wir beweisen die angegebene Ungleichung für alle $t \in I$ mit $t \geq t_0$, der Beweis für $t \leq t_0$ funktioniert analog.

Da die Definitionsmenge D von f offen ist, können wir für das gegebene kompakte Intervall I ein $\tilde{\delta} > 0$ finden, so dass die kompakte Menge

$$K := \left\{ (t, y) \in I \times \mathbb{R}^d \mid \|y - x(t; t_0, x_0)\| \leq \tilde{\delta} \right\}$$

in D liegt.

Wir beweisen die angegebene Abschätzung nun zunächst für alle $y_0 \in \mathbb{R}^d$ und $t \in I$, für die $(\tau, x(\tau; t_0, y_0)) \in K$ für alle $\tau \in [t_0, t]$ gilt. Beachte, dass wegen der Stetigkeit der Lösung in t für jedes y_0 mit $\|y_0 - x_0\| < \tilde{\delta}$ ein $t > t_0$ existiert, für das diese Bedingung erfüllt ist. Zum Beweis der Abschätzung für diese y_0 und t sei L die Lipschitz-Konstante von f in x auf der kompakten Menge K. Damit gilt

$$\|x(t; t_0, x_0) - x(t; t_0, y_0)\|$$

$$= \left\| x_0 + \int_{t_0}^{t} f(\tau, x(\tau; t_0, x_0)) d\tau - y_0 - \int_{t_0}^{t} f(\tau, x(\tau; t_0, y_0)) d\tau \right\|$$

$$\leq \|x_0 - y_0\| + \left\| \int_{t_0}^{t} f(\tau, x(\tau; t_0, x_0)) - f(\tau, x(\tau; t_0, y_0)) d\tau \right\|$$

$$\leq \|x_0 - y_0\| + \int_{t_0}^{t} \|f(\tau, x(\tau; t_0, x_0)) - f(\tau, x(\tau; t_0, y_0))\| d\tau$$

$$\leq \|x_0 - y_0\| + \int_{t_0}^{t} L \|x(\tau; t_0, x_0) - x(\tau; t_0, y_0)\| d\tau.$$

Hierbei haben wir im ersten Schritt die Integraldarstellung (3.5) der Lösung verwendet, im zweiten und dritten Schritt jeweils die Dreiecksungleichung – einmal „klassisch" und einmal für Integrale – angewendet und im vierten Schritt die Lipschitz-Stetigkeit von f in x ausgenutzt. Mit diesen Umformungen haben wir eine Ungleichung gefunden, auf die wir das Gronwall-Lemma mit

$$\psi(t) = \|x(t; t_0, x_0) - x(t; t_0, y_0)\|, \quad \alpha = \|x_0 - y_0\| \text{ und } \beta = L$$

anwenden können und erhalten damit

$$\|x(t; t_0, x_0) - x(t; t_0, y_0)\| \leq \|x_0 - y_0\| e^{L(t-t_0)}. \tag{4.3}$$

Für $t < t_0$ ergibt sich die analoge Ungleichung mit $\|x_0 - y_0\| e^{L(t_0-t)}$. Damit erhalten wir die gewünschte Ungleichung, wenn wir

$$L_I := \max_{t \in I} e^{L|t-t_0|}$$

setzen.

Es bleibt noch $\delta > 0$ zu konstruieren, so dass die Ungleichung für alle y_0 mit $\|y_0 - x_0\| \leq \delta$ gilt. Dies erreichen wir, indem wir $\delta > 0$ so wählen, dass die Lösung $x(t; t_0, y_0)$ für alle diese y_0 und alle $t \in I, t \geq t_0$ in K liegt. Wir setzen dazu

$$\delta = \frac{\tilde{\delta}}{2 L_I}.$$

Nehmen wir nun an, dass ein Anfangswert $y_0 \in \mathbb{R}^d$ mit $\|y_0 - x_0\| \leq \delta$ existiert, dessen zugehörige Lösung $x(t; t_0, y_0)$ zu einer Zeit $t \in I, t \geq t_0$ nicht mehr in K liegt. Dann gibt es wegen der Stetigkeit der Lösung in t eine minimale Zeit $t_1 \geq t_0$, zu der die Lösung gerade am Rand der Menge liegt, also

$$\|x(t_1; t_0, y_0) - x(t_1; t_0, x_0)\| = \tilde{\delta} \tag{4.4}$$

und

$$\|x(\tau; t_0, y_0) - x(\tau; t_0, x_0)\| < \tilde{\delta} \text{ für alle } \tau \in [t_0, t_1).$$

Auf dem Intervall $[t_0, t_1]$ liegt die Lösung also in K, weswegen wir die Ungleichung (4.3) für $t = t_1$ anwenden können. Wegen $\|y_0 - x_0\| \leq \delta$ und der Wahl von δ ergibt dies

$$\|x(t_1; t_0, x_0) - x(t_1; t_0, y_0)\| \leq L_I \|x_0 - y_0\| \leq \frac{\tilde{\delta}}{2},$$

was offenkundig ein Widerspruch zu (4.4) ist. Also liegen alle Lösungen mit Anfangswert $\|y_0 - x_0\| \leq \delta$ für alle Zeiten $t \in I, t \geq t_0$, in K und erfüllen daher die gewünschte Ungleichung. $\qquad \square$

Diskussion der Lipschitz-Konstante Beachte, dass die im Beweis errechnete Lipschitz-Konstante

$$L_I = \max_{t \in I} e^{L|t-t_0|}$$

um so größer wird, je größer das Intervall I gewählt wird. Dies erklärt, warum die beim Lorenz-System in der Einleitung beobachtete sensitive Abhängigkeit vom Anfangswert kein Widerspruch zur Stetigkeit der Lösungen im Anfangswert ist: Für große Intervalle kann die Lipschitz-Konstante so groß werden, dass selbst Lösungen zu sehr nahe beieinanderliegenden Anfangswerten nach einer hinreichend langen Zeit stark voneinander abweichen können.

Wie nah ist die im Beweis berechnete Konstante aber nun an der tatsächlichen Lipschitz-Konstante der Lösung? Liefert L_I eine scharfe Abschätzung, oder überschätzen wir die richtige Konstante damit? Die Antwort auf diese Frage hängt ganz von der betrachteten Differentialgleichung ab. Um dies zu veranschaulichen, genügt die bekannte einfache skalare lineare Differentialgleichung

$$\dot{x}(t) = cx(t) \tag{4.5}$$

für $c \in \mathbb{R}$. Für diese rechnet man leicht nach, dass die Lipschitz-Konstante des Vektorfeldes $f(x) = cx$ gerade $L = |c|$ ist. Betrachten wir die Anfangszeit $t_0 = 0$ und das Intervall $I = [0, T]$, so erhalten wir aus dem Beweis von Satz 4.2 die Lipschitz-Konstante

$$L_I = e^{|c|T}.$$

Die Lösungen der Gl. (4.5) sind bekanntlich gegeben durch $x(t; 0, x_0) = x_0 e^{ct}$. Auf dem Intervall I können wir die exakte Lipschitz-Konstante L_{ex} mittels

$$\|x(t; 0, x_0) - x(t; 0, y_0)\| = \|x_0 e^{ct} - y_0 e^{ct}\| = \|x_0 - y_0\| e^{ct} \leq \|x_0 - y_0\| \max_{t \in I} e^{ct}$$

als

$$L_{ex} = \max_{t \in I} e^{ct} = \begin{cases} e^{cT}, & c \geq 0 \\ 1, & c < 0 \end{cases}$$

errechnen. Wir sehen: Für $c \geq 0$ ist $L_I = e^{LT} = e^{cT} = L_{ex}$ und wir erhalten aus Satz 4.2 tatsächlich eine scharfe Abschätzung der exakten Lipschitz-Konstante. Für $c \leq 0$ hingegen folgt

$$L_I = e^{LT} = e^{-cT} \quad \text{und} \quad L_{ex} = 1,$$

d. h. wenn $|c|T$ groß ist, überschätzen wir die exakte Lipschitz-Konstante beträchtlich!

Diese Beobachtung hat eine wichtige Konsequenz für die Untersuchung des *asymptotischen Lösungsverhaltens*. Betrachten wir z. B. die Lösung $x(t; 0, 0) \equiv 0$ der einfachen linearen Differentialgleichung (4.5). Eine wichtige Frage ist nun z. B., ob Lösungen $x(t; 0, x_0)$ für $x_0 \neq 0$ für $t \to \infty$ gegen die Null-Lösung $x(t; 0, 0)$ konvergieren. Offenbar ist dies für $c < 0$ gerade der Fall, für $c > 0$ aber nicht. Die Lipschitz-Konstante aus Satz 4.2 gibt uns hierüber aber keine Auskunft, da sie für c und $-c$ den gleichen Wert liefert; sie unterscheidet also nicht zwischen den beiden sehr verschiedenen asymptotischen Situationen. Deswegen werden wir später in den Kap. 7 und 8 andere Techniken entwickeln, mit denen sich diese Frage beantworten lässt.

Frage 16 Wir betrachten die Differentialgleichung $\dot{x} = \begin{bmatrix} 0 & -1 \\ 1 & 0 \end{bmatrix} x, x \in \mathbb{R}^2$. Wie groß ist die Lipschitz-Konstante L_l aus Satz 4.2 bzgl. der Euklidischen Norm für dieses System?

Stetigkeit in der Anfangszeit Zum Abschluss dieses Abschnitts betrachten wir noch die Stetigkeit der Lösung bezüglich der Anfangszeit t_0, die sich mit Hilfe der bereits bekannten Stetigkeit bezüglich x_0 beweisen lässt.

Satz 4.3 Es gelten die Voraussetzungen des Existenz- und Eindeutigkeitssatzes 3.6. Dann ist jede Lösung $x(t; t_0, x_0)$ für alle t aus ihrem maximalen Existenzintervall I_{t_0, x_0} stetig in der Anfangszeit t_0.

▶ **Beweis** Wir beweisen die Stetigkeit, indem wir für eine beliebige Folge von Anfangszeiten t_k die Implikation

$$t_k \to t_0 \quad \Rightarrow \quad x(t; t_k, x_0) \to x(t; t_0, x_0)$$

zeigen, vorausgesetzt, dass die t_k hinreichend nahe an t_0 liegen. Zum Beweis der Implikation nutzen wir die Kozykluseigenschaft (3.9) geschickt aus. Nach dieser gilt

$$x(t; t_k, x_0) = x(t; t_0, x(t_0; t_k, x_0)).$$

Nach Satz 4.2 ist $x(t; t_0, \cdot)$ stetig, also genügt es, $x(t_0; t_k, x_0) \to x_0$ zu zeigen. Aus der Integraldarstellung der Lösung folgt

$$x(t_0; t_k, x_0) = x_0 + \int_{t_k}^{t_0} f(\tau, x(\tau; t_k, x_0)) d\tau.$$

Analog zu der Konstruktion in Teil 1 des Beweises von Satz 3.6 können wir folgern, dass $\| f(\tau, x(\tau; t_k, x_0)) \|$ für alle τ aus dem Integrationsintervall und alle t_k hinreichend nahe an t_0 durch eine Konstante M beschränkt ist. Daraus folgt

$$\| x(t_0; t_k, x_0) - x_0 \| = \left\| \int_{t_k}^{t_0} f(\tau, x(\tau; t_k, x_0)) d\tau \right\| \le |t_0 - t_k| M$$

und daher $\| x(t_0; t_k, x_0) - x_0 \| \to 0$ für $k \to \infty$, also $x(t_0; t_k, x_0) \to x_0$. Dies zeigt die Behauptung. □

4.2 Linearisierung und Differenzierbarkeit

Wir haben im vorhergehenden Abschnitt gesehen, dass die Lipschitz-Stetigkeit von f bezüglich x die Lipschitz-Stetigkeit der Lösung bezüglich des Anfangswertes x_0 impliziert. Es stellt sich daher in natürlicher Weise die Frage, ob man auch Differenzierbarkeit der Lösung bezüglich x_0 erwarten kann, wenn man Differenzierbarkeit von f bezüglich x voraussetzt. Dies ist tatsächlich der Fall, wie wir in diesem Abschnitt sehen werden. Wir formulieren zuerst eine geeignete Differenzierbarkeitsannahme, welche die Lipschitz-Bedingung aus Definition 3.5 erweitert.

Definition 4.4 Das Vektorfeld $f : D \to \mathbb{R}^d$ heißt stetig differenzierbar in x gleichmäßig in t, wenn es eine stetige matrixwertige Funktion $B : D \to \mathbb{R}^{d \times d}$ gibt, so dass für jede kompakte Teilmenge $K \subset D$ eine Funktion $r : \mathbb{R} \to \mathbb{R}$ existiert mit

$$\| f(t, y) - f(t, x) - B(t, x)(y - x) \| \le r(\|y - x\|)$$

für alle $(t, x), (t, y) \in K$ und

$$\lim_{\substack{\alpha \to 0 \\ \alpha \neq 0}} \frac{r(\alpha)}{\alpha} = 0. \tag{4.6}$$

Die Matrix $B(t, x)$ heißt dann *Ableitung* oder *Jacobi-Matrix* von f in (t, x) und wird auch mit $\frac{df}{dx}(t, x)$ bezeichnet.

Aus der vektorwertigen Analysis folgt, dass diese Definition stets erfüllt ist, wenn f stetig differenzierbar nach x *und* t ist, was i. A. leichter zu überprüfen ist als das direkte Nachrechnen der (schwächeren) Definition 4.4.

Linearisierung Im Folgenden betrachten wir eine Lösung $x(t; t_0, x_0)$ der Differentialgleichung (3.1) und ein kompaktes Intervall $I \subset I_{t_0, x_0}$. Entlang der Lösung definieren wir

$$A(t) := \frac{df}{dx}(t, x(t; t_0, x_0)) \quad \text{für alle } t \in I. \tag{4.7}$$

Mit Hilfe dieser zeitabhängigen Matrix können wir nun die lineare zeitvariante Differentialgleichung

$$\dot{z}(t) = A(t)z(t) \tag{4.8}$$

aufstellen, die sogenannte *Linearisierung* oder *Variationsgleichung* von (3.1) entlang der Lösung $x(t; t_0, x_0)$. Ihre Lösung mit Anfangswert z_0 und Anfangszeit t_0 ist gerade durch $\Phi(t; t_0)z_0$ gegeben, wobei Φ die Übergangsmatrix aus Definition 2.8 ist.

Frage 17 Wie lautet die Matrix $A(t)$ entlang der Lösung $x(t; t_0, x_0)$ der Differentialgleichung $\dot{x} = x(1 - x)$ zum Anfangswert $(t_0, x_0) = (1, 1)$?

Um die Differenzierbarkeit nach x_0 nachzuweisen und die Ableitung zu berechnen, zeigen wir im folgenden Satz zunächst eine (in späteren Kapiteln nützliche) explizite Abschätzung über den Zusammenhang zwischen $x(t; t_0, y_0)$, $x(t; t_0, x_0)$ und $\Phi(t; t_0)(y_0 - x_0)$, aus der wir dann im nachfolgenden Korollar die Differenzierbarkeit folgern.

Satz 4.5 Betrachte eine nichtlineare Differentialgleichung (3.1), deren Vektorfeld stetig differenzierbar im Sinne von Definition 4.4 ist. Es sei $x(t; t_0, x_0)$ eine Lösung der Gleichung und $\Phi(t; t_0)$ die Übergangsmatrix der Linearisierung von (3.1) gemäß (4.7), (4.8). Zudem sei ein kompaktes Intervall $I \subset I_{t_0, x_0}$ und ein $\varepsilon > 0$ gegeben. Dann gibt es ein $\delta > 0$, so dass für jeden Anfangswert $y_0 \in \mathbb{R}^d$ mit $\|y_0 - x_0\| \leq \delta$ und alle $t \in I$ die Abschätzung

$$\|x(t; t_0, y_0) - x(t; t_0, x_0) - \Phi(t; t_0)(y_0 - x_0)\| \leq \varepsilon \|y_0 - x_0\|$$

gilt.

▶ **Beweis** Wir wählen eine Anfangszeit t_0 und einen Anfangswert x_0. Aus Satz 4.2 folgt die Existenz von $\delta > 0$ und $L_I > 0$, so dass

$$\|x(t; t_0, y_0) - x(t; t_0, x_0)\| \leq L_I \|y_0 - x_0\| \tag{4.9}$$

gilt für alle Anfangswerte y_0 mit $\|y_0 - x_0\| \leq \delta$ und alle $t \in I$. Wir definieren die kompakte Menge

$$K = \{(t, y) \mid t \in I, \|y - x(t; t_0, x_0))\| \leq L_I \delta\}$$

und die Funktion

$$\rho(t, y) := f(t, y) - f(t, x(t; t_0, x_0)) - A(t)(y - x(t; t_0, x_0)).$$

Für $(t, y) \in K$ gilt dann gemäß Definition 4.4 die Abschätzung

$$\|\rho(t, y)\| \leq r(\|y - x(t; t_0, x_0)\|).$$

Wähle nun $\varepsilon > 0$ und $I \subset I_{t_0, x_0}$ kompakt und setze $T := \max_{t \in I} |t - t_0|$ und $D := \max_{t, s \in I} \|\Phi(t; s)\|$, wobei wir die von der Euklidischen Norm induzierte Matrixnorm verwenden. Aus (4.6) folgt, dass ein $\tilde{\delta} > 0$ existiert mit

$$r(\|y - x\|) \leq \frac{\varepsilon}{DTL_I} \|y - x\| \tag{4.10}$$

für alle $x, y \in \mathbb{R}^d$ mit $\|y - x\| \leq \tilde{\delta}$. O. B. d. A. können wir annehmen, dass $\delta \leq \tilde{\delta}$ und $\delta \leq \tilde{\delta}/L_I$ gilt. Für jeden Anfangswert $y_0 \in \mathbb{R}^d$ mit $\|y_0 - x_0\| \leq \delta$ und alle $t \in I$ gilt dann mit der oben definierten Funktion ρ

$$
\begin{aligned}
\dot{x}(t;t_0,y_0) - \dot{x}(t;t_0,x_0) &= f(t,x(t;t_0,y_0)) - f(t,x(t;t_0,x_0)) \\
&= A(t)(x(t;t_0,y_0) - x(t;t_0,x_0)) \\
&\quad + \rho(t,x(t;t_0,y_0))
\end{aligned}
$$

Die Funktion $\xi(t) := x(t;t_0,y_0) - x(t;t_0,x_0)$ erfüllt also die lineare inhomogene Differentialgleichung

$$
\dot{\xi}(t) = A(t)\xi(t) + \rho(t,x(t;t_0,y_0))
$$

mit Anfangsbedingung $\xi(t_0) = y_0 - x_0$. Mit der allgemeinen Form der Lösung dieser Gleichung aus (2.23) gilt

$$
\xi(t) = \Phi(t;t_0)(y_0 - x_0) + \int_{t_0}^{t} \Phi(t;\tau)\rho(\tau,x(\tau;t_0,y_0))d\tau.
$$

Also folgt

$$
\|\xi(t) - \Phi(t;t_0)(y_0 - x_0)\| = \left\| \int_{t_0}^{t} \Phi(t;\tau)\rho(\tau,x(\tau;t_0,y_0))d\tau \right\|
$$

für alle $t \in I$. Dieser Integralausdruck lässt sich abschätzen mittels

$$
\begin{aligned}
\left\| \int_{t_0}^{t} \Phi(t;\tau)\rho(\tau,x(\tau;t_0,y_0))d\tau \right\| & \\
\leq \int_{t_0}^{t} \|\Phi(t;\tau)\| \|\rho(\tau,x(\tau;t_0,y_0))\| d\tau & \\
\leq DT \sup_{t\in I} r(\|x(t;t_0,y_0) - x(t;t_0,x_0)\|) & \\
\leq DT \frac{\varepsilon}{DTL_I} L_I \|x_0 - y_0\| \leq \varepsilon \|x_0 - y_0\|, &
\end{aligned}
$$

wobei wir zur Abschätzung von r die Ungleichungen (4.9) und (4.10) ausgenutzt haben. Es folgt also

$$
\|\xi(t) - \Phi(t;t_0)(y_0 - x_0)\| \leq \varepsilon \|x_0 - y_0\|
$$

was wegen der Definition von $\xi(t)$ gerade die Behauptung ist. $\qquad\square$

Abb. 4.1 Illustration der Mengen aus Bemerkung 4.6

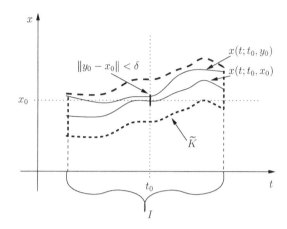

Bemerkung 4.6

(i)   Mit anderen Worten liefert dieser Satz die Approximationseigenschaft

$$x(t;t_0,x_0) + \Phi(t;t_0)(y_0 - x_0) \approx x(t;t_0,y_0),$$

deren Güte von der Anfangsdifferenz $z_0 := y_0 - x_0$ abhängt und – eine ganz wichtige
Eigenschaft – deren Approximationsfehler für $z_0 \to 0$ schneller als linear abnimmt,
also schneller als $c\|z_0\|$ für jede Konstante $c > 0$.

(ii) Eine weitere nützliche Interpretation des Satzes erhalten wir, wenn wir die bereits
im Beweis verwendete Abweichung $\xi(t) := x(t;t_0,y_0) - x(t;t_0,x_0)$ der Lösung
$x(t;t_0,y_0)$ von der Lösung $x(t;t_0,x_0)$ betrachten, entlang der linearisiert wurde. Für
$\xi(t)$ erhalten wir nämlich

$$\Phi(t;t_0)z_0 \approx \xi(t),$$

d. h. die Lösung von $\dot{z} = A(t)z$ approximiert gerade die Abweichung $\xi(t)$ der beiden
Lösungen.

(iii) Um zu verstehen, wie klein $\|y_0 - x_0\|$ für ein vorgegebenes ε sein muss, ist es
sinnvoll, sich die Argumentation im Beweis des Satzes noch einmal anzusehen. Die
entscheidende Eigenschaft, die in der Abschätzung des Integralausdrucks verwendet
wird ist nämlich, dass $(t, x(t;t_0,y_0))$ für alle $t \in I$ in der Menge

$$\widetilde{K} = \{(t,y) \in I \times \mathbb{R}^d \mid r(\|y - x(t;t_0,x_0)\|) \leq \frac{\varepsilon}{DT}\|x_0 - y_0\|\}$$

liegt. Die Bedingung $\|y_0 - x_0\| \leq \delta$ und die zugehörige Wahl von δ liefert lediglich
eine leicht zu überprüfende hinreichende Bedingung dafür, dass dies für alle $t \in I$
gilt, wie in Abb. 4.1 veranschaulicht.

Differenzierbarkeit nach dem Anfangswert Das folgende Korollar zeigt nun, dass sich
mit der Abschätzung aus Satz 4.5 leicht die Differenzierbarkeit bezüglich x_0 folgern lässt.

Korollar 4.7 Betrachte eine nichtlineare Differentialgleichung (3.1), deren Vektorfeld stetig differenzierbar im Sinne von Definition 4.4 ist. Dann ist die Lösung $x(t; t_0, x_0)$ für jeden Zeitpunkt $t \in I$ differenzierbar nach dem Anfangswert x_0 mit Ableitung

$$\frac{d}{dx_0} x(t; t_0, x_0) = \Phi(t; t_0),$$

wobei $\Phi(t; t_0)$ die Übergangsmatrix der Linearisierung (4.7), (4.8) ist.

▶ **Beweis** Sei $\varepsilon > 0$ beliebig und $\delta > 0$ aus Satz 4.5. Dann gilt nach Satz 4.5

$$\frac{\|x(t; t_0, y_0) - x(t; t_0, x_0) - \Phi(t; t_0)(y_0 - x_0)\|}{\|y_0 - x_0\|} \leq \varepsilon.$$

für alle $y_0 \in \mathbb{R}^d$ mit $\|y_0 - x_0\| < \delta$. Daraus folgt

$$\limsup_{\substack{y_0 \to x_0 \\ y_0 \neq x_0}} \frac{\|x(t; t_0, y_0) - x(t; t_0, x_0) - \Phi(t; t_0)(y_0 - x_0)\|}{\|y_0 - x_0\|} \leq \varepsilon$$

und da $\varepsilon > 0$ beliebig war, ergibt sich

$$\lim_{\substack{y_0 \to x_0 \\ y_0 \neq x_0}} \frac{x(t; t_0, y_0) - x(t; t_0, x_0) - \Phi(t; t_0)(y_0 - x_0)}{\|y_0 - x_0\|} = 0.$$

Dies zeigt die behauptete Differenzierbarkeit mit Ableitung $\Phi(t; t_0)$.   □

Bemerkung 4.8
(i)   Die Lösung einer parameterabhängigen Differentialgleichung

$$\dot{x} = f(t, x, \lambda)$$

ist auch C^1 in $\lambda \in \mathbb{R}^l$, wenn f stetig differenzierbar im Sinne von Definition 4.4 in *x und* λ ist. Um dies zu beweisen reicht es, Korollar 4.7 auf die Differentialgleichung

$$\dot{z} = \tilde{f}(t, z) := \begin{bmatrix} f(t, x, \lambda) \\ 0 \end{bmatrix} \quad \text{mit Zustand} \quad z = \begin{bmatrix} x \\ \lambda \end{bmatrix} \in \mathbb{R}^{d+l}$$

anzuwenden.
(ii) Indem man Korollar 4.7 iterativ auf die Variationsgleichungen (4.8) anwendet, kann man beweisen, dass die Lösung p-mal stetig differenzierbar nach x_0 (sowie nach eventuellen Parametern λ) ist, wenn das Vektorfeld f eine C^p-Funktion ist. Für die Differenzierbarkeit der Lösung nach t_0 bzw. t siehe die Aufgaben 4.1 und 4.2.

Linearisierung im Gleichgewicht Der in Satz 4.5 bewiesene Zusammenhang zwischen den Lösungen der nichtlinearen Differentialgleichung und ihrer Linearisierung hat vielfältige Anwendungsmöglichkeiten. Besonders einfach ist er immer dann anwendbar, wenn sich die Linearisierung $A(t)$ und ihre Lösung leicht berechnen lässt. Dies ist insbesondere dann der Fall, wenn x_0 ein Gleichgewicht gemäß der folgenden Definition ist.

Definition 4.9 Ein Punkt $x^* \in \mathbb{R}^d$ heißt *Gleichgewicht* (auch *Ruhelösung*, *Ruhelage* oder *Equilibrium*) der gewöhnlichen Differentialgleichung (3.1), falls für die zugehörige Lösung

$$x(t; t_0, x^*) = x^* \text{ für alle } t, t_0 \in \mathbb{R}$$

gilt.

Es ist leicht zu sehen, dass ein Punkt genau dann ein Gleichgewicht der Differentialgleichung (3.1) ist, wenn $f(t, x^*) = 0$ für alle $t \in \mathbb{R}$ gilt.

Falls $x_0 = x^*$ ein Gleichgewicht ist, vereinfacht sich die Berechnung der Linearisierung beträchtlich. In diesem Fall gilt nämlich

$$A(t) = \frac{df}{dx}(t, x(t; t_0, x_0)) = \frac{df}{dx}(t, x_0),$$

was bedeutet, dass wir die Ableitung von f nur im Punkt x_0 berechnen müssen. Ist das Vektorfeld darüberhinaus autonom, also nicht von t abhängig, so ist die Linearisierung durch die konstante Matrix

$$A(t) \equiv A = \frac{df}{dx}(x_0) \tag{4.11}$$

gegeben, deren Übergangsmatrix durch $\Phi(t; t_0) = e^{A(t-t_0)}$ gegeben ist. In diesem Fall ergibt sich die Ungleichung in Satz 4.5 zu

$$\|x(t; t_0, y_0) - x_0 - e^{A(t-t_0)}(y_0 - x_0)\| \leq \varepsilon \|y_0 - x_0\|,$$

was gerade besagt, dass die nichtlineare Lösung $x(t; t_0, y_0)$ für y_0 nahe $x_0 = x^*$ durch die Funktion

$$x_0 + e^{A(t-t_0)}(y_0 - x_0) \tag{4.12}$$

approximiert wird.

Wir veranschaulichen die Linearisierung in einem Gleichgewicht durch das bereits bekannte Pendelbeispiel

$$\dot{x}(t) = \begin{bmatrix} x_2(t) \\ -g\sin(x_1(t)) \end{bmatrix}. \tag{4.13}$$

Bereits in der Einleitung haben wir gesehen, dass diese Gleichung unendlich viele Gleichgewichte besitzt. Wir betrachten hier die Gleichgewichte $x_0^* = (0, 0)^T$ und $x_1^* = (\pi, 0)^T$:

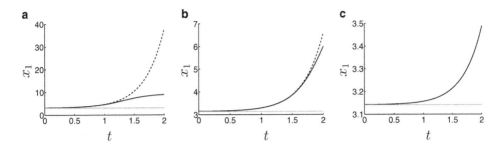

Abb. 4.2 Erste Komponente der nichtlinearen (*durchgezogen*) und linearen Lösungen (*gestrichelt*) der Pendelgleichung für Anfangswerte $y_0 = (\pi + \delta, \delta)^{\mathrm{T}}$ mit $\delta = 0{,}1$ (*links*), $\delta = 0{,}005$ (*Mitte*) und $\delta = 0{,}0005$ (*rechts*)

Die Ableitung des Vektorfeldes f ist hier gerade

$$\frac{df}{dx}(x) = \frac{d}{dx}\begin{bmatrix} x_2 \\ -g\sin(x_1) \end{bmatrix} = \begin{bmatrix} 0 & 1 \\ -g\cos(x_1) & 0 \end{bmatrix},$$

weswegen wir für x_0^* die Linearisierung

$$A_0 = \begin{bmatrix} 0 & 1 \\ -g\cos(0) & 0 \end{bmatrix} = \begin{bmatrix} 0 & 1 \\ -g & 0 \end{bmatrix} \tag{4.14}$$

und für x_1^*

$$A_1 = \begin{bmatrix} 0 & 1 \\ -g\cos(\pi) & 0 \end{bmatrix} = \begin{bmatrix} 0 & 1 \\ g & 0 \end{bmatrix} \tag{4.15}$$

erhalten.

Für das Gleichgewicht x_1^* stellen wir die Lösungen grafisch dar. Die dargestellten Lösungen wurden mit MATLAB numerisch berechnet, wobei $g = 9{,}81$ gesetzt wurde. Abbildung 4.2 zeigt die erste Komponente der (zweidimensionalen) Lösungen $x(t; t_0, y_0)$ und (4.12) zu verschiedenen Startwerten. Die nichtlineare Lösung ist darin durchgezogen und die lineare gestrichelt gezeichnet. Man sieht dabei gut, dass die Lösungen um so näher aneinander liegen, je näher der Anfangswert y_0 an $x_0 = x_1^* = (\pi, 0)^{\mathrm{T}}$ liegt.

In Abb. 4.3 ist das zugehörige Phasenportrait eingezeichnet. Dieses Bild illustriert schön die in Bemerkung 4.6 beobachtete Tatsache, dass eine gute Approximation immer dann zu erwarten ist, wenn $x(t; t_0, y_0)$ nahe an $x(t; t_0, x_0) \equiv x_0$ liegt: die Lösungen stimmen tatsächlich in einer kleinen Umgebung des Gleichgewichts sehr gut überein, während sie entfernt davon deutlich voneinander abweichen.

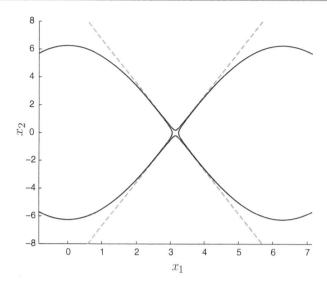

Abb. 4.3 Phasenportrait der nichtlinearen (*durchgezogen*) und linearen Lösungen (*gestrichelt*) der Pendelgleichung für Anfangswerte $(\pi + 0{,}1, 0{,}1)^{\mathrm{T}}$, $(\pi - 0{,}1, -0{,}1)^{\mathrm{T}}$, $(\pi, 0{,}2)^{\mathrm{T}}$ und $(\pi, -0{,}2)^{\mathrm{T}}$

4.3   Koordinatentransformationen

Zum Abschluss betrachten wir in diesem Kapitel, wie sich Differentialgleichungen und deren Lösungen unter Koordinatentransformationen verändern. Solch eine Transformation lässt sich beschreiben durch einen Diffeomorphismus, also eine differenzierbare und invertierbare Abbildung $T : \mathbb{R}^d \to \mathbb{R}^d$ mit differenzierbarer Umkehrfunktion $T^{-1} : \mathbb{R}^d \to \mathbb{R}^d$. Betrachten wir eine Lösung $x(t)$ der Gleichung $\dot{x} = f(t, x)$ und setzen $y(t) = Tx(t)$, so erfüllt $y(t)$ die Gleichung

$$\dot{y} = \frac{d}{dt} T(x) \dot{x} = DT(x) f(t, x)$$
$$= DT(T^{-1}(y)) f(t, T^{-1}(y)) =: \tilde{f}(t, y).$$

Im Spezialfall, dass T eine lineare Abildung ist, gilt $DT \equiv T$ und es folgt

$$\dot{y} = \tilde{f}(t, y) = Tf(t, T^{-1}y),$$

vgl. auch (2.7). Im Fall dass $T(x) = x - x^*$ eine Verschiebung des Koordinatensystems ist, folgt $T^{-1}(y) = y + x^*$ und $DT(x) \equiv \mathrm{Id}$ und es folgt

$$\dot{y} = \tilde{f}(t, y) = f(t, y + x^*).$$

4.4 Übungen

Aufgabe 4.1 Gegeben sei eine Differentialgleichung (3.1), welche die Voraussetzungen von Satz 4.5 erfüllt. Wir betrachten die Ableitung

$$y(t) := \frac{d}{dt_0} x(t; t_0, x_0)$$

der Lösung eines Anfangswertproblems nach der Anfangszeit. Beweisen Sie, dass y die eindeutige Lösung des Anfangswertproblems

$$\dot{y}(t) = A(t) y(t), \qquad y(t_0) = -f(t_0, x_0)$$

mit $A(t)$ aus (4.7) ist.

Hinweis: Zeigen Sie zum Beweis der ersten Gleichung mit Hilfe der Kozykluseigenschaft und der Kettenregel zunächst für $x_1 = x(t_1; t_0, x_0)$ die Hilfsaussage

$$y(t) = \left(\frac{d}{dx_1} x(t; t_1, x_1) \right) y(t_1).$$

Aufgabe 4.2 Für Vektorfelder $f, g \in C^p(D, \mathbb{R}^d)$ definieren wir induktiv Differentialoperatoren $L_f^i, i = 1, \ldots, p$ mittels

$$L_f^0 g := g, \quad L_f^1 g := \frac{\partial g}{\partial t} + \frac{\partial g}{\partial x} \cdot f, \quad L_f^{i+1} g := L_f^1 \left(L_f^i g \right),$$

wobei der Punkt „·" für die punktweise für alle (t, x) ausgewertete übliche Matrix-Vektor Multiplikation steht, also

$$\left(\frac{\partial g}{\partial x} \cdot f \right)(t, x) = \frac{\partial g}{\partial x}(t, x) \cdot f(t, x).$$

Beweisen Sie, dass jede Lösung $x(t) = x(t; t_0, x_0)$ der Differentialgleichung $\dot{x} = f(t, x)$ für $f \in C^p(D, \mathbb{R}^d)$ auf ihrem Definitionsintervall I_{t_0, x_0} $p + 1$-mal stetig differenzierbar nach t ist und dass die Ableitungen für $i = 1, \ldots, p + 1$ durch die Formel

$$\frac{d^i x}{dt^i}(t) = \left(L_f^{i-1} f \right)(t, x(t))$$

gegeben sind.

Hinweis: Verwenden Sie die aus der Kettenregel folgende Formel

$$\frac{d}{dt} f(t, x(t)) = \frac{\partial f}{\partial t}(t, x(t)) + \frac{\partial f}{\partial x}(t, x(t)) \cdot \dot{x}(t).$$

Aufgabe 4.3 Die folgende Differentialgleichung erweitert das Pendelmodell um einen linearen Reibungsterm:

$$\dot{x}(t) = \begin{bmatrix} x_2(t) \\ -g\sin(x_1(t)) - k x_2(t) \end{bmatrix}. \tag{4.16}$$

Hierbei ist $k > 0$ der Reibungskoeffizient.

(a) Vergewissern Sie sich zunächst, dass die oben betrachteten Gleichgewichte $x_0^* = (0,0)^\mathsf{T}$ und $x_1^* = (\pi,0)^\mathsf{T}$ für dieses erweiterte Modell ebenfalls Gleichgewichte sind. Berechnen Sie dann die Linearisierungen in den beiden Gleichgewichten.

(b) Berechnen Sie für verschiedene Anfangswerte y_0 nahe x_0^* die Lösungen $x(t; t_0, y_0)$ sowie die Approximation (4.12) in $x_0 = x_0^*$ mit $t_0 = 0$, $t \in [0,3]$, $g = 9{,}81$ und $k = 1$ numerisch mit MAPLE oder MATLAB und stellen Sie diese grafisch abhängig von der Zeit dar.

(c) Wählen Sie y_0 so, dass Sie – analog zur dritten Grafik in Abb. 4.2 – gute Übereinstimmung der beiden Lösungen auf dem Intervall $[0, T]$ mit $T = 3$ erhalten und wiederholen Sie Ihre Rechnung dann mit größeren Werten von T. Was stellen Sie fest?

Hinweis: Die Teilaufgaben (b) und (c) können alternativ auch mit der MATLAB-Pendelanimation `pendel_anim`[2] bearbeitet werden.

Aufgabe 4.4 Es sei $f : \mathbb{R} \times \mathbb{R}^d \to \mathbb{R}^d$ ein Vektorfeld, bei dem die Lipschitz-Konstante L in Definition 3.5 nicht von der Wahl der kompakten Menge K abhängt (man sagt dann, dass f *global* Lipschitz-stetig in x ist). Beweisen Sie mit Hilfe des Gronwall-Lemmas, dass für die maximalen Existenzintervalle dann $I_{t_0, x_0} = \mathbb{R}$ für alle $(t_0, x_0) \in \mathbb{R} \times \mathbb{R}^d$ gilt.

Aufgabe 4.5 Es sei $x(t)$ eine auf $[0, \infty)$ definierte Lösung einer autonomen Differentialgleichung mit Lipschitz-stetigem Vektorfeld $f : \mathbb{R}^d \to \mathbb{R}^d$. Es gelte

$$\lim_{t \to \infty} x(t) = x^*$$

für ein $x^* \in \mathbb{R}^d$. Zeigen Sie, dass x^* dann ein Gleichgewicht ist.

---

[2] Erhältlich unter http://www.dgl-buch.de.

Analytische Lösungsmethoden 5

Die Berechnung analytischer Lösungen, also die Angabe einer expliziten Formel für die Lösungsfunktion $x(t; t_0, x_0)$ einer gewöhnlichen Differentialgleichung, stand lange Zeit im Zentrum der Theorie gewöhnlicher Differentialgleichungen. Der Nutzen einer expliziten Lösungsdarstellung liegt auf der Hand: Kennt man eine Formel, so kann man die Lösung an jeder beliebigen Stelle t, t_0 und x_0 auswerten und erhält damit die vollständige quantitative Information über ihr Verhalten. Zudem kann man Langzeitverhalten, Monotonieeigenschaften und viele weitere qualitative Lösungseigenschaften direkt überprüfen.

Mit zunehmender Komplexität der Probleme, die mit Differentialgleichungen mathematisch modelliert wurden, stellte sich dann aber heraus, dass dieser Weg oft in eine Sackgasse führte, weil keine expliziten Lösungsformeln gefunden werden konnten. Der Schwerpunkt der mathematischen Forschung im Gebiet der Differentialgleichungen hat sich daher im vergangenen Jahrhundert graduell in Richtung solcher Methoden verschoben, die Aussagen über die Lösungen auch dann zulassen, wenn diese nicht durch eine explizite Formel dargestellt werden können. Dieses Buch trägt dieser Tatsache Rechnung, indem diese „modernen" Methoden in den nachfolgenden Kapiteln ausführlich behandelt werden.

Unstrittig ist aber, dass Grundkenntnisse über analytische Lösungsmethoden nach wie vor in vielen Situationen nützlich sein können und darüberhinaus – nicht nur aus historischen Gründen – zur mathematischen Allgemeinbildung gehören. Nicht zuletzt sind solche Grundkenntnisse nützlich, um zu verstehen, was sich hinter den Lösungsmethoden verbirgt, die in Computeralgebrasystemen wie MAPLE implementiert sind.

Die in diesem Kapitel vorgestellten Lösungsverfahren besitzen mehrere Gemeinsamkeiten: Zum einen setzen sie alle gewisse Strukturannahmen an das Vektorfeld f der Differentialgleichung (3.1) voraus, zudem sind sie auf ein- und zweidimensionale Gleichungen beschränkt. Zum anderen erfordert die Anwendung der Methoden oft ein gewisses Geschick, etwa bei der Berechnung eines Integrals, beim Auflösen einer impliziten Gleichung oder bei der Umformulierung einer gegebenen Gleichung in eine Form, die mit einer der Methoden behandelt werden kann. Wir werden dieses an Beispielen erläutern.

© Springer Fachmedien Wiesbaden 2016   61
L. Grüne, O. Junge, *Gewöhnliche Differentialgleichungen*,
Springer Studium Mathematik – Bachelor, DOI 10.1007/978-3-658-10241-8_5

5.1   Trennung der Variablen

Die *Trennung der Variablen* (auch *Trennung der Veränderlichen* genannt) ist ein Verfahren, das sich auf skalare Differentialgleichungen (3.1)

$$\dot{x} = f(t, x)$$

anwenden lässt, wenn das Vektorfeld $f : D \to \mathbb{R}$, $D \subset \mathbb{R} \times \mathbb{R}$, von der Form

$$f(t, x) = \frac{g(t)}{h(x)} \tag{5.1}$$

ist. Hierbei seien $g : (a, b) \to \mathbb{R}$ und $h : (c, d) \to \mathbb{R}$ stetige Funktionen mit $h(x) \neq 0$ für alle $x \in (c, d)$. Die Differentialgleichung (3.1) ist dann für $t \in (a, b)$ und $x(t) \in (c, d)$ äquivalent zu

$$h(x(t))\dot{x}(t) = g(t). \tag{5.2}$$

Integrieren wir diese Gleichung von $t_0 \in (a, b)$ bis $t \in (a, b)$ so erhalten wir

$$\int_{t_0}^{t} h(x(\tau))\dot{x}(\tau)d\tau = \int_{t_0}^{t} g(\tau)d\tau. \tag{5.3}$$

Nehmen wir nun als **1. Annahme** an, dass $x(\tau) \in (c, d)$ gilt für alle $\tau \in [t_0, t]$, so können wir das linke Integral mit der Substitutionsregel schreiben als

$$\int_{t_0}^{t} h(x(\tau))\dot{x}(\tau)d\tau = \int_{x_0}^{x_t} h(x)dx$$

mit $x_0 = x(t_0)$ und $x_t = x(t)$ und erhalten so

$$\int_{x_0}^{x_t} h(x)dx = \int_{t_0}^{t} g(\tau)d\tau. \tag{5.4}$$

(Als „Merkregel" zum Aufstellen von (5.4) kann man die formale Umformung

$$\frac{dx}{dt} = \frac{g(t)}{h(x)} \quad \Leftrightarrow \quad h(x)dx = g(t)dt$$

mit nachfolgender Integration verwenden.)

Definieren wir

$$H(x_t) := \int_{x_0}^{x_t} h(x)dx, \quad G(t) := \int_{t_0}^{t} g(\tau)d\tau$$

(H und G sind also Stammfunktionen mit $H(x_0) = 0$ und $G(t_0) = 0$), so erhalten wir die Gleichung

$$H(x(t)) = H(x_t) = G(t).$$

Nehmen wir jetzt als **2. Annahme** an, dass in einer Umgebung der Menge $\{x(\tau) \mid \tau \in [t_0, t]\}$ eine stetig differenzierbare Funktion H^{-1} existiert mit $H^{-1} \circ H(x(t)) = x(t)$ für alle $\tau \in [0, t]$, so folgt schließlich die Gleichung

$$x(t) = H^{-1}(G(t)). \tag{5.5}$$

In $t = t_0$ gilt dabei wegen $G(t_0) = H(x_0) = 0$ und der Annahme an H^{-1} gerade

$$x(t_0) = H^{-1}(G(t_0)) = H^{-1}(H(x_0)) = x_0,$$

weswegen dieses Verfahren gerade die Lösung $x(t; t_0, x_0)$ berechnet.

Frage 18 Wie lautet die Lösung der DGL $\dot{x} = 2xt$ zum Anfangswert $x(0) = 1$?

Beispiele für die Trennung der Variablen Wir wollen das Verfahren an zwei Beispielen erläutern.

Beispiel 5.1 Betrachte die Differentialgleichung

$$\dot{x} = tx^3$$

Hier erhalten wir $g(t) = t$ und $h(x) = x^{-3}$. Für $t > t_0 > 0$ sowie $x_0 > 0$ ist

$$H(x_t) = \int_{x_0}^{x_t} x^{-3}dx = \frac{1}{2x_0^2} - \frac{1}{2x_t^2}.$$

Diese Funktion ist invertierbar, allerdings nicht global. Bei der Ermittlung der richtigen Umkehrfunktion muss man auf das Vorzeichen von x_0 ebenso wie auf das Vorzeichen von $H(x_t)$ achten. In unserem Fall mit $x_0 > 0$ und $t > t_0 > 0$ folgt aus der Differentialgleichung sofort, dass $\dot{x}(t)$ positiv und $x(t)$ damit streng monoton wachsend in t ist, weswegen $x_t > x_0$ und folglich $H(x_t) > 0$ gilt. Zudem muss $H^{-1}(H(x_0)) = H^{-1}(0) = x_0$ gelten. Aus diesen beiden Bedingungen ergibt sich die „passende" Umkehrfunktion als

$$H^{-1}(y) = \left(x_0^{-2} - 2y\right)^{-\frac{1}{2}}.$$

Zudem gilt

$$G(t) = \int_{t_0}^{t} \tau\, d\tau = \frac{1}{2}(t^2 - t_0^2).$$

Damit erhalten wir die Lösung

$$x(t; t_0, x_0) = H^{-1}(G(t)) = \left(x_0^{-2} - t^2 + t_0^2\right)^{-\frac{1}{2}} = \frac{1}{\sqrt{x_0^{-2} - t^2 + t_0^2}}.$$

Dass die erhaltene Lösung korrekt ist, lässt sich leicht durch Einsetzen in die Differentialgleichung überprüfen. Tatsächlich stellt man so fest, dass die angegebene Lösung auch für $t < t_0$ gültig ist. Das Existenzintervall ist beschränkt: es gilt

$$I_{t_0, x_0} = \left(-\sqrt{x_0^{-2} + t_0^2}, \sqrt{x_0^{-2} + t_0^2}\right).$$

Dass dies tatsächlich das maximale Existenzintervall ist, folgt aus der Tatsache, dass die angegebene Lösung divergiert, wenn t gegen den Rand des Intervalls strebt, und daher über die Ränder dieses Intervalls hinaus nicht weiter fortgesetzt werden kann, vgl. Bemerkung 3.3.

Für $x_0 < 0$ erhält man analog

$$x(t; t_0, x_0) = H^{-1}(G(t)) = \frac{-1}{\sqrt{x_0^{-2} - t^2 + t_0^2}}.$$

Durch eine leichte Rechnung sieht man, dass man beide Formeln zu dem Ausdruck

$$x(t; t_0, x_0) = \frac{x_0}{\sqrt{1 - t^2 x_0^2 + t_0^2 x_0^2}},$$

zusammenfassen kann, der unabhängig vom Vorzeichen von x_0 (und auch für $x_0 = 0$) die richtige Lösung liefert. Dies ist im Übrigen auch die Lösungsformel, die der `dsolve` Befehl von MAPLE (siehe Anhang 14.1) liefert.

Beispiel 5.1 illustriert das übliche Vorgehen beim Trennen der Variablen: Die in der Herleitung gemachten Annahmen können i. A. erst dann überprüft werden, wenn die Lösungsformel hergeleitet wurde. Daher wendet man die Methode zunächst „formal" an, also ohne Überprüfung der Annahmen, und prüft erst anhand der erhaltenen Lösung durch Einsetzen in die Differentialgleichung nach, ob diese das Anfangswertproblem tatsächlich löst. Diese abschließende Überprüfung sollte auf keinen Fall ausgelassen werden, nicht nur um die Annahmen zu prüfen, sondern allein schon, um Rechenfehler auszuschließen.

Das zweite Beispiel zeigt eine Situation, in der die Methode erst nach einer geeigneten Umformung angewendet werden kann.

Beispiel 5.2 Wir betrachten die Differentialgleichung

$$\dot{x} = -x + 1 + t.$$

Die Methode der Trennung der Variablen ist hier nicht direkt anwendbar, da eine Zerlegung $x + 1 - t = g(t)/h(x)$ nicht möglich ist. Abhilfe schafft hier eine Koordinatentransformation mittels

$$z = t - x.$$

Für die neue Funktion $z(t)$ gilt die Differentialgleichung

$$\dot{z} = 1 - \dot{x} = 1 + x - 1 - t = x - t = -z.$$

Nun ist die Trennung der Variablen anwendbar: Mittels $h(t) \equiv 1$ und $g(z) = -1/z$ ergibt sich

$$G(t) = \int_{t_0}^{t} 1\,d\tau = t - t_0 \quad \text{und} \quad H(z_t) = \int_{z_0}^{z_t} -\frac{1}{z}dz = -\ln z_t + \ln z_0.$$

Damit erhalten wir $H^{-1}(y) = e^{-y}z_0$ und folglich

$$z(t; t_0, z_0) = e^{-(t-t_0)}z_0.$$

Daraus berechnet sich wegen $z_0 = t_0 - x_0$ und $x(t) = t - z(t)$ schließlich

$$x(t; t_0, x_0) = t - e^{-(t-t_0)}(t_0 - x_0).$$

Wiederum rechnet man leicht nach, dass dies tatsächlich eine Lösung ist, die die Differentialgleichung und die Anfangsbedingung erfüllt.

In vielen Fällen führt die Methode auf Integrale, deren Stammfunktionen nicht als geschlossene Ausdrücke angegeben werden können, so dass die erhaltene Lösung Integralausdrücke enthält. Diese können aber trotzdem nützlich sein, entweder um qualitative Eigenschaften der Lösung zu ermitteln oder um die Lösung durch numerische Quadratur approximativ auszuwerten.

5.2 Exakte Differentialgleichungen

Die nächste Lösungsmethode, die wir betrachten wollen, kann als Erweiterung der Methode der Trennung der Variablen aufgefasst werden. Ähnlich wie im vorhergehenden Abschnitt beruht sie auf einer Darstellung des Vektorfeldes $f : D \to \mathbb{R}$, $D \subset \mathbb{R} \times \mathbb{R}$ als Quotient zweier stetiger Funktionen, diesmal aber in der Form

$$f(t, x) = -\frac{g(t, x)}{h(t, x)}, \tag{5.6}$$

d. h. g und h dürfen beide sowohl von t als auch von x abhängen. Um den Fall $h(t, x) = 0$ nicht ständig separat behandeln zu müssen, schreiben wir unsere Differentialgleichung $\dot{x} = f(t, x)$ (3.1) hier in der Form

$$h(t, x)\dot{x} + g(t, x) = 0 \tag{5.7}$$

mit $h, g \in C(D, \mathbb{R})$. Es ist leicht zu sehen, dass jede Lösung von (3.1), (5.6) auch eine Lösung von (5.7) ist; umgekehrt ist jede Lösung von (5.7) eine Lösung von (3.1), (5.6), wenn ihr Definitionsbereich – falls nötig – geeignet eingeschränkt wird.

Exakte Differentialgleichungen sind nun wie folgt definiert.

Definition 5.3 Eine gewöhnliche Differentialgleichung der Form (5.7) mit $g, h : D \to \mathbb{R}$ heißt exakt, falls eine stetig differenzierbare Funktion $F : D \to \mathbb{R}$ existiert, so dass die Gleichungen

$$\frac{\partial F}{\partial t}(t, x) = g(t, x) \quad \text{und} \quad \frac{\partial F}{\partial x}(t, x) = h(t, x)$$

gelten. Die Funktion F heißt dann *Stammfunktion* von g und h.

Beachte, dass Differentialgleichungen der Form (5.1) diese Bedingung mit $F(t, x) = G(t) + H(x)$ für die bei der Trennung der Variablen verwendeten „einzelnen" Stammfunktionen erfüllen.

Frage 19 Was ist eine Stammfunktion für die Gleichung $t\dot{x} + x = 0$?

Bedeutung der Stammfunktion Der folgende Satz liefert die Grundlage für die Lösung exakter Differentialgleichungen.

Satz 5.4 Für eine exakte Differentialgleichung (5.7) gemäß Definition 5.3 ist die Stammfunktion F konstant entlang jeder Lösungskurve $(t, x(t; t_0, x_0))$, d. h.

$$F(t, x(t; t_0, x_0)) = F(t_0, x_0) \text{ für alle } t \in I_{t_0, x_0}.$$

Insbesondere ist die Lösungskurve $(t, x(t; t_0, x_0))$, $t \in I_{t_0, x_0}$ in der *Niveaumenge*

$$N(t_0, x_0) := \{(t, x) \in D \mid F(t, x) = F(t_0, x_0)\}$$

enthalten.

▶ **Beweis** Wir schreiben kurz $x(t) = x(t; t_0, x_0)$. Aus der Kettenregel, Definition 5.3 und (5.7) folgt

$$\frac{d}{dt}F(t, x(t)) = \frac{\partial F}{\partial t}(t, x(t)) + \frac{\partial F}{\partial x}(t, x(t))\dot{x}(t)$$
$$= g(t, x(t)) + h(t, x(t))\dot{x}(t) = 0$$

Folglich ist F entlang der Lösung konstant.   □

Satz 5.4 liefert eine implizite Beschreibung der Lösungen mittels der Funktion F und kann so zur Berechnung der Lösungen verwendet werden.

Beispiel 5.5 Die in der Form (5.7) gegebene Differentialgleichung

$$2tx\dot{x} + x^2 = 0,$$

also $g(t, x) = x^2$ und $h(t, x) = 2tx$, ist exakt mit Stammfunktion $F(t, x) = tx^2$, denn es gilt

$$\frac{\partial F}{\partial t}(t, x) = x^2 = g(t, x)$$

und

$$\frac{\partial F}{\partial x}(t, x) = 2tx = h(t, x).$$

Für gegebene Anfangsbedingung (t_0, x_0) erfüllen die Lösungen daher die Gleichung

$$tx(t; t_0, x_0)^2 = F(t, x(t; t_0, x_0)) = F(t_0, x_0) = t_0 x_0^2,$$

woraus sofort die Formeln

$$x(t; t_0, x_0) = \sqrt{\frac{t_0 x_0^2}{t}} \text{ sowie } x(t; t_0, x_0) = -\sqrt{\frac{t_0 x_0^2}{t}}$$

folgen. Überprüfung der Anfangsbedingung liefert, dass diese Formeln für $t_0 \neq 0$ die richtigen Lösungen liefern, wobei die erste Formel für $x_0 \geq 0$ und die zweite für $x_0 \leq 0$ gilt. Beide Formeln sind für alle $t \in \mathbb{R}$ mit $t_0 t > 0$ definiert, wodurch das maximale Existenzintervall beschrieben ist. In $t = 0$ ist das ursprüngliche Vektorfeld $f(t, x) = -g(t, x)/h(t, x)$ nicht definiert, weswegen auch die Lösungen dort nicht definiert sind.

Abbildung 5.1 stellt ausgewählte Niveaumengen der Stammfunktion F dar, die gerade den Graphen $(t, x(t; t_0, x_0))$ der Lösungsfunktionen für verschiedene (t_0, x_0) entsprechen.

Abb. 5.1 Niveaumengen der
Funktion $F(t, x) = tx^2$

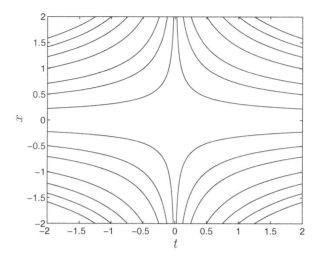

Frage 20 Konstruieren Sie eine Differentialgleichung, deren Lösungen Halbkreise in der
(t, x)-Ebene sind.

Kriterium für Exaktheit und Berechnung einer Stammfunktion In Definition 5.3 haben wir die Exaktheit einer Differentialgleichung über die Stammfunktion F definiert. Aber wie sieht man den Funktionen g und h an, ob die Differentialgleichung exakt ist, ohne dass man F kennt, und wie lässt sich F dann berechnen?

Der folgende Satz gibt eine Antwort auf diese Frage für stetig differenzierbare g und h. Wir begnügen uns hier mit einer leicht zu beweisenden Version auf Rechteckgebieten; allgemeiner lässt sich der Satz auf beliebigen einfach zusammenhängenden Gebieten formulieren und beweisen, vgl. z. B. Walter [1, Kapitel 3.III].

Satz 5.6 Gegeben sei eine Differentialgleichung in der Form (5.7) mit $g, h \in C^1(D, \mathbb{R})$, wobei $D \subset \mathbb{R}^2$ ein offenes Rechteck, also $D = (a, b) \times (c, d)$ ist. Dann ist (5.7) genau dann exakt, wenn die Bedingung

$$\frac{\partial g}{\partial x}(t, x) = \frac{\partial h}{\partial t}(t, x) \text{ für alle } (t, x) \in D \tag{5.8}$$

erfüllt ist. In diesem Fall definiert

$$F(t, x) = \int_{t_0}^{t} g(s, x)ds + \int_{x_0}^{x} h(t_0, y)dy \tag{5.9}$$

für alle (t_0, x_0), $(t, x) \in D$ eine Stammfunktion mit $F(t_0, x_0) = 0$.

▶ **Beweis** Wir beweisen zunächst, dass aus der Exaktheit die Bedingung (5.8) folgt: Sei dazu (5.7) exakt. Aus der Definition 5.3 der Exaktheit und der Differenzierbarkeit von g

und h folgt dann, dass die Stammfunktion F zweimal stetig partiell differenzierbar ist. Damit erhalten wir

$$\frac{\partial g}{\partial x} = \frac{\partial^2 F}{\partial x \, \partial t} = \frac{\partial^2 F}{\partial t \, \partial x} = \frac{\partial h}{\partial t}(t, x).$$

Um zu zeigen, dass aus (5.8) umgekehrt die Exaktheit folgt, beweisen wir, dass (5.9) tatsächlich eine Stammfunktion im Sinne von Definition 5.3 definiert. Nach dem Hauptsatz der Differential- und Integralrechnung gilt zum einen

$$\frac{\partial F}{\partial t}(t, x) = g(t, x).$$

Zum anderen können wir hier die Differentiation mit der Integration vertauschen, weswegen mit (5.8) folgt

$$\frac{\partial F}{\partial x}(t, x) = \int_{t_0}^{t} \frac{\partial g}{\partial x}(s, x) ds + h(t_0, x)$$

$$= \int_{t_0}^{t} \frac{\partial h}{\partial s}(s, x) ds + h(t_0, x)$$

$$= h(t, x) - h(t_0, x) + h(t_0, x) = h(t, x),$$

wobei wir im ersten und im dritten Schritt den Hauptsatz der Differential- und Integralrechnung für die Integrale über h verwendet haben. Dies zeigt, dass die Gleichung exakt ist und dass (5.9) tatsächlich eine Stammfunktion definiert. Die Gleichung $F(t_0, x_0) = 0$ schließlich folgt sofort aus der Definition von F. $\qquad\square$

Bemerkung 5.7 Alternativ kann die Stammfunktion aus (5.9) durch die Formel

$$F(t, x) = \int_{t_0}^{t} g(s, x_0) ds + \int_{x_0}^{x} h(t, y) dy \tag{5.10}$$

berechnet werden. Dass dies eine Stammfunktion ist, rechnet man ganz analog zum Beweis von Satz 5.6 nach. Da die Stammfunktion gemäß Definition 5.3 bis auf Integrationskonstanten eindeutig bestimmt ist und sowohl in (5.9) als auch in (5.10) die Gleichung $F(t_0, x_0) = 0$ gilt, liefern beide Formeln also das gleiche F.

Beispiel 5.8 Betrachte wiederum die Gleichung aus Beispiel 5.5, also

$$g(t, x) = x^2 \text{ und } h(t, x) = 2tx.$$

Wegen

$$\frac{\partial g}{\partial x}(t, x) = 2x = \frac{\partial h}{\partial t}(t, x)$$

ist Bedingung (5.8) erfüllt. Die Formel (5.9) ergibt hier

$$
\begin{aligned}
F(t, x) &= \int_{t_0}^{t} g(s, x)ds + \int_{x_0}^{x} h(t_0, y)dy \\
&= \int_{t_0}^{t} x^2 ds + \int_{x_0}^{x} 2t_0 y \, dy \\
&= (t - t_0)x^2 + t_0(x^2 - x_0^2) = tx^2 - t_0 x_0^2,
\end{aligned}
$$

also bis auf eine Integrationskonstante genau die in Beispiel 5.5 verwendete Stammfunktion.

Integrierender Faktor Natürlich sind nur die wenigsten skalaren Differentialgleichungen der Form (5.7) exakt. Stellt man die Gleichungen in unserer Standardform (5.6) dar, so ist leicht einzusehen, dass die Multiplikation von g und h mit dem gleichen Multiplikator $M : D \to \mathbb{R}$ an den Lösungen nichts ändert – jedenfalls für alle $(t, x) \in D$, für die $M(t, x) \neq 0$ ist. Dies kann man ausnutzen, um eine nicht exakte Differentialgleichung durch Multiplikation mit M exakt zu machen. Erreicht man so, dass die multiplizierte Gleichung

$$
M(t, x)h(t, x)\dot{x} + M(t, x)g(t, x) = 0 \tag{5.11}
$$

exakt ist, obwohl (5.7) dies nicht ist, so nennt man $M(t, x)$ einen *integrierenden Faktor*. Im folgenden Abschnitt betrachten wir eine wichtige Klasse von Differentialgleichungen, die sich mit Hilfe eines geeigneten integrierenden Faktors lösen lässt.

5.3   Bernoulli Differentialgleichungen

Die Bernoulli[1] Differentialgleichungen sind gegeben durch

$$
\dot{x}(t) = a(t)x(t) + b(t)x(t)^\alpha, \tag{5.12}
$$

wobei $a, b : I \to \mathbb{R}$ auf einem offenen Intervall I definierte stetige Funktionen sind und $\alpha \in \mathbb{R}$ ein reeller Parameter ist. Wir betrachten die Gleichung auf der Menge $D = I \times \mathbb{R}_+$, welche eine Rechteckmenge im Sinne von Satz 5.6 ist.

Es ist sofort klar, dass diese Gleichung mittels

$$
g(t, x) = -a(t)x - b(t)x^\alpha \quad \text{und} \quad h(t, x) \equiv 1
$$

---

[1] Jakob I. Bernoulli, schweizer Mathematiker und Physiker, 1655–1705.

in die Form (5.7) gebracht werden kann. Dies liefert aber im Allgemeinen keine exakte Gleichung, denn i. A. gilt

$$\frac{\partial g}{\partial x}(t, x) = -a(t) - \alpha b(t)x^{\alpha-1} \neq 0 = \frac{\partial h}{\partial t}(t, x),$$

so dass (5.8) verletzt ist.

Es sei nun $A(t)$ eine beliebige Stammfunktion zu $a(t)$, d. h. es gelte

$$A(t) = \int_{t_0}^{t} a(s)ds + C$$

für ein $t_0 \in I$, ein $C \in \mathbb{R}$ und alle $t \in I$. Wir definieren damit den Multiplikator

$$M(t, x) = (1 - \alpha)x^{-\alpha}e^{(\alpha-1)A(t)}. \qquad (5.13)$$

Für

$$\tilde{g}(t, x) = M(t, x)g(t, x) = (\alpha - 1)e^{(\alpha-1)A(t)}(x^{1-\alpha}a(t) + b(t))$$

und

$$\tilde{h}(t, x) = M(t, x)h(t, x) = (1 - \alpha)x^{-\alpha}e^{(\alpha-1)A(t)}$$

gilt dann

$$\frac{\partial \tilde{g}}{\partial x}(t, x) = (\alpha - 1)e^{(\alpha-1)A(t)}(1 - \alpha)x^{-\alpha}a(t) = \frac{\partial \tilde{h}}{\partial t}(t, x),$$

weswegen M ein integrierender Faktor und die Gleichung

$$\tilde{h}(t, x(t))\dot{x}(t) + \tilde{g}(t, x(t)) = 0$$

exakt ist. Mit Formel (5.9) errechnet man

$$F(t, x) = x^{1-\alpha}e^{(\alpha-1)A(t)}$$

$$+ (\alpha - 1)\int_{t_0}^{t} b(s)e^{(\alpha-1)A(s)}ds - x_0^{1-\alpha}e^{(\alpha-1)A(t_0)}.$$

Nun kann man die implizite Gleichung $F(t, x(t; t_0, x_0)) = F(t_0, x_0) = 0$ auflösen und erhält die Lösungsformel

$$x(t; t_0, x_0) = e^{A(t)}\left(x_0^{1-\alpha}e^{(\alpha-1)A(t_0)} + (1 - \alpha)\int_{t_0}^{t} b(s)e^{(\alpha-1)A(s)}ds\right)^{\frac{1}{1-\alpha}}.$$

Zu beachten ist dabei, dass diese Formel i. A. nur für $x_0 > 0$ die richtige Lösung liefert bzw. überhaupt definiert ist. Für $x_0 = 0$ sieht man leicht, dass eine (für $\alpha \in (0,1)$ nicht notwendigerweise eindeutige) Lösung stets durch $x(t; t_0, 0) \equiv 0$ gegeben ist. Für $x_0 < 0$ hängt es von α ab, ob die Lösung korrekt ist oder ob man sie gegebenfalls mit negativem Vorzeichen versehen muss.

Frage 21 Sei x eine Lösung der Bernoulli Differentialgleichung (5.12) und $\alpha \neq 1$. Welche Differentialgleichung erfüllt die Funktion $z(t) = (x(t))^{1-\alpha}$?

Beispiel 5.9 Wir wollen dies an einem konkreten Beispiel illustrieren und betrachten dazu die Differentialgleichung

$$\dot{x}(t) = x(t)^3 - x(t).$$

Dies ist eine Bernoulli-Differentialgleichung mit $a(t) \equiv -1$, $b(t) \equiv 1$ und $\alpha = 3$. Als Stammfunktion von $a(t)$ wählen wir $A(t) = -t$. Damit erhalten wir aus der obigen Lösungsformel

$$x(t; t_0, x_0) = e^{-t} \left(x_0^{-2} e^{-2t_0} - 2 \int_{t_0}^{t} e^{-2s} ds \right)^{-\frac{1}{2}}$$

$$= e^{-t} \left(x_0^{-2} e^{-2t_0} + (e^{-2t} - e^{-2t_0}) \right)^{-\frac{1}{2}}$$

$$= \frac{1}{\sqrt{(x_0^{-2} - 1)e^{2(t-t_0)} + 1}},$$

welche für $x_0 > 0$ die korrekte Lösung liefert. Für $x_0 < 0$ ist dies aber nicht der Fall, da die Formel offenbar für x_0 und $-x_0$ die gleichen (positiven) Werte liefert. Hier sieht man aber direkt aus der Differentialgleichung, dass – weil α ungerade ist – für jede Lösung $x(t; t_0, x_0)$ auch $-x(t; t_0, x_0)$ eine Lösung der Gleichung ist. Diese erfüllt gerade die Anfangsbedingung $-x(t_0; t_0, x_0) = -x_0$, weswegen für $x_0 < 0$ die Lösungsformel

$$x(t; t_0, x_0) = -\frac{1}{\sqrt{(x_0^{-2} - 1)e^{2(t-t_0)} + 1}}$$

gilt. Für $x_0 = 0$ schließlich ist die Lösung konstant gleich Null, womit wir die Lösungen für alle möglichen Anfangswerte x_0 bestimmt haben.

5.4 Zweidimensionale autonome Systeme

Die bisher vorgestellten Techniken haben als gemeinsame Grundidee, dass die Graphen $(t, x(t; t_0, x_0))$ der Lösungskurven als Niveaumengen geeigneter Stammfunktionen dargestellt werden. Dieses Prinzip lässt sich auch auf zweidimensionale autonome Systeme

$\dot{x}(t) = f(x(t))$ mit $x(t) = (x_1(t), x_2(t))^T \in \mathbb{R}^2$ und $f : D \to \mathbb{R}^2, D \subseteq \mathbb{R}^2$, verallgemeinern. Ausführlich geschrieben lautet das System

$$\dot{x}(t) = \begin{bmatrix} \dot{x}_1(t) \\ \dot{x}_2(t) \end{bmatrix} = \begin{bmatrix} f_1(x(t)) \\ f_2(x(t)) \end{bmatrix}. \tag{5.14}$$

Ziel ist die Darstellung der Lösungskurven $\{x(t; t_0, x_0)) \,|\, t \in I_{t_0, x_0}\} \subset \mathbb{R}^2$ als Niveaumengen $\{x \in \mathbb{R}^2 \,|\, F(x) = c\}$ einer geeigneten Funktion $F : D \to \mathbb{R}$. Zwar kann man daraus im zweidimensionalen im Allgemeinen nicht mehr die zweidimensionale Lösungsfunktion $x(t; t_0, x_0)$ errechnen, man erhält aber immer noch eine implizite Darstellung der Lösungskurven, aus der sich insbesondere ein Phasenportrait der Gleichung erstellen lässt. Die folgende Definition ist grundlegend für dieses Vorgehen.

Definition 5.10 Eine stetig differenzierbare Funktion $F : D \to \mathbb{R}$ heißt *erstes Integral* von (5.14), falls die Beziehung

$$\frac{\partial F}{\partial x_1}(x) f_1(x) + \frac{\partial F}{\partial x_2}(x) f_2(x) = 0$$

für alle $x \in D$ gilt.

Bedeutung des ersten Integrals Der folgende Satz zeigt, dass das so definierte erste Integral die gewünschte Eigenschaft besitzt. Man beachte die Analogie zu Satz 5.4.

Satz 5.11 Es sei F ein erstes Integral für die zweidimensionale autonome Gl. (5.14). Dann ist F entlang aller Lösungen $x(t; t_0, x_0)$ von (5.14) konstant, d. h. es gilt

$$F(x(t; t_0, x_0)) = F(x_0) \text{ für alle } t \in I_{t_0, x_0}.$$

Insbesondere ist die Lösungskurve $x(t; t_0, x_0), t \in I_{t_0, x_0}$ in der *Niveaumenge*

$$N(x_0) := \{x \in D \,|\, F(x) = F(x_0)\}$$

enthalten.

▶ **Beweis** Wir schreiben kurz $x(t) = x(t; t_0, x_0)$. Mit der Kettenregel, der Tatsache, dass $x(t)$ die Gl. (5.14) löst und Definition 5.10 folgt

$$\frac{d}{dt} F(x(t)) = \frac{dF}{dx}(x(t)) \dot{x}(t) = \frac{dF}{dx}(x(t)) f(x(t))$$

$$= \frac{\partial F}{\partial x_1}(x(t)) f_1(x(t)) + \frac{\partial F}{\partial x_2}(x(t)) f_2(x(t)) = 0$$

Also ist $F(x(t))$ konstant in t, woraus die Behauptung folgt. $\qquad\square$

Interessanterweise liefern die bereits behandelten Lösungsmethoden für eindimensionale Differentialgleichungen eine Möglichkeit zur Berechnung erster Integrale. Dazu schreiben wir die Differentialgleichung (5.7) mit den Variablen x_1 und x_2 an Stelle von t und x, also

$$h(x_1, x_2)\frac{dx_2}{dx_1} + g(x_1, x_2) = 0 \tag{5.15}$$

und setzen

$$h(x_1, x_2) = f_1(x_1, x_2) \quad \text{und} \quad g(x_1, x_2) = -f_2(x_1, x_2).$$

Ist M nun ein integrierender Faktor für (5.15) und $F(x_1, x_2)$ eine Stammfunktion der mit M multiplizierten (und somit exakten) Gl. (5.11), so gilt

$$\frac{\partial F}{\partial x_1}(x_1, x_2) = \tilde{g}(x_1, x_2) = -M(x_1, x_2)f_2(x_1, x_2)$$

und

$$\frac{\partial F}{\partial x_2}(x_1, x_2) = \tilde{h}(x_1, x_2) = M(x_1, x_2)f_1(x_1, x_2).$$

Schreiben wir wieder kurz $x = (x_1, x_2)^{\mathrm{T}}$, so folgt daraus

$$\frac{\partial F}{\partial x_1}(x)f_1(x) + \frac{\partial F}{\partial x_2}(x)f_2(x) = -M(x)f_2(x)f_1(x) + M(x)f_1(x)f_2(x) = 0,$$

d. h., F ist erstes Integral für (5.14).

Beispiel 5.12 Wir illustrieren dies anhand der Pendelgleichung (1.5), d. h. für

$$f_1(x) = x_2, \quad f_2(x) = -g\,\sin x_1.$$

Für die Funktionen aus (5.15) erhalten wir damit

$$h(x_1, x_2) = x_2, \quad g(x_1, x_2) = g\,\sin x_1.$$

Diese Gleichung ist bereits exakt, da das Kriterium (5.8) erfüllt ist, daher können wir $M \equiv 1$ setzen. Eine Stammfunktion und damit ein erstes Integral für die Pendelgleichung (1.5) ist nach (5.9) (angewendet mit unteren Integralgrenzen $\pi/2$ und 0) gegeben durch

$$F(t, x) = \int_{\pi/2}^{x_1} g\,\sin y_1\,dy_1 + \int_0^{x_2} y_2 dy_2 = -g\,\cos x_1 + \frac{1}{2}x_2^2. \tag{5.16}$$

Abbildung 5.2 stellt ausgewählte Niveaumengen dieses ersten Integrals F dar. Ein Vergleich mit Abb. 1.3 bestätigt, dass dies tatsächlich die korrekten Lösungskurven sind.

Tatsächlich ist dieses F sogar mehr als „nur" ein erstes Integral, nämlich eine sogenannte *Hamilton-Funktion*. Mehr zu diesen Funktionen findet sich in Kap. 12, vgl. insbesondere Beispiel 12.4.

Abb. 5.2 Niveaumengen von
(5.16) für $g = 9{,}81$

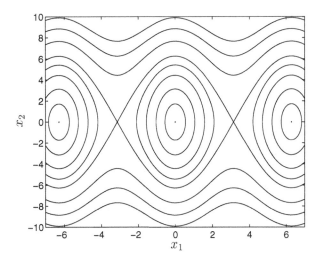

5.5 Übungen

Aufgabe 5.1 Finden Sie eine Transformation $z(t) = a(t) + bx(t)$, so dass Gleichung

$$\dot{x} = x + \cos t - \sin t$$

analog zu Beispiel 5.2 mit der Methode der Trennung der Variablen gelöst werden kann
und berechnen Sie die Lösung.

Aufgabe 5.2
(a) Gegeben sei eine Differentialgleichung der Form (5.7), also

$$h(t, x)\dot{x} + g(t, x) = 0.$$

Beweisen Sie: Wenn eine differenzierbare Funktion $m : \mathbb{R} \to \mathbb{R}$ existiert, welche die
Gleichung

$$\frac{\frac{\partial g}{\partial x}(t, x) - \frac{\partial h}{\partial t}(t, x)}{h(t, x)} = \frac{d}{dt}(\ln m(t))$$

erfüllt, so ist $M(t, x) = m(t)$ ein integrierender Faktor.
(b) Verwenden Sie die Methode aus (a), um einen integrierenden Faktor für die Differentialgleichung (5.7) mit

$$h(t, x) = 3x^2 + t \quad \text{und} \quad g(t, x) = x(2t^2 + 2tx^2 + 1)$$

zu finden.

Aufgabe 5.3 Gegeben sei eine zweidimensionale autonome Differentialgleichung $\dot{x} = f(x)$, deren Lösungen die Gleichung

$$x_1(t)\dot{x}_1(t) = -x_2(t)\dot{x}_2(t)$$

erfüllen. Zeigen Sie, dass alle Lösungen dann auf konzentrischen Kreisen um den Null-punkt verlaufen.

Aufgabe 5.4

(a) Eine Erweiterung des Wachstumsmodells (1.4) besteht darin, den Faktor c abhän-gig von der aktuellen Größe der Population zu wählen. Eine übliche Wahl dafür ist $c = K - x$, was bewirkt, dass die Population für $x < K$ wächst, für $x > K$ aber abnimmt, da c dann negativ ist. Die Konstante K ist hier ein Maß für die Kapazität der Ressourcen, die der Population x zur Verfügung steht. Die resultierende Differen-tialgleichung ist

$$\dot{x}(t) = (K - x(t))x(t).$$

Lösen Sie diese Gleichung mit einer der Methoden dieses Abschnitts.

(b) Eine Variante der Gleichung aus (a) erhält man, wenn man die Kapazität K abhängig von t wählt, also z. B. $K(t) = \sin(t) + 2$. Lösen Sie die resultierende Gleichung ebenfalls mit einer der Methoden dieses Abschnitts.

Aufgabe 5.5 Die zweidimensionale Differentialgleichung

$$\begin{bmatrix} \dot{x}_1 \\ \dot{x}_2 \end{bmatrix} = \begin{bmatrix} (a - bx_2)x_1 \\ (-c + dx_1)x_2 \end{bmatrix} \tag{5.17}$$

mit Parametern $a, b, c, d > 0$ ist eine zweidimensionale Variante des Wachstumsmodells (1.4). In diesem sogenannten *Lotka-Volterra-Modell*[2] entspricht x_1 der Größe einer Beute-population und x_2 der Größe einer Räuberpopulation, die Tiere der Art x_1 jagt, weswegen das Modell auch als *Räuber-Beute-Modell* bezeichnet wird. Die Räuber-Beute Beziehung wird durch die Wachstumsfaktoren den Gleichungen der beiden Populationen modelliert: Je mehr Räuber x_2 vorhanden sind, desto kleiner ist der Wachstumsfaktor $(a - bx_2)$ für die Beute x_1 und je mehr Beute x_1 vorhanden sind, desto größer ist der Wachstumsfaktor $(-c + dx_1)$ für die Räuber x_2

Berechnen Sie mit Hilfe des integrierenden Faktors $M(x_1, x_2) = 1/(x_1 x_2)$ ein erstes Integral für diese Gleichung und stellen Sie die Niveaumengen für $a = b = c = d = 1$ grafisch dar.

Literatur

1. WALTER, W.: *Gewöhnliche Differentialgleichungen.* Springer, Heidelberg, 7. Aufl., 2000.

---

[2] Mehr zu diesem Modell findet sich in Abschn. 13.3.

Numerische Lösungsmethoden

6

Für komplexe nichtlineare Differentialgleichungen stoßen die im letzten Kapitel beschriebenen analytischen Lösungsmethoden rasch an ihre Grenzen. Auch wenn die Automatisierung analytischer Methoden in Computermathematiksystemen wie MAPLE eine Menge Rechenarbeit erspart, so ist die überwiegende Mehrheit von Differentialgleichungen weder per Hand noch mit Hilfe des Computers analytisch lösbar.

In diesem Fall bieten numerische Lösungsverfahren einen Ausweg. Hier werden die Lösungen nicht exakt berechnet, sondern durch Näherungsformeln approximiert, welche sich als Algorithmen im Computer implementieren lassen. Im Falle gewöhnlicher Differentialgleichungen sind die Algorithmen dabei heutzutage so ausgereift, dass man selbst für hochkomplizierte Gleichungen in kurzer Zeit sehr genaue Näherungen der Lösungen berechnen kann.

Dieses Kapitel kann eine ausführliche Einführung in die Numerik gewöhnlicher Differentialgleichungen, wie sie z. B. in den Lehrbüchern von Deuflhard und Bornemann [1], Stoer und Bulirsch [2] oder Hairer, Nørsett und Wanner [3] gegeben wird, nicht ersetzen. Da numerische Methoden aber heutzutage ein Standardwerkzeug sind, um sich schnell einen Überblick über die Lösungen gewöhnlicher Differentialgleichungen zu verschaffen, sind Grundkenntnisse über die Funktionsweise und Approximationseigenschaften numerischer Verfahren nötig, um deren Möglichkeiten und Grenzen zu verstehen. Dazu werden wir die Funktionsweise und die Konvergenztheorie der sogenannten Einschrittverfahren mathematisch rigoros einführen und anschließend diverse Erweiterungen und Ergänzungen in eher informeller Weise erläutern.

6.1 Gitterfunktionen

Die Grundidee fast aller numerischer Verfahren für gewöhnliche Differentialgleichungen liegt darin, die Lösungsfunktion $x(t; t_0, x_0)$ zu diskreten Zeitpunkten $t = t_0, t_1, t_2, \ldots$ zu approximieren. Formal wird eine solche Approximation wie folgt beschrieben.

© Springer Fachmedien Wiesbaden 2016

L. Grüne, O. Junge, *Gewöhnliche Differentialgleichungen*,

Springer Studium Mathematik – Bachelor, DOI 10.1007/978-3-658-10241-8_6

Definition 6.1

(i)   Eine Menge $\mathcal{T} = \{t_0, t_1, \ldots, t_N\}$ von Zeiten mit $t_0 < t_1 < \ldots < t_N = T$ heißt
      Gitter auf dem Intervall $[t_0, T]$. Die Werte

$$h_i := t_{i+1} - t_i \quad \text{und} \quad \bar{h} := \max_{i=0,\ldots,N-1} h_i$$

heißen *Schrittweiten* bzw. *maximale Schrittweite*.

(ii) Eine Funktion $\tilde{x} : \mathcal{T} \to \mathbb{R}^d$ heißt *Gitterfunktion*.

(iii) Eine Familie von Gitterfunktionen $\tilde{x}_j$, $j \in \mathbb{N}$, auf Gittern $\mathcal{T}_j$ auf dem Intervall
      $[t_0, T] \subset I_{t_0, x_0}$ mit maximalen Schrittweiten $\bar{h}_j$ heißt *(diskrete) Approximation* der
      Lösung $x(t; t_0, x_0)$ von (3.1), falls

$$\max_{t_i \in \mathcal{T}_j} \|\tilde{x}_j(t_i) - x(t_i; t_0, x_0)\| \to 0$$

für $\bar{h}_j \to 0$. Die Approximation hat die *Konvergenzordnung* $p > 0$, falls für jede
kompakte Menge $K \subset D$ ein $M > 0$ existiert, so dass

$$\max_{t_i \in \mathcal{T}_j} \|\tilde{x}_j(t_i) - x(t_i; t_0, x_0)\| \leq M \bar{h}_j^p$$

gilt für alle $(t_0, x_0) \in K$ und alle hinreichend feinen Gitter $\mathcal{T}_j$ auf $[t_0, T]$, vorausgesetzt dass $[t_0, T] \subset I_{t_0, x_0}$ gilt für alle $(t_0, x_0) \in K$.

Konvergente numerische Approximationen sind also nichts anderes als Folgen approxi-
mierender Vektoren $\tilde{x}(t_i) \approx x(t_i; t_0, x_0)$, $i = 0, \ldots, N$, die um so genauere Näherungen
darstellen, je feiner das zu Grunde liegende Gitter ist. Je größer dabei die Konvergenzordnung p ist, desto schneller konvergieren die Approximationen bei feiner werdendem
Gitter gegen die exakten Werte.

6.2 Einschrittverfahren

Wie berechnet man nun solch eine diskrete Approximation $\tilde{x}$? Die einfachste Klasse
numerischer Methoden zu diesem Zweck sind die *Einschrittverfahren*. Trotz ihrer Ein-
fachheit sind diese Verfahren bereits so gut, dass sie auch für durchaus anspruchsvolle
Probleme gute Lösungen liefern.

Die Idee der Einschrittverfahren liegt darin, die approximierende Gitterfunktion iterativ
für gegebene Anfangsbedingung (t_0, x_0) mittels

$$\tilde{x}(t_0) = x_0, \quad \tilde{x}(t_{i+1}) = \Phi(t_i, \tilde{x}(t_i), h_i) \text{ für } i = 0, 1, \ldots, N-1 \tag{6.1}$$

zu berechnen. Die Iterationsvorschrift ist hierbei eine Abbildung

$$\Phi : \mathbb{R} \times \mathbb{R}^d \times \mathbb{R} \to \mathbb{R}^d,$$

die sich natürlich leicht im Computer implementieren lassen soll. Wie kann so ein Φ nun aussehen?

Die Antwort auf diese Frage erschließt sich am einfachsten über die Integralgleichung (3.5). Diese besagt, dass die exakte Lösung gerade die Gleichung

$$x(t_{i+1}) = x(t_i) + \int_{t_i}^{t_{i+1}} f(\tau, x(\tau))d\tau$$

erfüllt. Die Idee ist nun, das Integral durch einen Ausdruck zu ersetzen, der numerisch berechenbar ist, wenn wir $x(\tau)$ für $\tau > t_i$ nicht kennen. Eine einfache numerische Approximation des Integrals ist gegeben durch die Rechteck-Regel

$$\int_{t_i}^{t_{i+1}} f(\tau, x(\tau))d\tau \approx (t_{i+1} - t_i)f(t_i, x(t_i)) = h_i f(t_i, x(t_i)). \tag{6.2}$$

Setzen wir also

$$\Phi(t, x, h) = x + hf(t, x), \tag{6.3}$$

so ergibt sich die Iterationsvorschrift zu

$$\tilde{x}(t_{i+1}) = \Phi(t_i, \tilde{x}(t_i), h_i) = \tilde{x}(t_i) + h_i f(t_i, \tilde{x}(t_i))$$

und wenn wir $\tilde{x}(t_i) \approx x(t_i)$ annehmen, so können wir fortfahren

$$\dots \approx x(t_i) + h_i f(t_i, x(t_i)) \approx x(t_i) + \int_{t_i}^{t_{i+1}} f(\tau, x(\tau))d\tau = x(t_{i+1}).$$

Da $\tilde{x}(t_0) = x_0 = x(t_0)$ ist, kann man damit rekursiv zeigen, dass $\tilde{x}(t_{i+1})$ eine Approximation von $x(t_{i+1})$ ist. Wir werden dies im Beweis von Satz 6.4 mathematisch präzisieren.

Frage 22 Wie lautet die Iterationsvorschrift, wenn man in (6.2) in der Rechteckregel nicht den Wert von f am linken, sondern am rechten Rand des Intervalls verwendet?

Das durch (6.3) gegebene Verfahren ist das einfachste Einschrittverfahren und heißt *Eulersche Polygonzugmethode* oder einfach *Euler-Verfahren*[1]. Es hat eine einfache geometrische Interpretation: In jedem Punkt $\tilde{x}(t_i)$ berechnen wir die Steigung der exakten Lösung durch diesen Punkt – also gerade $f(t_i, \tilde{x}(t_i))$ – und folgen der dadurch definierten Geraden bis zum nächsten Zeitschritt. In Abb. 6.1 ist die mit diesem Verfahren erhaltene Approximation für die Gleichung $\dot{x} = x$ grafisch dargestellt, die einzelnen Punkte der

---

[1] Leonhard Euler, schweizer Mathematiker, 1707–1783.

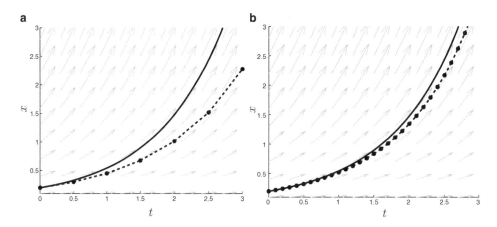

Abb. 6.1 Euler-Verfahren für $\dot{x} = x$, $h = 0,5$ (**a**), $h = 0,1$ (**b**)

Approximation sind dabei mit gestrichelten Linien verbunden. Die linke Abbildung verwendet die konstante Schrittweite $h = 0,5$, in der rechten wurde $h = 0,1$ verwendet. Zusätzlich sind die exakte Lösung (durchgezogen) sowie das zugehörige Vektorfeld in der (t, x)-Ebene (mit Pfeilen) dargestellt. Beachte, dass die exakte Lösung stets tangential zu den Pfeilen verläuft, während die Euler-Lösung dies nur zu den diskreten Zeitpunkten t_i erfüllt.

Die Bilder deuten bereits an, dass das Verfahren konvergiert: auf dem feineren Gitter rechts liegt die approximative Lösung deutlich näher an der exakten Lösung als auf dem gröberen Gitter links. Beschäftigt man sich ein bisschen mit dem Euler-Verfahren, so stellt man allerdings fest, dass dieses Verfahren nur sehr langsam konvergiert, d. h. man muss sehr feine Gitter wählen um eine gute Approximation zu erhalten. Bessere Verfahren kann man erhalten, wenn man statt (6.2) eine genauere Approximation verwendet. Eine bessere Möglichkeit ist z. B.

$$
\begin{aligned}
\int_{t_i}^{t_{i+1}} f(\tau, x(\tau))d\tau &\approx \frac{h_i}{2}\left(f(t_i, x(t_i)) + f\left(t_{i+1}, x(t_{i+1})\right)\right) \\
&\approx \frac{h_i}{2}\left(f(t_i, x(t_i)) + f\left(t_{i+1}, x(t_i) + h_i f(t_i, x(t_i))\right)\right)
\end{aligned}
\tag{6.4}
$$

Dies ist nichts anderes als die Trapez-Regel zur Approximation des Integrals, bei der wir den unbekannten Wert $x(t_{i+1})$ durch die Euler-Approximation $x(t_{i+1}) \approx x(t_i) + h_i f(t_i, x(t_i))$ ersetzen. Das daraus resultierende Verfahren ist gegeben durch

$$
\Phi(t, x, h) = x + \frac{h}{2}\left(f(t, x) + f\left(t + h, x + hf(t, x)\right)\right)
$$

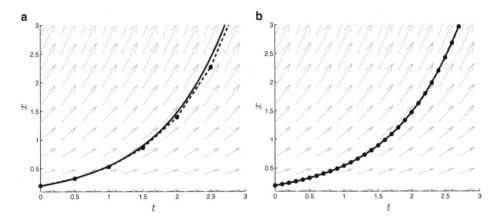

Abb. 6.2 Heun-Verfahren für $\dot{x} = x$, $h = 0{,}5$ (**a**), $h = 0{,}1$ (**b**)

und heißt *Heun-Verfahren*[2]. Es liefert tatsächlich eine deutlich bessere Approximation als das Euler-Verfahren, wie Abb. 6.2 zeigt. Wir werden in Kürze verstehen, warum das so ist.

Frage 23 Eine völlig andere Idee, eine Iterationsvorschrift Φ zu konstruieren, besteht darin, den Wert $x(t_i + h_i)$ durch die Taylorentwicklung von x im Zeitpunkt t_i zu approximieren. In der Taylorentwicklung kann man dann die Ableitungen von x nach t durch die (totale) Ableitung des Vektorfelds ersetzen. Welches Verfahren entsteht so, wenn man die Taylorentwicklung nach dem Glied zweiter Ordnung abbricht?

6.3 Runge-Kutta-Verfahren

Bei der Konstruktion des Heun-Verfahrens haben wir das Euler-Verfahren verwendet, um einen Schätzwert für den unbekannten Wert $x(t_{i+1})$ zu erhalten. Es liegt nun nahe, diese Methode systematisch rekursiv anzuwenden, um zu noch besseren Einschrittverfahren zu gelangen. Dies ist die Grundidee der Runge-Kutta-Verfahren.

Um die dabei entstehenden Verfahren übersichtlich zu schreiben, benötigen wir einen geeigneten Formalismus. Wir erläutern diesen an dem Heun-Verfahren und schreiben die-

---

[2] Karl Heun, deutscher Mathematiker, 1859–1929.

ses nun als

$$k_1 = f(t, x)$$

$$k_2 = f(t + h, x + hk_1)$$

$$\Phi(t, x, h) = x + h \left(\frac{1}{2}k_1 + \frac{1}{2}k_2 \right).$$

Was zunächst vielleicht komplizierter als die geschlossene Formel aussieht, erweist sich als sehr günstige Schreibweise, wenn man weitere k_i-Terme hinzufügen will. Dies ist gerade die Schreibweise der expliziten Runge-Kutta-Verfahren.

Definition 6.2 Ein *s-stufiges (explizites) Runge-Kutta-Verfahren* ist gegeben durch

$$k_i = f \left(t + c_i h, \ x + h \sum_{j=1}^{i-1} a_{ij} k_j \right) \quad \text{für } i = 1, \ldots, s$$

$$\Phi(t, x, h) = x + h \sum_{i=1}^{s} b_i k_i.$$

Den Wert $k_i = k_i(t, x, h)$ bezeichnen wir dabei als i-te Stufe des Verfahrens.

Die Koeffizienten eines (expliziten) Runge-Kutta-Verfahrens können wir mittels

$$b = \begin{bmatrix} b_1 \\ b_2 \\ b_3 \\ \vdots \\ b_s \end{bmatrix}, \quad c = \begin{bmatrix} c_1 \\ c_2 \\ c_3 \\ \vdots \\ c_s \end{bmatrix}, \quad A = \begin{bmatrix} 0 & & & & 0 \\ a_{21} & 0 & & & \\ a_{31} & a_{32} & 0 & & \\ \vdots & \vdots & \ddots & \ddots & \\ a_{s1} & \cdots & \cdots & a_{s,s-1} & 0 \end{bmatrix}$$

kompakt schreiben. Konkrete Verfahren werden meist in Form des Butcher-Tableaus (oder Butcher-Schemas)

$$\begin{array}{c|ccccc}
c_1 & & & & & \\
c_2 & a_{21} & & & & \\
c_3 & a_{31} & a_{32} & & & \\
\vdots & \vdots & \vdots & \ddots & & \\
c_s & a_{s1} & a_{s2} & \cdots & a_{s\,s-1} & \\
\hline
 & b_1 & b_2 & \cdots & b_{s-1} & b_s
\end{array}$$

geschrieben, das auf John C. Butcher[3] zurückgeht.

---

[3] neuseeländischer Mathematiker, geb. 1933.

Einfache Beispiele solcher Verfahren sind die bereits bekannten Euler- und Heun-Verfahren (mit $s = 1$ bzw. $s = 2$) und das sogenannte *klassische Runge-Kutta-Verfahren* (mit $s = 4$), das von Carl Runge[4] und Martin Kutta[5] entwickelt wurde, und dem die ganze Verfahrensklasse ihren Namen verdankt. Diese Verfahren sind (von links nach rechts) gegeben durch die Butcher-Tableaus

$$
\begin{array}{c|c}
0 & \\
\hline
& 1
\end{array}
\qquad
\begin{array}{c|cc}
0 & \\
1 & 1 \\
\hline
& \frac{1}{2} & \frac{1}{2}
\end{array}
\qquad
\begin{array}{c|cccc}
0 & \\
\frac{1}{2} & \frac{1}{2} \\
\frac{1}{2} & 0 & \frac{1}{2} \\
1 & 0 & 0 & 1 \\
\hline
& \frac{1}{6} & \frac{2}{6} & \frac{2}{6} & \frac{1}{6}
\end{array}
$$

6.4 Konvergenztheorie

Wir wollen nun rigoros beweisen, dass die bisher betrachteten Verfahren tatsächlich konvergent sind. Die Grundidee dieses Beweises liegt in einem geschickten Trick, mit dem die zwei verschiedenen Fehlerquellen in der Iteration (6.1) separiert werden können. Wir schreiben kurz $x(t) = x(t; t_0, x_0)$. Um nun den Fehler

$$e(t_i) := \|\tilde{x}(t_i) - x(t_i)\| = \|\Phi(t_{i-1}, \tilde{x}(t_{i-1}), h_{i-1}) - x(t_i)\|$$

abzuschätzen, schieben wir mittels der Dreiecksungleichung die Hilfsgröße

$$\Phi(t_{i-1}, x(t_{i-1}), h_{i-1})$$

ein. Wir erhalten so mit (3.9) die Abschätzung

$$\|\tilde{x}(t_i) - x(t_i)\| \leq \|\Phi(t_{i-1}, \tilde{x}(t_{i-1}), h_{i-1}) - \Phi(t_{i-1}, x(t_{i-1}), h_{i-1})\|$$
$$+ \|\Phi(t_{i-1}, x(t_{i-1}), h_{i-1}) - x(t_i)\|$$
$$= \|\Phi(t_{i-1}, \tilde{x}(t_{i-1}), h_{i-1}) - \Phi(t_{i-1}, x(t_{i-1}), h_{i-1})\|$$
$$+ \|\Phi(t_{i-1}, x(t_{i-1}), h_{i-1}) - x(t_i; t_{i-1}, x(t_{i-1}))\|.$$

Statt also direkt den Fehler zur Zeit t_i abzuschätzen, betrachten wir getrennt die zwei Terme

(a) $\|\Phi(t_{i-1}, \tilde{x}(t_{i-1}), h_{i-1}) - \Phi(t_{i-1}, x(t_{i-1}), h_{i-1})\|$,
    also die Auswirkung des Fehlers bis zur Zeit t_{i-1} in Φ

---

[4] deutscher Mathematiker, 1856–1927.
[5] deutscher Mathematiker und Ingenieur, 1867–1944.

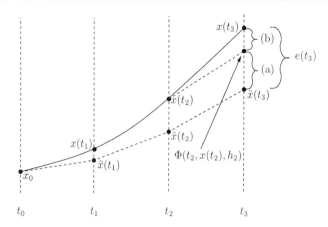

Abb. 6.3 Schematische Darstellung der Fehlerterme (a) und (b) für $i = 3$

(b) $\|\Phi(t_{i-1}, x(t_{i-1}), h_{i-1}) - x(t_i; t_{i-1}, x_{i-1})\|$,

also den lokalen Fehler beim Schritt von $x(t_{i-1})$ nach $x(t_i)$

Abb. 6.3 stellt diese Fehlerterme für $i = 3$ grafisch dar.

Lipschitzbedingung und Konsistenz Die folgende Definition gibt die benötigten Eigenschaften von Φ an, mit denen diese Fehler abgeschätzt werden können.

Definition 6.3

(i)   Ein Einschrittverfahren erfüllt die *Lipschitzbedingung*, wenn für jede kompakte Teilmenge $K \subset D$ eine Konstante $\Lambda > 0$ existiert, so dass für alle hinreichend kleinen $h > 0$ die Abschätzung

$$\|\Phi(t_0, x_1, h) - \Phi(t_0, x_2, h)\| \le (1 + \Lambda h)\|x_1 - x_2\| \qquad (6.5)$$

für alle $(t_0, x_1), (t_0, x_2) \in K$ gilt.

(ii) Ein Einschrittverfahren Φ heißt *konsistent* mit *Konsistenzordnung* $p > 0$, wenn für jede kompakte Teilmenge $K \subset D$ eine Konstante $C > 0$ existiert, so dass für alle hinreichend kleinen $h > 0$ die Ungleichung

$$\|\Phi(t_0, x_0, h) - x(t_0 + h; t_0, x_0)\| \le C h^{p+1} \qquad (6.6)$$

für alle $(t_0, x_0) \in K$ gilt.

Offenbar garantiert (6.5), dass der Fehlerterm (a) nicht zu groß wird, während (6.6) dazu dient, den Term (b) abzuschätzen. Dies werden wir unten im Beweis von Satz 6.4 rigoros verwenden.

Man rechnet leicht nach, dass das Euler- und das Heun-Verfahren und allgemein alle expliziten Runge-Kutta-Verfahren die Lipschitzbedingung erfüllen, wenn das Vektorfeld f Lipschitz-stetig in x ist (allerdings ist Λ in (6.5) i. A. größer als die Lipschitz-Konstante L von f aus Definition 3.5). Die Konsistenzbedingung (6.6) ist für allgemeine Φ nicht so leicht nachzuprüfen, lässt sich allerdings leicht verifizieren, wenn Φ von der Form

$$\Phi(t, x, h) = x + h\psi(t, x, h)$$

mit einer stetigen Funktion $\psi : \mathbb{R} \times \mathbb{R}^n \times \mathbb{R} \to \mathbb{R}^n$ ist (alle bisher betrachteten Verfahren sind von dieser Form). Dann lässt sich beweisen, dass das Verfahren konsistent mit (mindestens) $p = 1$ ist, falls die Bedingung

$$\psi(t, x, 0) = f(t, x) \tag{6.7}$$

erfüllt ist.

Berechnung der Konsistenzordnung Mit Hilfe dieser Bedingung prüft man leicht nach, dass das Euler- und das Heun-Verfahren konsistent sind. Eine Konsistenzordnung $p > 1$ kann man damit allerdings nicht beweisen. Um höhere Konsistenzordnungen zu überprüfen, vergleicht man die Taylor-Entwicklung

$$\Phi(t_0, x_0, h) = \Phi(t_0, x_0, 0) + h\frac{\partial \Phi}{\partial h}(t_0, x_0, 0) + \frac{h^2}{2}\frac{\partial^2 \Phi}{\partial h^2}(t_0, x_0, 0) + \ldots$$

mit der Taylor-Entwicklung der exakten Lösung $x(t_0 + h; t_0, x_0)$ in $t = t_0$, mit der Kurzschreibweise $x(t) = x(t; t_0, x_0)$ also

$$x(t_0 + h) = x(t_0) + h\frac{dx}{dt}(t_0) + \frac{h^2}{2}\frac{d^2x}{dt^2}(t_0) + \ldots$$

$$= x_0 + hL_f^0 f(t_0, x_0) + \frac{h^2}{2}L_f^1 f(t_0, x_0) + \ldots$$

vgl. Aufgabe 4.2 für die Definition der Operatoren L_f^i. Mit dieser Technik lässt sich z. B. beweisen, dass das Euler-Verfahren die Konsistenzordnung $p = 1$, das Heun-Verfahren die Konsistenzordnung $p = 2$ und das klassische Runge-Kutta-Verfahren die Konsistenzordnung $p = 4$ besitzt. Voraussetzung ist allerdings, dass das Vektorfeld p mal stetig differenzierbar ist, vgl. Aufgabe 4.2 – ist dies nicht der Fall, wird die theoretische Konvergenzordnung i. A. nicht erreicht.

Allgemein lassen sich mit dieser Methode Bedingungen an die Koeffizienten von Runge-Kutta-Verfahren aufstellen, mit denen eine vorgegebene Konsistenzordnung erreicht wird. Allerdings werden diese Bedingungen ab etwa $p = 10$ so kompliziert, dass sie zur Konstruktion entsprechender Verfahren praktisch kaum eingesetzt werden.

Der Konvergenzsatz für Einschrittverfahren Der folgende Satz zeigt nun, dass die zwei Bedingungen tatsächlich Konvergenz implizieren.

Satz 6.4 Ein Einschrittverfahren Φ, das die Lipschitzbedingung erfüllt und konsistent mit Konsistenzordnung p ist, ist konvergent mit Konvergenzordnung p.

▶ **Beweis** Wir müssen die Eigenschaft aus Definition 6.1(iii) nachprüfen. Sei also eine kompakte Menge $K \subset D$ und ein Intervall $[t_0, T]$ mit $[t_0, T] \subset I_{t_0, x_0}$ für alle $(t_0, x_0) \in K$ gegeben. Die Menge

$$K_1 := \{(t, x(t; t_0, x_0)) \mid t \in [t_0, T], (t_0, x_0) \in K\}$$

ist dann ebenfalls kompakt, da x stetig in allen Variablen ist und Bilder kompakter Mengen unter stetigen Funktionen wieder kompakt sind. Wir wählen ein $\delta > 0$ und betrachten die kompakte Menge

$$K_2 := \bigcup_{(t,x) \in K_1} \{t\} \times \overline{B}_\delta(x).$$

Die Menge K_2 ist also genau die Menge aller Punkte (t, x), deren x-Komponente einen Abstand $\leq \delta$ von einer Lösung $x(t; t_0, x_0)$ mit $(t_0, x_0) \in K$ hat. Für hinreichend kleines $\delta > 0$ ist $K_2 \subset D$, da D offen ist und $K_1 \subset D$ gilt. Das betrachtete Einschrittverfahren ist deswegen konsistent auf K_2 mit einer Konstanten $C > 0$. Ebenfalls erfüllt Φ auf K_2 die Lipschitzbedingung mit einer Konstanten $\Lambda > 0$.

Wir beweisen die Konvergenz nun zunächst unter der folgenden Annahme, deren Gültigkeit wir später beweisen werden:

> Für alle hinreichend feinen Gitter $\mathcal{T}$ und alle Anfangswerte
> $x_0 \in K$ gilt für die gemäß (6.1) erzeugte Gitterfunktion $\tilde{x}$ die   (6.8)
> Beziehung $(t_i, \tilde{x}(t_i)) \in K_2$ für alle $t_i \in \mathcal{T}$.

Zum Beweis der Konvergenz wählen wir $(t_0, x_0) \in K$ und schreiben wieder kurz $x(t) = x(t; t_0, x_0)$. Mit $\tilde{x}$ bezeichnen wir die zugehörige numerisch approximierende Gitterfunktion und mit

$$e(t_i) := \|\tilde{x}(t_i) - x(t_i)\|$$

bezeichnen wir den Fehler zur Zeit $t_i \in \mathcal{T}$. Dann gilt nach den Vorüberlegungen am Anfang dieses Abschnitts

$$e(t_i) = \|\tilde{x}(t_i) - x(t_i)\|$$

$$\leq \|\Phi(t_{i-1}, \tilde{x}(t_{i-1}), h_{i-1}) - \Phi(t_{i-1}, x(t_{i-1}), h_{i-1})\|$$

$$+ \|\Phi(t_{i-1}, x(t_{i-1}), h_{i-1}) - x(t_i)\|$$

$$= \|\Phi(t_{i-1}, \tilde{x}(t_{i-1}), h_{i-1}) - \Phi(t_{i-1}, x(t_{i-1}), h_{i-1})\|$$

$$+ \|\Phi(t_{i-1}, x(t_{i-1}), h_{i-1}) - x(t_i; t_{i-1}, x(t_{i-1}))\|$$

$$\leq (1 + \Lambda h_{i-1})\|\tilde{x}(t_{i-1}) - x(t_{i-1})\| + C h_{i-1}^{p+1}$$

$$= (1 + \Lambda h_{i-1})e(t_{i-1}) + C h_{i-1}^{p+1}$$

wobei wir im vorletzten Schritt die Lipschitzbedingung und die Konsistenz von Φ in K_2 sowie $(t_{i-1}, \tilde{x}(t_{i-1})) \in K_2$ ausgenutzt haben.

Mittels Induktion zeigen wir nun, dass aus dieser Ungleichung die Abschätzung

$$e(t_i) \leq C\bar{h}^p \frac{1}{\Lambda} (\exp(\Lambda(t_i - t_0)) - 1)$$

folgt. Für $i = 0$ ist die Abschätzung klar. Für $i - 1 \to i$ verwenden wir

$$\exp(\Lambda h_i) = 1 + \Lambda h_i + \frac{\Lambda^2 h_i^2}{2} + \ldots \geq 1 + \Lambda h_i$$

und erhalten damit mit der Induktionsannahme

$$e(t_i) \leq (1 + \Lambda h_{i-1})e(t_{i-1}) + C h_{i-1}^{p+1}$$

$$\leq (1 + \Lambda h_{i-1})C\bar{h}^p \frac{1}{\Lambda}(\exp(\Lambda(t_{i-1} - t_0)) - 1) + h_{i-1}\underbrace{C h_{i-1}^p}_{\leq C\bar{h}^p}$$

$$= C\bar{h}^p \frac{1}{\Lambda}\Big(h_{i-1}\Lambda + (1 + \Lambda h_{i-1})(\exp(\Lambda(t_{i-1} - t_0)) - 1)\Big)$$

$$= C\bar{h}^p \frac{1}{\Lambda}\Big(h_{i-1}\Lambda + (1 + \Lambda h_{i-1})\exp(\Lambda(t_{i-1} - t_0)) - 1 - \Lambda h_{i-1}\Big)$$

$$= C\bar{h}^p \frac{1}{\Lambda}\Big((1 + \Lambda h_{i-1})\exp(\Lambda(t_{i-1} - t_0)) - 1\Big)$$

$$\leq C\bar{h}^p \frac{1}{\Lambda}\Big(\exp(\Lambda h_{i-1})\exp(\Lambda(t_{i-1} - t_0)) - 1\Big)$$

$$= C\bar{h}^p \frac{1}{\Lambda}(\exp(\Lambda(t_i - t_0)) - 1).$$

Damit folgt die Konvergenz sowie die Aussage über die Konvergenzordnung mit $M = C(\exp(\Lambda(T - t_0)) - 1)/\Lambda$.

Es bleibt zu zeigen, dass unsere oben gemachte Annahme (6.8) tatsächlich erfüllt ist. Wir zeigen, dass (6.8) für alle Gitter $\mathcal{T}$ gilt, deren maximale Schrittweite $\bar{h}$ die Ungleichung

$$C\bar{h}^p \leq \frac{\delta\Lambda}{\exp(\Lambda(T - t_0)) - 1}$$

erfüllt. Wir betrachten dazu eine Lösung $\tilde{x}$ mit Anfangswert $x_0 \in K$ und beweisen die Annahme per Induktion. Für $\tilde{x}(t_0)$ ist wegen $\tilde{x}(t_0) = x_0$ nichts zu zeigen. Für den Induktionsschritt $i - 1 \to i$ sei $(t_k, \tilde{x}(t_k)) \in K_2$ für $k = 0, 1, \ldots, i - 1$. Wir müssen zeigen, dass $(t_i, \tilde{x}(t_i)) \in K_2$ liegt. Beachte, dass die oben gezeigte Abschätzung

$$e(t_i) \leq C \bar{h}^p \frac{1}{\Lambda}(\exp(\Lambda(T - t_0)) - 1)$$

bereits gilt, falls $(t_k, \tilde{x}(t_k)) \in K_2$ liegt für $k = 0, 1, \ldots, i - 1$. Mit der Wahl von $\bar{h}$ folgt damit $e(t_i) \leq \delta$, also

$$\|\tilde{x}(t_i) - x(t_i)\| \leq \delta.$$

Da $(t_i, x(t_i)) \in K_1$ liegt, folgt $(t_i, \tilde{x}(t_i)) \in \{t_i\} \times \overline{B}_\delta(x(t_i)) \subset K_2$, also die gewünschte Beziehung. □

Der Satz zeigt, dass die Schranke $C \bar{h}^p (\exp(\Lambda(T - t_0)) - 1)/\Lambda$ für den Fehler $e(T)$ für feste maximale Schrittweite $\bar{h}$ und wachsende Intervallgröße $|T - t_0|$ sehr schnell sehr groß wird. Insbesondere lassen sich mit dieser Abschätzung keinerlei Aussagen über das Langzeitverhalten numerischer Lösungen machen, z. B. über Grenzwerte $\tilde{x}(t_i)$ für $t_i \to \infty$. Tatsächlich kann es passieren, dass der „numerische Grenzwert" $\lim_{t_i \to \infty} \tilde{x}(t_i)$ für beliebig feine Gitter $\mathcal{T}$ weit von dem tatsächlichen Grenzwert der exakten Lösung $\lim_{t \to \infty} x(t)$ entfernt ist. Dieses Phänomen sollte man bei der Interpretation numerischer Lösungen stets beachten.

6.5 Weitere Verfahren und Methoden

In diesem Abschnitt beschreiben wir die Grundideen weiterer Verfahren zur numerischen Lösung gewöhnlicher Differentialgleichungen.

Schrittweitensteuerung Die Schrittweitensteuerung beruht auf der Beobachtung, dass es im Allgemeinen effizienter ist, das Gitter $\mathcal{T}$ nicht gleichmäßig zu wählen, sondern an die zu berechnende Lösung anzupassen. Idealerweise sollte das so geschehen, dass der lokale Fehler in jedem Schritt des Verfahrens eine vorgegebene Fehlertoleranz einhält.

Dazu wird der $i + 1$-te Wert $\tilde{x}_{i+1}$ mit einer vorher berechneten Schrittweite h_i und zwei verschiedenen Verfahren Φ_1 und Φ_2 mit unterschiedlicher Konsistenzordnung berechnet. Aus der Differenz der erhaltenen Werte wird dann der lokale Fehler des Schritts geschätzt und eine neue Schrittweite $\tilde{h}$ ermittelt, mit der die vorgegebene Fehlertoleranz eingehalten wird. Wurde die Fehlertoleranz überschritten, so wird der Schritt mit $h_i = \tilde{h}$ wiederholt. Dieses Vorgehen wird gegebenenfalls mehrmals wiederholt, da die gewünschte Fehlertoleranz durch die berechnete Schrittweite $\tilde{h}$ wegen Ungenauigkeiten in der Fehlerschätzung u. U. nicht exakt eingehalten wird. Wurde die Fehlerschranke mit der Schrittweite h_i eingehalten, so wird $h_{i+1} = \tilde{h}$ gesetzt und zum nächsten Schritt übergegangen.

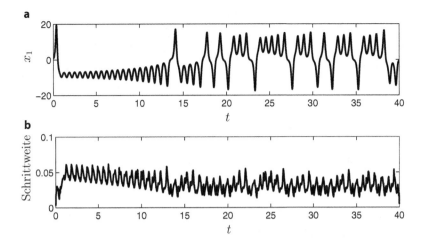

Abb. 6.4 Schrittweitensteuerung bei der numerischen Lösung des Lorenz-Systems: x_1-Komponente der Lösung (**a**) und verwendete Schrittweite (**b**)

Der höhere Aufwand des simultanen Rechnens mit zwei Verfahren Φ_1 und Φ_2 kann dabei durch eine geschickte Einbettung der Verfahren ineinander so klein gehalten werden, dass der Gewinn an Effizienz durch die Verwendung adaptiv angepasster Zeitschritte h_i den höheren Aufwand pro Schritt typischerweise bei weitem übertrifft. Methoden der Schrittweitensteuerung sind deshalb der Standard in allen Softwarepaketen zur numerischen Lösung gewöhnlicher Differentialgleichungen.

In Abb. 6.4b ist die Schrittweite für die Berechnung der Lösung des Lorenz-Systems aus Abb. 1.5 mit Anfangwert $x_0 = (1, 1, 1)^{\mathrm{T}}$ gemeinsam mit der x_1-Komponente der Lösung dargestellt. Das Bild wurde mit der MATLAB-Routine ode45 mit (relativer) Fehlertoleranz 10^{-5} berechnet. Dieses Verfahren verwendet für Φ_1 und Φ_2 ein eingebettetes Runge-Kutta-Verfahren mit Konsistenzordnungen 4 und 5.

Implizite Verfahren In der Herleitung des Euler-Verfahrens durch die Approximation der Integralformel durch die Rechteckregel (6.2) hätten wir statt $f(t_i, x(t_i))$ auch $f(t_{i+1}, x_{i+1})$ nehmen können, da dies eine ebenso gute Approximation des Integrals liefert. Die resultierende Iterationsvorschrift lautet dann

$$\tilde{x}(t_{i+1}) = \tilde{x}(t_i) + h_i\, f(t_{i+1}, \tilde{x}(t_{i+1}))$$

und die Iterationsvorschrift ist dadurch implizit als Lösung des (im Allgemeinen nichtlinearen) Gleichungssystems

$$\Phi(t, x, h) = x + hf(t + h, \Phi(t, x, h))$$

definiert. Dieses Verfahren wird daher das *implizite* Euler-Verfahren genannt, während das „übliche" Euler-Verfahren auch *explizites* Euler-Verfahren genannt wird. Ganz allgemein kann man implizite Runge-Kutta-Verfahren in Erweiterung der Definition aus Abschnitt 6.3 definieren durch

$$k_i = f\left(t + c_i h,\, x + h \sum_{j=1}^{s} a_{ij} k_j\right) \quad \text{für } i = 1, \ldots, s$$

$$\Phi(t, x, h) = x + h \sum_{i=1}^{s} b_i k_i,$$

wobei die k_i-Werte nun durch Lösen eines (wiederum i. A. nichtlinearen) Gleichungssystems bestimmt werden müssen.

Bei einem impliziten Verfahren muss also in jedem Schritt ein Gleichungssystem numerisch gelöst werden, was im Vergleich zu expliziten Verfahren einen erheblichen Mehraufwand darstellt. Warum werden diese Verfahren trotzdem in der Praxis benutzt?

Der Grund liegt darin, dass es eine bestimmte Klasse von Differentialgleichungen – die sogenannten steifen Differentialgleichungen – gibt, bei denen explizite Verfahren nur für sehr kleine Zeitschritte brauchbare Ergebnisse liefern, obwohl die Lösung annähernd konstant verläuft. Implizite Verfahren hingegen berechnen hier bereits für deutlich größere Zeitschritte gute Approximationen. Für lineare Differentialgleichungen $\dot{x} = Ax$ kann man an den Eigenwerten der Matrix A erkennen, ob die Gleichung steif ist: dies ist nämlich gerade dann der Fall, wenn A Eigenwerte mit negativem Realteil und großem Betrag besitzt. Eine mathematisch fundierte Erklärung dieses Phänomens ist im Rahmen dieses Buches leider nicht möglich, wir können den Effekt aber zumindest anhand der eindimensionalen Gleichung $\dot{x} = \lambda x$ illustrieren. Setzen wir $\lambda = -100$ und berechnen die numerische Approximation für das explizite und das implizite Euler-Verfahren, so erhalten für die konstante Schrittweite $h = 0{,}02$ die in Abb. 6.5 dargestellten Ergebnisse.

Man sieht deutlich, dass das explizite Euler-Verfahren (gepunktet) eine Lösung berechnet, die mit der exakten Lösung (durchgezogen) überhaupt keine Ähnlichkeit besitzt, während die mit dem impliziten Euler-Verfahren berechnete Näherung (gestrichelt) die Lösung recht gut approximiert.

Frage 24 Wie lautet die explizite Iterationsvorschrift für den Übergang $\tilde{x}(t_i) \to \tilde{x}(t_{i+1})$, wenn man das explizite Euler-Verfahren auf die Testgleichung $\dot{x} = -\lambda x$ (mit $\lambda > 0$) anwendet? Für welche maximale Schrittweite gilt $\tilde{x}(t_i) \to 0$ für $t_i \to \infty$? Wie lautet die Iterationsvorschrift, wenn man stattdessen das implizite Euler-Verfahren verwendet? Gibt es auch in diesem Fall eine solche Schrittweitenbegrenzung?

Mehrschrittverfahren Bei der Verwendung von Einschrittverfahren ist die Zahl der benötigten Auswertungen von f pro Schritt mindestens so groß wie die Konsistenzordnung.

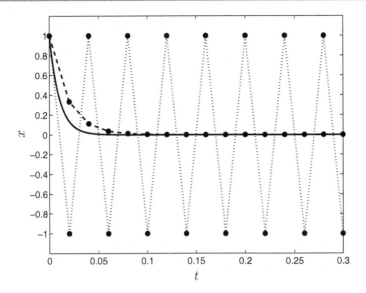

Abb. 6.5 Exakte Lösung (*durchgezogen*), explizite Euler-Lösung (*gepunktet*) und implizite Euler-Lösung (*gestrichelt*) für $\dot{x} = \lambda x$, $x(0) = 1$, $\lambda = -100$, $h = 0{,}02$

Mehrschrittverfahren, deren explizite Varianten von der allgemeinen Form

$$\tilde{x}(t_{i+1}) = \Phi(t_i, \ldots, t_{i-k-1}, \tilde{x}(t_i), \ldots, \tilde{x}(t_{i-k-1}), h_i)$$

sind, vermeiden diesen Nachteil: Hier ist es durch die Berechnung von $\tilde{x}(t_{i+1})$ aus den k vergangenen Werten $\tilde{x}(t_i), \ldots, \tilde{x}(t_{i-k-1})$ möglich, höhere Konsistenzordnungen mit nur einer Auswertung von f pro Schritt zu realisieren. Die Verfahren sind dadurch schneller auswertbar. Allerdings braucht man zu Beginn einer Rechnung zusätzlich noch ein Einschrittverfahren, um die Startwerte $\tilde{x}(t_1), \ldots, \tilde{x}(t_{k-1})$ aus x_0 zu berechnen, zudem ist die Schrittweitensteuerung nicht so einfach zu realisieren wie bei den Einschrittverfahren.

Die in der Praxis üblicherweise verwendeten Mehrschrittverfahren sind *lineare* Mehrschrittverfahren, bei denen $\tilde{x}(t_{i+1})$ durch die Gleichung

$$\sum_{j=0}^{k} a_j \tilde{x}(t_{i+j-k+1}) = h \sum_{j=0}^{k} b_j f(t_{i+j-k+1}, \tilde{x}(t_{i+j-k+1}))$$

definiert ist. Das Verfahren ist explizit, falls $b_k = 0$ ist, andernfalls implizit. Um zu garantieren, dass sich die lokalen Fehler nicht unkontrollierbar aufschaukeln, reicht es hier nicht, eine Lipschitzbedingung der Form (6.5) an die rechte Seite des Verfahrens zu stellen. Zusätzlich muss eine geeignete Stabilitätsbedingung an die linke Seite der Gleichung gestellt werden, die durch Bedingungen an die Nullstellen des Polynoms

$$P(z) = a_0 + a_1 z + a_2 z^2 + \ldots + a_k z^k$$

formuliert werden kann. In der Praxis werden z. B. die sogenannten Adams-Verfahren benutzt, in denen $a_0 = \ldots = a_{k-2} = 0$, $a_{k-1} = -1$ und $a_k = 1$ gewählt wird und die b_i so berechnet werden, dass eine möglichst hohe Konsistenzordnung erzielt wird. Eine andere Klasse von Mehrschrittverfahren in der Praxis sind die impliziten BDF („backward difference") Verfahren, in denen $b_0 = \ldots = b_{k-1} = 0$ und $b_k = 1$ gewählt wird und mittels geeigneter a_i eine möglichst hohe Konsistenzordnung gewährleistet wird.

6.6 Übungen

Aufgabe 6.1
(i) Beweisen Sie, dass ein explizites Runge-Kutta-Verfahren die Lipschitzbedingung 6.5 erfüllt, wenn f Lipschitz-stetig gemäß Definition 3.5 ist.
(ii) Berechnen Sie für den Spezialfall des expliziten Euler- und des Heun-Verfahrens die Konstante Λ in (6.5) in Abhängigkeit von der Lipschitz-Konstante L von f.

Aufgabe 6.2
(i) Weisen Sie mit Hilfe von (6.7) nach, dass das Euler- und das Heun-Verfahren konsistent sind.
(ii) Leiten Sie aus (6.7) Bedingungen an die Koeffizienten eines allgemeinen expliziten Runge-Kutta-Verfahrens ab, unter denen das Verfahren konsistent ist.

Aufgabe 6.3
(i) Berechnen Sie die Terme der Taylor-Approximationen

$$x(t_0 + h) \approx x(t_0) + h\frac{dx}{dt}(t_0) + \frac{h^2}{2}\frac{d^2x}{dt^2}(t_0)$$

und

$$\Phi(t_0, x_0, h) \approx \Phi(t_0, x_0, 0) + h\frac{\partial\Phi}{\partial h}(t_0, x_0, 0) + \frac{h^2}{2}\frac{\partial^2\Phi}{\partial h^2}(t_0, x_0, 0)$$

für das Heun-Verfahren (vgl. dazu auch Aufgabe 4.2).
(ii) Beweisen Sie mit Hilfe von (i) und einer Abschätzung der (hier weggelassenen) Restglieder, dass das Heun-Verfahren die Konsistenzordnung 2 besitzt, falls f hinreichend oft differenzierbar ist.

Aufgabe 6.4 Beweisen Sie, dass für lineare Differentialgleichungen $\dot{x} = Ax$ mit $A \in \mathbb{R}^{d \times d}$ sowohl das explizite als auch das implizite Euler-Verfahren auf Gittern mit gleichmäßigen Zeitschritten $h_i \equiv h$ Approximationen der Form

$$\tilde{x}(t_i) = \widetilde{A}(h)^i x_0$$

mit einer Matrix $\widetilde{A}(h) \in \mathbb{R}^{d \times d}$ liefern. Berechnen Sie die die Matrizen $\widetilde{A}(h)$ für die beiden Verfahren.

Aufgabe 6.5 Gegeben sei die zweidimensionale Differentialgleichung

$$\dot{x} = \begin{bmatrix} 0 & 1 \\ -1 & 0 \end{bmatrix} x.$$

(i) Beweisen Sie, dass für die exakten Lösungen $x(t; x_0)$ dieser Gleichung die Gleichung $\|x(t; x_0)\|_2^2 = \|x(0; x_0)\|_2^2$ für alle $t \geq 0$ gilt, d. h. die euklidische Norm ist konstant entlang der Lösungen.

(ii) Betrachten Sie die numerische Approximationen $\tilde{x}(t_i)$ dieser Gleichung mit dem expliziten und dem impliziten Euler-Verfahren und untersuchen Sie (numerisch oder analytisch), ob die Norm

$$\|\tilde{x}(t_i)\|_2^2$$

wie in (i) konstant bleibt oder ob sie zu- oder abnimmt. Erklären Sie den beobachteten Sachverhalt anhand einer grafischen Darstellung der Lösung.

Literatur

1. DEUFLHARD, P. und F. BORNEMANN: *Numerische Mathematik II*. de Gruyter, Berlin, 2. Aufl., 2002.

2. STOER, J. und R. BULIRSCH: *Numerische Mathematik 2*. Springer, Heidelberg, 5. Aufl., 2005.

3. HAIRER, E., S. P. NØRSETT, and G. WANNER: *Solving ordinary differential equations I. Nonstiff problems*. Springer, Berlin, 2nd ed., 1993.

Gleichgewichte und ihre Stabilität

Gleichgewichte haben wir bereits in Kap. 4 als konstante Lösungen einer Differential-gleichung kennengelernt. In diesem Kapitel greifen wir dieses Konzept auf und beweisen zunächst, dass jeder Grenzwert einer Lösung einer gewöhnlichen Differentialgleichung mit stetigem Vektorfeld zwingend ein Gleichgewicht sein muss.

Nachfolgend beschäftigen wir uns mit dem Begriff der Stabilität eines Gleichge-wichts[1]. Dieser wurde bereits in der Einführung am Beispiel des Pendels informell eingeführt und beschreibt, ob Lösungen, die in der Nähe eines Gleichgewichts starten, in der Nähe bleiben, gegen das Gleichgewicht konvergieren oder sich von dem Gleichge-wicht entfernen. Hier wollen wir diesen Begriff mathematisch präzisieren und Techniken kennenlernen, mit denen man Stabilität mathematisch rigoros nachweisen kann, ohne die Lösungskurven der Differentialgleichung zu berechnen oder zu simulieren. Wir betrach-ten dabei durchgehend dynamische Systeme, die von autonomen Differentialgleichungen der Form (1.3) erzeugt werden und bezeichnen die Lösungen mit der Flussnotation $\varphi^t(x_0)$, vgl. Formel (3.13).

Stabilitätsbegriffe beschreiben stets asymptotische Eigenschaften, d. h. Eigenschaften für alle $t \geq 0$ oder für $t \to \infty$. In Kap. 4 haben wir in der Diskussion nach Satz 4.2 gese-hen, dass die Stetigkeit der Lösung im Anfangswert x_0 keine Aussage über das asymptoti-sche Verhalten der Lösungen zulässt, weswegen wir zur Stabilitätsanalyse weitergehende mathematische Techniken benötigen.

---

[1] Stabilität für kompliziertere Lösungsmengen wird in Kap. 11 betrachtet.

© Springer Fachmedien Wiesbaden 2016
L. Grüne, O. Junge, *Gewöhnliche Differentialgleichungen*,
Springer Studium Mathematik – Bachelor, DOI 10.1007/978-3-658-10241-8_7

7.1 Gleichgewichte

In Definition 4.9 hatten wir die am einfachsten zu beschreibende Lösung einer Differentialgleichung bereits kennengelernt: ein Gleichgewicht. Ein Gleichgewicht x^* eines Vektorfelds f, also ein Punkt mit $f(x^*) = 0$, ist ein *Fixpunkt* des zugehörigen Flusses:

$$x^* = \varphi^t(x^*) \quad \text{für alle } t \in \mathbb{R}.$$

Beispiel 7.1 Die Differentialgleichung

$$\dot{r} = r(1 - r), \quad r \geq 0, \tag{7.1}$$

hat die zwei Gleichgewichte $r_0^* = 0$ und $r_1^* = 1$. Für $r \in (0, 1)$ gilt $\dot{r} > 0$, für $r > 1$ dagegen $\dot{r} < 0$. Das Verhalten der Lösungen kann also qualitativ wie in Abb. 7.1 dargestellt werden.

Frage 25 Wie sieht das Phasenportrait von $\dot{r} = r(1 + r)(1 - r)$ aus?

Gleichgewichte sind nicht nur deswegen wichtig, weil sie zu konstanten – also sehr speziellen – Lösungen korrespondieren. Sie sind auch wichtig, weil sie die einzig möglichen Grenzwerte für konvergierende Lösungen darstellen, wie das folgende Lemma zeigt, das auch als Lemma von Barbalat bekannt ist (vgl. Aufgabe 4.5).

Lemma 7.2 Betrachte eine autonome gewöhnliche Differentialgleichung (1.3) mit stetigem Vektorfeld f. Sei x_0 ein Anfangswert, für den $\varphi^t(x_0)$ für alle $t \geq 0$ existiert und für $t \to \infty$ konvergiert. Dann ist der Grenzwert $x^* = \lim_{t \to \infty} \varphi^t(x_0)$ ein Gleichgewicht.

▶ **Beweis** Aus der Stetigkeit von f folgt sofort die Konvergenz $f(\varphi^t(x_0)) \to f(x^*)$ für $t \to \infty$. Für ein gegebenes $\varepsilon > 0$ können wir daher eine Zeit $t^* > 0$ finden, so dass die Ungleichungen

$$\|\varphi^t(x_0) - x^*\| \leq \varepsilon \quad \text{und} \quad \|f(\varphi^t(x_0)) - f(x^*)\| \leq \varepsilon$$

für alle $t \geq t^*$ gelten. Dann folgt für alle $t \geq t^*$ aus (3.5) die Ungleichung

$$\|\varphi^t(x_0) - \varphi^{t^*}(x_0)\| = \left\| \int_{t_*}^{t} f(\varphi^\tau(x_0)) d\tau \right\|$$

$$\geq \left\| \int_{t_*}^{t} f(x^*) d\tau \right\| - \left\| \int_{t_*}^{t} f(\varphi^\tau(x_0)) - f(x^*) d\tau \right\|$$

Abb. 7.1 Phasenportrait
für (7.1)

und daraus

$$(t - t^*)\|f(x^*)\| = \left\|\int_{t_*}^{t} f(x^*)d\tau\right\|$$

$$\leq \|\varphi^t(x_0) - \varphi^{t^*}(x_0)\| + \left\|\int_{t_*}^{t} f(\varphi^\tau(x_0)) - f(x^*)d\tau\right\|$$

$$\leq \|\varphi^t(x_0) - x^*\| + \|x^* - \varphi^{t^*}(x_0)\| + \int_{t_*}^{t} \|f(\varphi^\tau(x_0)) - f(x^*)\|d\tau$$

$$\leq 2\varepsilon + (t - t^*)\varepsilon.$$

Diese Ungleichung gilt für alle $t > t^*$, insbesondere also für $t = t^* + 1$. Mit dieser Wahl folgt $\|f(x^*)\| \leq 3\varepsilon$, also, da $\varepsilon > 0$ beliebig war, $\|f(x^*)\| = 0$ und damit $f(x^*) = 0$. Folglich ist x^* ein Gleichgewicht. $\qquad\square$

Jeder Grenzwert einer Lösung $\varphi^t(x_0)$ ist also ein Gleichgewicht. Die Frage ist allerdings, für welche Anfangswerte $x_0 \in \mathbb{R}^d$ die Lösung gegen ein gegebenes Gleichgewicht x^* konvergiert. Für skalare Differentialgleichungen kann man diese Frage leicht durch Betrachten des Vorzeichens von f entscheiden: für $\dot{x} = f(x) > 0$ ist die Lösung streng monoton wachsend, für $\dot{x} = f(x) < 0$ streng monoton fallend. Zusammen mit der gerade bewiesenen Tatsache, dass Grenzwerte von Lösungen Gleichgewichte sein müssen und der bereits in Kap. 3 bewiesenen Eigenschaft, dass sich Lösungen nicht schneiden können, folgt die folgende Tatsache: jede Lösung $\varphi^t(x_0)$ mit $f(x_0) < 0$ konvergiert für $t \to \infty$ gegen das größte Gleichgewicht $x^* \in \mathbb{R}$ mit $x^* < x_0$ oder divergiert gegen $-\infty$, falls kein solches Gleichgewicht existiert. Analog konvergiert jede Lösung $\varphi^t(x_0)$ mit $f(x_0) > 0$ für $t \to \infty$ gegen das kleinste Gleichgewicht $x^* \in \mathbb{R}$ mit $x^* > x_0$ oder divergiert gegen $+\infty$, falls kein solches Gleichgewicht existiert. Für $t \to -\infty$ ist das Konvergenzverhalten gerade umgekehrt.

Für höherdimensionale Differentialgleichungen ist die Frage nach der Konvergenz von Lösungen gegen ein Gleichgewicht viel schwieriger zu beantworten. Hier ist sie ein wichtiger Teilaspekt bei der Untersuchung der *Stabilität* eines Gleichgewichts, mit der wir uns im Rest dieses Kapitels befassen.

7.2 Stabilität am Beispiel des Pendels

Um den Begriff der Stabilität zu illustrieren, betrachten wir wieder einmal das Pendelmodell, das wir hier, wie schon in Aufgabe 4.3, um einen linearen Reibungsterm erweitern, also

$$\dot{x} = \left[\begin{array}{c} x_2 \\ -g\sin(x_1) - kx_2 \end{array} \right]. \tag{7.2}$$

Das Hinzufügen des Terms $-kx_2(t)$ mit $k \geq 0$ ändert nichts an den Gleichgewichten der Gleichung, insbesondere existieren weiterhin die beiden Gleichgewichte $x^* = (0,0)^{\mathrm{T}}$ und $x^{**} = (\pi,0)^{\mathrm{T}}$, die wir nun genauer betrachten. Physikalisch ist x^* gerade der Zustand des senkrecht nach unten hängenden Pendels: Starten wir die Lösung zum Zeitpunkt $t_0 = 0$ in diesem Zustand, so wird das Pendel für alle zukünftigen Zeiten $t \geq 0$ in dieser Ruhelage hängen bleiben. Stellen wir uns nun vor, dass wir das Pendel im Zeitpunkt $t_0 = 0$ durch einen kleinen Stoß aus der Ruhelage bringen, was wir im Modell dadurch erreichen, dass wir die Lösung mit einem Anfangswert $x_0 \approx x^*$ mit $x_0 \neq x^*$ starten.

Stabiles Gleichgewicht Für $k = 0$ haben wir bereits in der Einleitung gesehen, dass Lösungen, die in der Nähe von x^* starten, auf periodischen Bahnen laufen. Diese Bahnen liegen um so näher an x^*, je kleiner der Abstand $\|x_0 - x^*\|$ wird, wie das Phasenportrait in Abb. 7.2 zeigt.

Diese periodischen Bewegungen entsprechen gerade dem Schwingen des Pendels um diese Ruhelage. Da für $k = 0$ keine Reibung modelliert ist, bleibt der Ausschlag des Pendels bei dieser Bewegung stets gleich, woraus die periodische Bewegung resultiert. Für $k > 0$ würde man nun erwarten, dass das Pendel durch die Reibung gebremst wird, weswegen die Ausschläge mit fortschreitender Zeit immer kleiner werden und die Lösung

Abb. 7.2 Lösungen der Pendelgleichung mit $k = 0$ für verschiedene Anfangswerte x_0

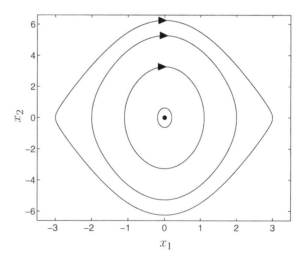

Abb. 7.3 Lösung der Pendelgleichung mit $k = 0{,}5$ für
Anfangswert $x_0 = (1, 0)^{\mathrm{T}}$

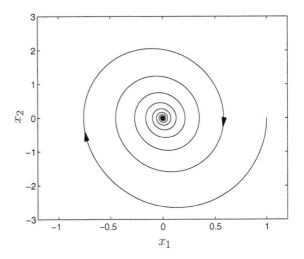

gegen x^* konvergiert. Abbildung 7.3 für $k = 0{,}5$ zeigt, dass genau dieses Verhalten eintritt. (In einem realen Experiment würde man hier sogar erwarten, dass das Pendel nach
einiger Zeit ruhig nach unten hängt; dieser Effekt wird aber durch die Haftreibung bewirkt,
die wir in unserem Modell vernachlässigt haben.)

In beiden Fällen zeigt sich also ein Verhalten, dass wir anschaulich als „stabil" bezeich-
nen können: für $k = 0$ bewirkt ein kleines Anstoßen, dass die Lösung für *alle zukünftigen
Zeiten* $t \geq t_0$ nahe bei x^* bleibt. Im Fall $k > 0$ erhalten wir *darüberhinaus*, dass die
Lösungen für $t \to \infty$ gegen x^* konvergieren, das Pendel kehrt also zur Ruhelage zurück.

Instabiles Gleichgewicht Dies ist bei dem Gleichgewicht x^{**} offenbar ganz anders. Dieses entspricht gerade dem senkrecht nach oben stehenden Pendel. Stellt man das Pendel
exakt in diesen Zustand, so wird es ebenfalls für alle Zeiten dort stehen bleiben. Versetzt
man dem Pendel aber in dieser Position einen beliebig kleinen Stoß, so wird es umfallen
und sich daher – unabhängig von der Stärke des Stoßes – weit von der Ruhelage entfer-
nen. Dieses Verhalten, das in Abb. 7.4 für $k = 0{,}5$ und $x_0 = (3{,}14, 0)^{\mathrm{T}}$ illustriert ist, ist
offenbar eine instabile Situation, da beliebig kleine Abweichungen vom Anfangswert x^{**}
bewirken, dass sich die Lösungen weit vom Gleichgewicht entfernen.

Es ist an dieser Stelle wichtig zu betonen, dass dieses instabile Verhalten nicht im Widerspruch zur Stetigkeit der Lösung im Anfangswert x_0 steht, wie sie in Satz 4.2 bewiesen
wurde. Eine Betrachtung der Lösungen in Abhängigkeit von t (vgl. Aufgabe 8.1) zeigt
nämlich, dass die Lösung $x(t; 0, x_0)$ für $x_0 \approx x^{**}$ um so länger in der Nähe des Gleich-
gewichtes x^{**} bleibt, je näher x_0 an x^{**} liegt. Je kleiner $\|x_0 - x^{**}\|$ ist, desto länger muss
man warten, bis man die Instabilität tatsächlich beobachten kann. Daher erfüllt die Lö-
sung zwar auf jedem kompakten Intervall die Stetigkeitseigenschaft aus Satz 4.2, weist
aber trotzdem nach hinreichend langer Zeit das beschriebene instabile Verhalten auf.

Abb. 7.4 Lösung der Pendelgleichung mit $k = 0{,}5$ für
Anfangswert $x_0 = (3{,}14, 0)^\mathsf{T}$

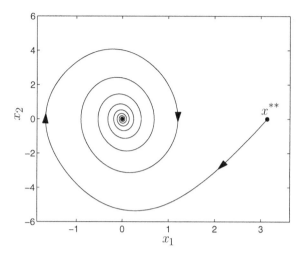

7.3 Definition

Wir werden nun verschiedene Stabilitätsbegriffe formal definieren.

Definition 7.3 Sei x^* ein Gleichgewicht der gewöhnlichen Differentialgleichung $\dot{x} = f(x)$.

(i) Das Gleichgewicht x^* heißt *stabil*, falls für jedes $\varepsilon > 0$ ein $\delta > 0$ existiert, so dass die Ungleichung

$$\|\varphi^t(x_0) - x^*\| \le \varepsilon \text{ für alle } t \ge 0$$

für alle Anfangswerte $x_0 \in \mathbb{R}^d$ mit $\|x_0 - x^*\| \le \delta$ erfüllt ist.

(ii) Das Gleichgewicht x^* heißt *lokal asymptotisch stabil*, falls es stabil ist und darüberhinaus eine Umgebung U von x_0 existiert, so dass die Lösungen mit Anfangswerten
$x_0 \in U$ gegen x^* konvergieren, d. h.

$$\lim_{t \to \infty} \varphi^t(x_0) = x^*$$

für alle $x_0 \in U$.

(iii) Das Gleichgewicht x^* heißt *global asymptotisch stabil*, falls (ii) mit $U = \mathbb{R}^d$ erfüllt
ist.

(iv) Das Gleichgewicht x^* heißt *lokal* bzw. *global exponentiell stabil*, falls Konstanten
$c, \sigma > 0$ existieren, so dass die Ungleichung

$$\|\varphi^t(x_0) - x^*\| \le ce^{-\sigma t}\|x_0 - x^*\| \text{ für alle } t \ge 0$$

für alle x_0 aus einer Umgebung U von x^* (mit $U = \mathbb{R}^d$ im globalen Fall) erfüllt ist.

Bemerkung 7.4 Die Stabilität aus (i) wird auch „Stabilität im Sinne von Lyapunov" genannt, da dieses Konzept Ende des 19. Jahrhunderts von Alexander M. Lyapunov[2] eingeführt wurde. Beachte, dass aus den Definitionen die Implikationen

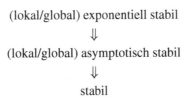

$$\text{(lokal/global) exponentiell stabil}$$
$$\Downarrow$$
$$\text{(lokal/global) asymptotisch stabil}$$
$$\Downarrow$$
$$\text{stabil}$$

folgen. Die zweite Implikation ergibt sich direkt aus der Definition. Dass aus exponentieller Stabilität die asymptotische Stabilität folgt, sieht man folgendermaßen:
Für ein gegebenes ε folgt (i) mit $\delta = \varepsilon/c$, denn damit gilt für $\|x_0 - x^*\| \leq \delta$ die Ungleichung $\|\varphi^t(x_0) - x^*\| \leq ce^{-\sigma t}\|x_0 - x^*\| \leq c\|x_0 - x^*\| \leq \varepsilon$. Die Konvergenz (ii) gilt, weil aus $\|\varphi^t(x_0) - x^*\| \leq ce^{-\sigma t}\|x_0 - x^*\| \to 0$ für $t \to \infty$ direkt die Konvergenz $\varphi^t(x_0) \to x^*$ folgt.

Instabilität wird nun einfach als das Gegenteil von Stabilität definiert:

Definition 7.5 Das Gleichgewicht x^* heißt *instabil*, falls es nicht stabil ist, d. h., falls ein $\varepsilon > 0$ existiert, so dass für jedes $\delta > 0$ ein $x_0 \in \mathbb{R}^d$ mit $\|x_0 - x^*\| \leq \delta$ und ein $T > 0$ existiert, so dass

$$\|\varphi^T(x_0) - x^*\| \geq \varepsilon$$

gilt.

Bemerkung 7.6 Beachte, dass alle Stabilitätseigenschaften unabhängig von der verwendeten Norm $\|\cdot\|$ im $\mathbb{R}^n$ sind: lediglich die Größen der jeweiligen Konstanten hängen von der gewählten Norm ab, nicht aber deren Existenz. Insbesondere können wir also beim Beweis von Stabilitätseigenschaften immer diejenige Norm verwenden, mit der sich der Beweis am leichtesten führen lässt.

Frage 26 Geben Sie jeweils ein Beispiel einer eindimensionalen Differentialgleichung mit einem (i) stabilen, aber nicht asympotisch stabilen (ii) asymptotisch stabilen, (iii) instabilen Gleichgewicht an.

Die in den Abb. 7.2 und 7.3 dargestellten Lösungen legen nahe, dass das Gleichgewicht $x^* = (0,0)^T$ für die Pendelgleichung (7.2) stabil ist, und sogar asymptotisch stabil für $k > 0$. Diese grafische Anschauung liefert aber natürlich keinen formalen Beweis. Um diesen zu ermöglichen, werden wir daher jetzt mathematische Methoden zur Untersuchung des Stabilitätsverhaltens herleiten und beginnen dafür mit linearen homogenen Differentialgleichungen.

---

[2] russischer Mathematiker, 1857–1918.

7.4   Stabilität linearer homogener Differentialgleichungen

Wir betrachten nun die bereits in Kap. 2 eingeführte lineare homogene Differentialgleichung (2.3) gegeben durch

$$\dot{x} = Ax, \quad A \in \mathbb{R}^{d \times d}. \tag{7.3}$$

Wir untersuchen im Folgenden die Stabilität des Gleichgewichtes $x^* = 0$. Offenbar hängt dessen Stabilitätsverhalten nur von der Matrix A ab, da diese die Differentialgleichung vollständig beschreibt. Wir werden daher auch von Stabilität, exponentieller Stabilität bzw. Instabilität der Matrix A sprechen.

Stabilität unter Koordinatenwechsel   Das folgende Lemma zeigt, dass die Stabilität des Gleichgewichts $x^* = 0$ für (7.3) nicht von der gewählten Basis abhängt. Mit anderen Worten zeigen wir, dass sich die Stabilitätseigenschaften von A unter linearen Koordinatentransformationen nicht verändern.

Lemma 7.7   Sei $A \in \mathbb{R}^{d \times d}$ eine Matrix und sei $C \in \mathbb{C}^{d \times d}$ eine invertierbare Matrix. Dann gilt: Das Gleichgewicht $x^* = 0$ der Gleichung

$$\dot{x} = Ax \tag{7.4}$$

hat die gleichen Stabilitäteigenschaften wie das Gleichgewicht $y^* = 0$ der Gleichung

$$\dot{y} = \widetilde{A} y \tag{7.5}$$

mit der transformierten Matrix $\widetilde{A} = C^{-1} A C$.

▶ **Beweis** Es genügt zu zeigen, dass sich die Stabilitätseigenschaften von (7.5) auf (7.4) übertragen, da die umgekehrte Richtung aus den gleichen Argumenten mit C^{-1} an Stelle von C folgt. Wir bezeichnen die Lösungen von (7.4) mit φ^t und die von (7.5) mit ψ^t.

Aus Bemerkung 2.4(ii) folgt sofort die Gleichung

$$\varphi^t(x_0) = C \psi^t(C^{-1} x_0), \tag{7.6}$$

die wir im Folgenden benutzen werden. Des Weiteren verwenden wir die induzierte Matrixnorm (siehe Anhang 14.3), für die die Ungleichung $\|Cx\| \leq \|C\| \, \|x\|$ für alle $x \in \mathbb{R}^d$ gilt, vgl. Satz 14.3.

Wir zeigen die Aussage des Lemmas zunächst für die Stabilität aus Definition 7.3(i). Sei $y^* = 0$ stabil für (7.5) und sei $\varepsilon > 0$. Dann gibt es für $\tilde{\varepsilon} = \varepsilon / \|C\|$ ein $\tilde{\delta} > 0$, so dass für $y_0 \in \mathbb{R}^d$ mit $\|y_0\| \leq \tilde{\delta}$ die Ungleichung

$$\|\psi^t(y_0)\| \leq \tilde{\varepsilon} \text{ für alle } t \geq 0$$

gilt. Folglich gilt für $\delta = \tilde{\delta}/\|C^{-1}\|$ und alle $x_0 \in \mathbb{R}^d$ mit $\|x_0\| \leq \delta$ und $y_0 = C^{-1}x_0$ wegen $\|y_0\| = \|C^{-1}x_0\| \leq \|C^{-1}\|\|x_0\| \leq \tilde{\delta}$ und (7.6) die Ungleichung

$$\|\varphi^t(x_0)\| \leq \|C\|\,\|\psi^t(y_0)\| \leq \varepsilon \text{ für alle } t \geq 0,$$

womit die Stabilität gezeigt ist.

Mit der gleichen Beweistechnik sieht man, dass sich asymptotische Stabilität und Instabilität von (7.5) auf (7.4) überträgt.

Falls (7.5) exponentiell stabil ist, erhalten wir

$$\|\varphi^t(x_0)\| \leq \|C\|\,\|\psi^t(C^{-1}x_0)\| \leq \|C\|\,ce^{-\sigma t}\|C^{-1}\|\|x_0\|,$$

d. h., exponentielle Stabilität für (7.4) mit gleichem σ und $\tilde{c} = \|C\|\|C^{-1}\|c$. Beachte hierbei, dass i. A. $\|C^{-1}\| \neq \|C\|^{-1}$ gilt. □

Eigenwertkriterium für Stabilität Wir können die Stabilität also bestimmen, indem wir uns die Matrix A mittels einer geeigneten Koordinatentransformation in eine „schöne" Form bringen, womit wir den folgenden Satz beweisen können. Wir erinnern dazu an die Jordansche Normalform, vgl. (2.13).

Satz 7.8 Betrachte die homogene lineare Differentialgleichung (7.3) für eine Matrix $A \in \mathbb{R}^{d \times d}$. Seien $\lambda_1, \ldots, \lambda_d \in \mathbb{C}$, $\lambda_l = a_l + ib_l$, die Eigenwerte der Matrix A. Dann gilt:

(i) Das Gleichgewicht $x^* = 0$ ist stabil genau dann, wenn alle Eigenwerte λ_l nichtpositiven Realteil $a_l \leq 0$ besitzen und alle Eigenwerte mit Realteil $a_l = 0$ halbeinfach sind, d. h., wenn alle zugehörigen Jordan-Blöcke J_k eindimensional sind.

(ii) Das Gleichgewicht $x^* = 0$ ist instabil genau dann, wenn es einen Eigenwert λ_l gibt, dessen Realteil entweder $a_l > 0$ erfüllt, oder dessen Realteil $a_l = 0$ erfüllt und der zu einem Jordan-Block J_k mit mindestens der Dimension 2×2 gehört.

(iii) Das Gleichgewicht $x^* = 0$ ist lokal asymptotisch stabil genau dann, wenn alle Eigenwerte λ_l negativen Realteil $a_l < 0$ besitzen.

▶ **Beweis** Wegen Lemma 7.7 reicht es, die Stabilitätseigenschaften für die Jordansche Normalform J der Matrix A zu beweisen. Wir bezeichnen die zu $\dot{x}(t) = Jx(t)$ gehörigen Lösungen mit $e^{Jt}x$. Ebenso können wir nach Bemerkung 7.6 eine beliebige Norm im $\mathbb{R}^d$ verwenden. Wir verwenden hier die 1-Norm $\|x\|_1 = \sum_{i=1}^d |x_i|$.

Für die 1-Norm der Lösungen gilt wegen der Blockgestalt der Jordanschen Normalform und Bemerkung 2.4(iii) die Gleichung

$$\|e^{Jt}x\|_1 = \sum_{k=1}^m \|e^{J_k t}x^{(k)}\|_1,$$

wobei $x^{(k)} \in \mathbb{R}^{d_k}$ der Teilvektor von x ist, der aus den zum verallgemeinerten Eigenraum des Jordan-Blocks J_k gehörenden Komponenten von x besteht. Es reicht daher aus, die Stabilität für die einzelnen Summanden und damit für die einzelnen Jordan-Blöcke separat zu betrachten. Um die Notation zu vereinfachen, lassen wir die Indizes im Folgenden wegfallen, d. h. wir schreiben wieder J, d, x, λ, a und b. Zudem verwenden wir die Gleichung $|e^{\lambda t}| = e^{at}$ für $\lambda = a + ib$.

Wir zeigen zunächst, dass die Eigenwertbedingungen aus (i) bzw. (iii) Stabilität bzw. asymptotische Stabilität implizieren:

Der Jordan-Block J ist von der Form

$$J = \lambda I + N,$$

wobei I die Einheitsmatrix im $\mathbb{R}^d$ und

$$N = \begin{bmatrix} 0 & 1 & & & \\ & \ddots & \ddots & & \\ & & \ddots & 1 & \\ & & & 0 & \end{bmatrix}$$

eine nilpotente Matrix mit $N^d = 0$ ist. Aus $\lambda I N = N \lambda I$ folgt nach (2.15) die Gleichung

$$e^{Jt} = e^{\lambda t} e^{Nt} = e^{\lambda t} \left(I + tN + \ldots + \frac{t^{d-1}}{(d-1)!} N^{d-1} \right).$$

Für die von der 1-Norm induzierte Matrixnorm folgt daraus

$$\|e^{Jt}\|_1 \leq |e^{\lambda t}| \, \|e^{Nt}\|_1 \leq e^{at} \left(1 + t\|N\|_1 + \ldots + \frac{t^{d-1}}{(d-1)!} \|N\|_1^{d-1} \right).$$

Wir unterscheiden nun zwei Fälle: Falls $a = 0$ gilt, so ist J nach Annahme eindimensional, es gilt also $J = (\lambda)$ und damit

$$\|e^{Jt}\|_1 = |e^{\lambda t}| = e^{at} 1 = e^0 = 1.$$

Damit folgt Stabilität wegen

$$\|\varphi^t(x_0)\|_1 = \|e^{Jt} x_0\|_1 \leq \|e^{Jt}\|_1 \|x_0\|_1 = \|x_0\|_1.$$

Im Fall $a < 0$ nutzen wir aus, dass $\lim_{t \to \infty} e^{-\gamma t} t^k = 0$ gilt für jedes $\gamma > 0$ und jedes $k \in \mathbb{N}$, woraus die Ungleichung

$$e^{-\gamma t} \left(1 + t\|N\|_1 + \ldots + \frac{t^{d-1}}{(d-1)!} \|N\|_1^{d-1} \right) \leq c$$

für alle $t \geq 0$ und ein geeignetes $c > 0$ folgt. Damit folgt für jedes $\sigma \in (0, -a)$ und $\gamma = -a - \sigma > 0$ die Ungleichung

$$\|e^{Jt}\|_1 \leq e^{-\sigma t} e^{-\gamma t} \left(1 + t \|N\|_1 + \ldots + \frac{t^{d-1}}{(d-1)!} \|N\|_1^{d-1} \right) \leq c e^{-\sigma t}.$$

Also erhalten wir

$$\|e^{Jt}\|_1 \leq c e^{-\sigma t} \tag{7.7}$$

und daher

$$\|\varphi^t(x_0)\|_1 = \|e^{Jt} x_0\|_1 \leq \|e^{Jt}\|_1 \|x_0\|_1 \leq c e^{-\sigma t} \|x_0\|_1. \tag{7.8}$$

Also gilt exponentielle Stabilität und damit nach Bemerkung 7.4 auch asymptotische Stabilität und Stabilität.

Nun zeigen wir, dass die Eigenwert-Bedingung aus (ii) Instabilität von $x^* = 0$ impliziert. Sei dazu zunächst $a > 0$. Dann gilt für den ersten Einheitsvektor e_1 und jedes $\varepsilon > 0$

$$\|e^{Jt}(\varepsilon e_1)\|_1 = |e^{\lambda t}| \varepsilon = e^{at} \varepsilon \to \infty$$

für $t \to \infty$, woraus die Instabilität folgt, denn $\|\varepsilon e_1\|_1 = \varepsilon$. Wenn $a = 0$ ist, garantiert die Bedingung in (ii), dass $d \geq 2$ ist und für den zweiten Einheitsvektor e_2 gilt

$$e^{Jt} e_2 = e^{\lambda t}(e_2 + t e_1),$$

woraus für jedes $\varepsilon > 0$ folgt

$$\|e^{Jt}(\varepsilon e_2)\|_1 = |e^{\lambda t}| \varepsilon (1 + t) = \varepsilon (1 + t) \to \infty$$

für $t \to \infty$, womit wiederum die Instabilität folgt.

Es bleiben die Umkehrungen von (i)–(iii) zu zeigen, also dass die (In-)Stabilitätseigenschaften die genannten Eigenwertbedingungen implizieren. Für (i) und (ii) folgt dies sofort aus den leicht zu verifizierenden Äquivalenzen

$$x^* = 0 \text{ stabil} \quad \Leftrightarrow \quad x^* = 0 \text{ nicht instabil}$$

und

Die Eigenwertbedingung aus (i) gilt

$$\Updownarrow$$

Die Eigenwertbedingung aus (ii) gilt nicht

und den bereits bewiesenen Implikationen.

Zum Beweis der Umkehrung in (iii) nehmen wir an, dass die Eigenwertbedingung in (iii) verletzt ist. Dann gilt $a \geq 0$ und damit $|e^{\lambda t}| = e^{at} \geq 1$ für alle $t \geq 0$. Folglich gilt für den ersten Einheitsvektor e_1 und alle $\varepsilon > 0$ und $t \geq 0$ die Ungleichung

$$\|e^{Jt}(e_1 \varepsilon)\|_1 = |e^{\lambda t}| \varepsilon = e^{at} \varepsilon \geq \varepsilon.$$

Dies widerspricht aber der asymptotischen Stabilität, denn gemäß dieser müsste für alle hinreichend kleinen $\varepsilon > 0$ die Konvergenz $\|e^{Jt}(\varepsilon e_1)\|_1 \to 0$ für $t \to \infty$ gelten. $\square$

Frage 27 Ist $x^* = 0$ ein stabiles Gleichgewicht des Systems $\dot{x} = \begin{pmatrix} 0 & 1 \\ 0 & 0 \end{pmatrix} x$?

Exponentielle Stabilität Ungleichung (7.8) im Beweis von (iii) zeigt tatsächlich globale *exponentielle* Stabilität. Die Konsequenz dieser Tatsache formulieren wir explizit in dem folgenden Satz.

Satz 7.9 Betrachte die homogene lineare Differentialgleichung (7.3) für eine Matrix $A \in \mathbb{R}^{d \times d}$. Seien $\lambda_1, \ldots, \lambda_d \in \mathbb{C}$, $\lambda_l = a_l + i b_l$, die Eigenwerte der Matrix A. Dann sind die folgenden drei Eigenschaften äquivalent.

(i)   Alle Eigenwerte λ_l besitzen negativen Realteil $a_l < 0$.
(ii)   Das Gleichgewicht $x^* = 0$ ist lokal asymptotisch stabil.
(iii) Das Gleichgewicht $x^* = 0$ ist global exponentiell stabil, wobei die Konstante $\sigma > 0$ aus Definition 7.3(iv) beliebig aus dem Intervall $(0, -\max_{l=1,\ldots,d} a_l)$ gewählt werden kann.

▶ **Beweis** (iii) $\Rightarrow$ (ii) folgt mit Bemerkung 7.4, (ii) $\Rightarrow$ (i) folgt aus Satz 7.8(iii) und (i) $\Rightarrow$ (iii) wurde im Beweis von Satz 7.8(iii) gezeigt. $\square$

Stabilität und Matrixnormen Wir beenden den Abschnitt mit einem Satz, mit dem man globale exponentielle Stabilität über die Norm der Matrix e^{At} nachweisen kann.

Satz 7.10 Sei $A \in \mathbb{R}^{d \times d}$. Falls ein $T > 0$ existiert mit $\|e^{AT}\| < 1$, so ist A exponentiell stabil.

▶ **Beweis** Sei $a = \ln(\|e^{AT}\|)/T$, also $\|e^{AT}\| = e^{aT}$. Wegen $\|e^{AT}\| < 1$ folgt $a < 0$. Wir behaupten nun, dass für alle $t \geq 0$ die Abschätzung

$$\|e^{At}\| \leq e^{\|A\|T} e^{-aT} e^{at} \tag{7.9}$$

gilt. Sei dazu $t > 0$ beliebig, und $k \geq 0$ die größte ganze Zahl mit $kT \leq t$. Dann gilt $kT \geq t - T$ und $t - kT \leq T$ und damit

$$\|e^{At}\| = \|e^{A(t-kT)} e^{AkT}\| \leq \|e^{A(t-kT)}\| \|e^{AkT}\| \leq e^{\|A\|T} \|e^{AT}\|^k$$

$$= e^{\|A\|T} e^{akT} \leq e^{\|A\|T} e^{a(t-T)} = e^{\|A\|T} e^{-aT} e^{at},$$

also (7.9). Aus (7.9) folgt nun für $c = e^{\|A\|T} e^{-aT}$ und $\sigma = -a$ die Abschätzung

$$\|\varphi^t(x_0)\| = \|e^{At} x_0\| \le c e^{-\sigma t} \|x_0\|,$$

also gerade die behauptete exponentielle Stabilität. □

7.5 Anwendung: Stabilisierung linearer Kontrollsysteme

Die mathematische Kontroll- oder Systemtheorie[3] beschäftigt sich mit Systemen, die durch gezielten Eingriff von außen gesteuert oder geregelt werden können. Oft sind diese Systeme, sogenannte *Kontrollsysteme*, durch Differentialgleichungen gegeben, bei denen die Einflussmöglichkeit von außen durch eine Funktion $u : \mathbb{R} \to \mathbb{R}^m$, die sogenannte *Kontrollfunktion*, modelliert wird. Das Analogon zur linearen Differentialgleichung ist das lineare Kontrollsystem, welches von der Form

$$\dot{x}(t) = Ax(t) + Bu(t)$$

mit Matrizen $A \in \mathbb{R}^{d \times d}$ und $B \in \mathbb{R}^{d \times m}$ ist. Als Beispiel betrachten wir die Linearisierung des bekannten Pendelmodells ohne Reibung im instabilen Gleichgewicht $x_1^* = (\pi, 0)^T$, die nach (4.15) durch die Matrix

$$A = \begin{bmatrix} 0 & 1 \\ -g\cos(\pi) & 0 \end{bmatrix} = \begin{bmatrix} 0 & 1 \\ g & 0 \end{bmatrix}$$

beschrieben ist. Nach Bemerkung 4.6(i) beschreibt die Differentialgleichung $\dot{x} = Ax$ mit $x = (x_1, x_2)^T$ approximativ die Abweichung des Pendels von der (konstanten) Gleichgewichtslösung. Das Gleichgewicht $x^* = 0$ von $\dot{x} = Ax$ entspricht dabei dem Gleichgewicht $x_1^* = (\pi, 0)^T$ der nichtlinearen Gleichung, also der in Abb. 7.5 gestrichelt angedeuteten aufrechten Position des Pendels.

Wir stellen uns nun vor, dass das Pendel wie in Abb. 7.5 auf einem Wagen montiert ist, dessen Beschleunigung u wir durch einen Motor beeinflussen können. Der Kontrollparameter u ist hier also eindimensional.

Um den Wagen in unsere Differentialgleichung einzubeziehen, müssen wir zwei weitere Zustände hinzunehmen: Die Position des Wagens x_3 und die Geschwindigkeit des Wagens x_4. Die Differentialgleichungen für den Wagen lauten dann $\dot{x}_3 = x_4$ und $\dot{x}_4 = u$. Ebenso beeinflusst u natürlich das Pendel: wird der Wagen nach links beschleunigt, so bewegt sich das Pendel nach rechts, weswegen die Differentialgleichung $\dot{x}_2 = -gx_1$

---

[3] Eine Einführung in dieses Gebiet bietet z. B. Sontag [1].

Abb. 7.5 Pendel auf einem
Wagen

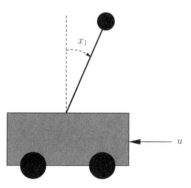

(mit den hier gewählten Koordinatenrichtungen, in der eine positive Beschleunigung nach „links" wirkt und der Winkel x_1 im Uhrzeigersinn zunimmt) zu[4]

$$\dot{x}_2 = -g x_1 + u.$$

Insgesamt führt dies für $x = (x_1, x_2, x_3, x_4)$ auf das Kontrollsystem

$$\dot{x} = Ax + Bu = \begin{bmatrix} 0 & 1 & 0 & 0 \\ g & 0 & 0 & 0 \\ 0 & 0 & 0 & 1 \\ 0 & 0 & 0 & 0 \end{bmatrix} x + \begin{bmatrix} 0 \\ 1 \\ 0 \\ 1 \end{bmatrix} u.$$

Stabilisierung mittels Feedback Betrachtet man die Lösung der linearisierten Pendel-gleichung mit $x_0 \approx 0$, $x_0 \neq 0$, so stellt man fest, dass sich die Lösungen, weil das Gleichgewicht $x^* = 0$ ja instabil ist, vom Gleichgewicht entfernen – das Pendel fällt um, vgl. Abb. 4.3 (beachte dass dort die Lösung $\varphi^t(x_0) + (\pi, 0)^{\mathrm{T}}$ dargestellt ist). Unser Ziel ist es nun, die Beschleunigung u so zu wählen, dass dies nicht passiert, d. h. wir wollen das Pendel in der instabilen umgekehrten Position balancieren. Sicherlich müssen wir u dabei mit der Zeit variieren, damit das klappt. Es ist aber im Allgemeinen nicht ratsam, die dafür notwendige Beschleunigung direkt als Funktion der Zeit $u(t)$ zu berechnen: Wir müssten die Funktion dann für alle Zeiten $t \geq 0$ im Voraus berechnen und implementieren, was – wegen der Instabilität des Gleichgewichtes – bereits bei kleinen Fehlern (z. B. nicht exakt bestimmbaren Konstanten in der Gleichung) dazu führte, dass das Pendel am Ende doch wieder umfiele.

Stattdessen nehmen wir an, dass wir die Positionen und Geschwindigkeiten des Pen-dels und des Wagens – mithin den Vektor $x(t)$ – kontinuierlich messen können und die zu jedem Zeitpunkt anzuwendende Beschleunigung abhängig von diesem gemessenen Vek-tor als $u(t) = F(x(t))$ für eine geeignete Abbildung F berechnen. Diese Abbildung F

---

[4] Natürlich würden in diesen Gleichungen bei einer exakten Modellierung noch diverse Konstanten auftreten, die wir hier alle auf 1 gesetzt haben, um die folgenden Rechnungen zu vereinfachen.

heißt *Zustandsfeedback* oder auch *Zustandsrückführung*. Da unser Modell linear ist, liegt es nahe, auch die Abbildung F als lineare Abbildung von $\mathbb{R}^d$ nach $\mathbb{R}^m$, hier also von $\mathbb{R}^4$ nach $\mathbb{R}$ zu wählen. Das Feedback lässt sich daher durch eine Matrix F mit einer Zeile und vier Spalten beschreiben, also

$$F = (f_1, f_2, f_3, f_4).$$

Statt eine Funktion $u(t)$ für alle t zu berechnen, müssen wir mit diesem Ansatz nur noch die 4 Einträge der Matrix F bestimmen.

Wie macht man dies nun? Setzt man $u = Fx$ in das Kontrollsystem ein, so erhält man

$$\dot{x} = Ax + Bu = Ax + BFx = (A + BF)x,$$

mit der Matrix

$$A + BF = \begin{bmatrix} 0 & 1 & 0 & 0 \\ f_1 + g & f_2 & f_3 & f_4 \\ 0 & 0 & 0 & 1 \\ f_1 & f_2 & f_3 & f_4 \end{bmatrix}.$$

Um das Pendel in der aufrechten Position $x^* = 0$ zu balancieren, müssen wir nun erreichen, dass $x^* = 0$ asymptotisch stabil wird, also dass diese Matrix nur Eigenwerte mit negativem Realteil besitzt. Zum Beispiel könnten wir versuchen, F so zu wählen, dass die Matrix die 4 Eigenwerte $\lambda_1 = \ldots = \lambda_4 = -1$ besitzt[5]. Um dies zu erreichen gibt es in der Kontrolltheorie Techniken, die die Matrix mit Hilfe von Koordinatentransformationen in eine geeignete Normalform bringen, vgl. Sontag [1, Section 5.1]. Unser Beispiel hier ist aber so einfach, dass wir diese Techniken nicht brauchen, da man das charakteristische Polynom von $A + BF$ in Abhängigkeit von $f_1, \ldots, f_4$ ganz einfach z. B. mit MAPLE berechnen kann. Man erhält

$$\chi_{A+BF}(x) = x^4 + (-f_4 - f_2)x^3 + (-f_3 - f_1 - g)x^2 + f_4 g x + f_3 g.$$

Um nun den vierfachen Eigenwert -1 zu erzeugen, müssen wir $f_1, \ldots, f_4$ so wählen, dass

$$\chi_{A+BF}(x) = (x + 1)^4 = x^4 + 4x^3 + 6x^2 + 4x + 1$$

gilt. Durch sukzessive Bestimmung der Koeffizienten sieht man, dass dies gerade mit der Wahl

$$F = \left[-g - \frac{1}{g} - 6, -\frac{4}{g} - 4, \frac{1}{g}, \frac{4}{g} \right]$$

gelingt.

Abbildung 7.6 zeigt die x_1 und x_2 Komponenten der Lösungskurve mit und ohne Feedback. Man erkennt deutlich, dass das Gleichgewicht x^* für das System mit Feedback asymptotisch stabil ist.

---

[5] Diese Werte wurden willkürlich gewählt, jede andere Wahl von Eigenwerten mit negativen Realteilen würde natürlich ebenfalls zu asymptotischer Stabilität führen.

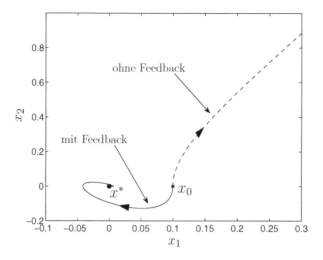

Abb. 7.6 Lösungen der Pendelgleichung mit und ohne Feedback

7.6 Übungen

Aufgabe 7.1 Gegeben sei die in $x^* = (0,0)^T$ linearisierte Pendelgleichung mit Reibung

$$\dot{x}(t) = A x(t) \quad \text{mit } A = \begin{bmatrix} 0 & 1 \\ -g & -k \end{bmatrix}$$

mit $g > 0$ und $k \geq 0$.

(i)   Berechnen Sie die Eigenwerte der obigen Matrix und ermitteln Sie so die Stabilität des Gleichgewichtes $x^* = 0$ in Abhängigkeit von k.

(ii)   Was passiert mit der Stabilität des Gleichgewichtes, wenn Sie $k < 0$ wählen?

(iii) Führen Sie mit dem MATLAB Programm `pendel_anim`[6] Simulationen mit $k < 0$ durch und bestätigen Sie so experimentell Ihr Ergebnis aus (ii).

Aufgabe 7.2 Beweisen Sie: Für jede stabile Matrix $A \in \mathbb{R}^{d \times d}$ gibt es eine Konstante $c > 0$, so dass gilt

$$\|e^{At}\| \leq c \text{ für alle } t \geq 0.$$

Aufgabe 7.3 Beweisen Sie: Eine Matrix $A \in \mathbb{R}^{d \times d}$ ist genau dann stabil, wenn die Lösungen $\varphi^t(x_0)$ der zugehörigen linearen Differentialgleichung (7.3) mit Anfangsbedingung

---

[6] Erhältlich unter http://www.dgl-buch.de.

(3.4) Lipschitz-stetig in x_0 gleichmäßig für alle $t \geq 0$ sind, d. h., wenn es eine Konstante $L > 0$ gibt so dass

$$\|\varphi^t(x_1) - \varphi^t(x_2)\| \leq L\|x_1 - x_2\| \text{ für alle } t \geq 0.$$

Aufgabe 7.4 Das lineare Kontrollsystem

$$\dot{x} = \begin{bmatrix} -1 & 1 \\ 0 & 0 \end{bmatrix} x + \begin{bmatrix} 0 \\ 1 \end{bmatrix} u$$

ist ein sehr einfaches Modell für eine Heizungsregelung, in der x_2 die Abweichung von der Solltemperatur am Heizkörper und x_1 die Abweichung von der Solltemperatur in einem vom Heizkörper entfernten Punkt modelliert. Um die Abweichung von der Solltemperatur im Punkt 0 (asymptotisch) zu stabilisieren, soll ein Feedback der Form

$$u = \lambda x_1$$

verwendet werden, d. h. der Kontrollwert soll lediglich auf Basis der Temperatur in x_1 bestimmt werden.

(i) Ermitteln Sie das Intervall I, in dem der reelle Parameter λ liegen darf, damit die Regelung Ihren Zweck erfüllt.

(ii) Berechnen Sie die Lösungen (analytisch oder numerisch) für $\lambda = -1/4$ und $\lambda = -4$ und Anfangswert $x_0 = (-5, -5)^T$. Welchen Parameter würden Sie bevorzugen?

Literatur

1. SONTAG, E. D.: *Mathematical Control Theory*. Springer, New York, 2nd ed., 1998.

Lyapunov-Funktionen und Linearisierung 8

Wir setzen die Untersuchung der Stabilität aus Kap. 7 in diesem Kapitel fort. Insbesondere führen wir hier das Konzept der Lyapunov-Funktionen ein, das sowohl für lineare als auch für nichtlineare Systeme zum Nachweis von Stabilität verwendet werden kann. Speziell werden wir hier Lyapunov-Funktionen für asymptotische und exponentielle Stabilität betrachten. Mit Hilfe dieses Konzepts werden wir dann zeigen, wie man das Eigenwertkriterium aus Kap. 7 mit Hilfe der Linearisierung im Gleichgewicht auf nichtlineare Differentialgleichungen verallgemeinern kann. Zudem stellen wir (ohne Beweis) den Satz von Hartmann-Grobmann vor, der auch im Fall instabiler Gleichgewichte eine Beziehung zwischen dem Verhalten der nichtlinearen Gleichung und ihrer Linearisierung in der Umgebung eines Gleichgewichts herstellt.

8.1 Lyapunov-Funktionen

In diesem Abschnitt lernen wir Lyapunov-Funktionen kennen, ein wichtiges Hilfsmittel mit dem wir asymptotische Stabilität auch für nichtlineare autonome Differentialgleichungen nachweisen können. Die für uns wesentliche Eigenschaft von Lyapunov-Funktionen ist, dass diese einen Abstand vom Gleichgewicht definieren, bezüglich dessen die Lösungen *monoton* gegen das asymptotisch oder exponentiell stabile Gleichgewicht konvergieren. In der üblichen euklidischen Norm $\|\varphi^t(x_0)\|$ muss dies natürlich nicht der Fall sein, vgl. Aufgabe 7.1.

Physikalisch lassen sich Lyapunov-Funktionen oft als Energie eines Systems auffassen, was auf ein Konstruktionsprinzip für Lyapunov-Funktionen führt, das wir in diesem Kapitel anhand des Pendels ausführlich erläutern werden. Oft allerdings funktioniert diese Vorgehensweise nicht, z. B. wenn die betrachtete Differentialgleichung zu komplex ist oder wenn sie überhaupt keine physikalische Interpretation besitzt. Deshalb werden wir alternativ eine mathematische Methode zu ihrer Berechnung vorstellen, die zunächst für lineare Systeme definiert wird und dann über die Linearisierung auch auf nichtlineare Systeme angewendet werden kann.

© Springer Fachmedien Wiesbaden 2016
L. Grüne, O. Junge, *Gewöhnliche Differentialgleichungen*,
Springer Studium Mathematik – Bachelor, DOI 10.1007/978-3-658-10241-8_8

Quadratische Lyapunov-Funktionen Um den technischen Aufwand nicht zu groß wer-
den zu lassen, beschränken wir uns in diesem Buch auf den Spezialfall *quadratischer*
Lyapunov-Funktionen, die gerade zum Begriff der exponentiellen Stabilität „passen", wie
Satz 8.2 zeigen wird. Diese sind wie folgt definiert.

Definition 8.1 Gegeben sei eine autonome Differentialgleichung (1.3) mit Vektorfeld f
und Gleichgewicht $x^* \in \mathbb{R}^d$. Eine stetig differenzierbare Funktion $V : \mathbb{R}^d \to [0, \infty)$ heißt
lokale quadratische Lyapunov-Funktion, falls positive reelle Konstanten $c_1, c_2, c_3 > 0$
sowie $\gamma > 0$ existieren, so dass die Ungleichungen

$$c_1 \|x - x^*\|^2 \leq V(x) \leq c_2 \|x - x^*\|^2 \tag{8.1}$$

und

$$DV(x)f(x) \leq -c_3 \|x - x^*\|^2 \tag{8.2}$$

für alle $x \in N_\gamma := \{x \in \mathbb{R}^d \mid V(x) < \gamma\}$ gelten. Die Funktion V heißt *globale* quadratische Lyapunov-Funktion, falls dies für alle $\gamma > 0$ gilt, d. h., falls (8.1) und (8.2) für alle
$x \in \mathbb{R}^d$ gelten.

Frage 28 Geben Sie eine (globale) quadratische Lyapunov-Funktion für die skalare Differentialgleichung $\dot{x} = -ax$ mit $a > 0$ an.

Der folgende Satz zeigt, dass die Existenz einer Lyapunov-Funktion exponentielle Stabilität der zugehörigen Differentialgleichung impliziert.

Satz 8.2 Für eine autonome Differentialgleichung (1.3) mit Vektorfeld f, Gleichgewicht
$x^* \in \mathbb{R}^d$ und Lösungen $\varphi^t(x_0)$ des zugehörigen Anfangswertproblems (3.4) gilt: Falls
eine lokale quadratische Lyapunov-Funktion mit Konstanten $\gamma, c_1, c_2, c_3 > 0$ existiert, so
erfüllen die Lösungen für alle Anfangswerte $x_0 \in N_\gamma$ die Abschätzung

$$\|\varphi^t(x_0) - x^*\| \leq ce^{-\sigma t} \|x_0 - x^*\|$$

für $\sigma = c_3/2c_2$ und $c = \sqrt{c_2/c_1}$, d. h. das Gleichgewicht x^* ist lokal exponentiell stabil.
Falls V eine globale quadratische Lyapunov-Funktion ist, so ist x^* global exponentiell
stabil.

▶ **Beweis** Ohne Beschränkung der Allgemeinheit können wir $x^* = 0$ annehmen, da wir
ansonsten das Vektorfeld $f(x + x^*)$ und die Lyapunov-Funktion $V(x + x^*)$ betrachten
können.
Nach Kettenregel gilt für alle x_0 und alle t mit $V(\varphi^t(x_0)) < \gamma$

$$\frac{d}{dt} V(\varphi^t(x_0)) = DV(\varphi^t(x_0)) \frac{d}{dt} \varphi^t(x_0)$$

$$= DV(\varphi^t(x_0)) f(\varphi^t(x_0)) \leq -c_3 \|\varphi^t(x_0)\|^2,$$

wobei wir im zweiten Schritt ausgenutzt haben, dass $\varphi^t(x_0)$ die Differentialgleichung löst.
Wegen $-\|x\|^2 \leq -V(x)/c_2$ folgt daraus für $\lambda = c_3/c_2$ die Ungleichung

$$\frac{d}{dt} V(\varphi^t(x_0)) \leq -\lambda V(\varphi^t(x_0)). \tag{8.3}$$

Folglich ist die Abbildung $t \mapsto V(\varphi^t(x_0))$ wegen $V(x) \geq 0$ monoton fallend. Für jedes $x_0 \in \mathbb{R}^n$ mit $V(x_0) < \gamma$ folgt damit $V(\varphi^t(x_0)) < \gamma$ für alle $t \geq 0$, weswegen (8.3) für alle $t \geq 0$ gilt.

Es sei nun ein $x_0 \neq 0$ mit $V(x_0) < \gamma$ gegeben. Da $x^* = 0$ ein Gleichgewicht ist, ist $\varphi^t(x_0) \neq 0$ für alle $t \geq 0$, da ansonsten wegen der Eindeutigkeit der Lösung $\varphi^t(x_0) = 0$ für alle $t \geq 0$ gälte.

Daher können wir für alle $t \geq 0$ durch $V(\varphi^t(x_0))$ teilen und aus (8.3) folgt mit der Kettenregel

$$\frac{d}{dt} \ln(V(\varphi^t(x_0))) = \frac{\frac{d}{dt} V(\varphi^t(x_0))}{V(\varphi^t(x_0))} \leq -\lambda.$$

Integration dieser Ungleichung von 0 bis t liefert

$$\ln(V(\varphi^t(x_0))) - \ln(V(x_0)) \leq -\lambda t$$

und folglich durch Anwenden der Exponentialfunktion auf beiden Seiten

$$\frac{V(\varphi^t(x_0))}{V(x_0)} = \exp\left(\ln(V(\varphi^t(x_0))) - \ln(V(x_0))\right) \leq e^{-\lambda t}$$

was äquivalent ist zu

$$V(\varphi^t(x_0)) \leq e^{-\lambda t} V(x_0). \tag{8.4}$$

Für $x_0 = 0$ gilt $V(\varphi^t(x_0)) = 0$ für alle $t \geq 0$, weswegen (8.4) für alle $x_0 \in N_\gamma$ gilt. Mit den Abschätzungen für $V(x)$ erhalten wir damit

$$\|\varphi^t(x_0)\|^2 \leq \frac{1}{c_1} e^{-\lambda t} V(x_0) \leq \frac{c_2}{c_1} e^{-\lambda t} \|x_0\|^2$$

und durch Ziehen der Quadratwurzel auf beiden Seiten

$$\|\varphi^t(x_0)\| \leq c e^{-\sigma t} \|x_0\|$$

für $c = \sqrt{c_2/c_1}$ und $\sigma = \lambda/2$. $\qquad \square$

Bemerkung 8.3

(i)   Die Menge

$$D(x^*) := \{x_0 \in \mathbb{R}^d \mid \varphi^t(x_0) \to x^* \text{ für } t \to \infty\}$$

wird *Einzugsbereich* des asymptotisch stabilen Gleichgewichtes x^* genannt. Über die Charakterisierung der exponentiellen Stabilität hinaus zeigt der Satz auch, dass die Menge N_γ im Einzugsbereich $D(x^*)$ liegt. Zudem zeigt der Beweis des Satzes, dass alle Lösungen, die in N_γ starten, für alle positiven Zeiten in N_γ bleiben, also $\varphi^t(N_\gamma) \subseteq N_\gamma$ für alle $t \geq 0$. Man sagt, die Menge N_γ ist *vorwärts invariant*, vgl. auch Definition 11.1.

(ii)   Oftmals kann man nur Lyapunov-Funktionen finden, die die Ungleichung (8.1) lediglich auf Teilmengen $\widetilde{N}_\gamma \subset N_\gamma$ aus (i) erfüllen. Die Aussage und der Beweis des Satzes gelten auch für $\widetilde{N}_\gamma$ an Stelle von N_γ, wenn man sicherstellen kann, dass $\widetilde{N}_\gamma$ vorwärts invariant ist. Dies ist z. B. der Fall, wenn $\widetilde{N}_\gamma$ eine Zusammenhangskomponente von N_γ ist. Da die Lösungen einerseits N_γ in Vorwärtszeit nicht verlassen können, andererseits aber (weil es stetige Kurven sind) nicht von einer Zusammenhangskomponente von N_γ in die andere wechseln können ohne N_γ zwischendurch zu verlassen, müssen sie für alle $t \geq 0$ in $\widetilde{N}_\gamma$ bleiben.

(iii) Ein aufwendigerer Beweis zeigt, dass es ausreicht, statt (8.2) die schwächere Bedingung

$$DV(x)f(x) < 0 \qquad (8.5)$$

für alle $x \in N_\gamma \setminus \{x^*\}$ anzunehmen. Ebenso können die Schranken in (8.1) durch allgemeinere nichtquadratische Funktionen ersetzt werden. Allerdings erhält man dann i. A. nicht mehr exponentielle sondern nur noch asymptotische Stabilität.

8.2   Eine Lyapunov-Funktion für das Pendel

Wir hatten bereits erwähnt, dass man Lyapunov-Funktionen oftmals aus physikalischen Überlegungen heraus konstruieren kann. Allerdings ist diese Vorgehensweise durchaus mit einem gewissen Aufwand verbunden, wie wir am Beispiel des Pendels mit Reibung (7.2) veranschaulichen werden. Wir machen dies für allgemeine Parameter $g, k > 0$, setzen also keine speziellen Zahlenwerte voraus.

Die Energie des Pendels ergibt sich als Summe der kinetischen Energie $\dot{x}_1^2/2 = x_2^2/2$ und der potentiellen Energie, also das Integral über die Kraft, die man benötigt, um das Pendel von der Position 0 in die Position x_1 zu bringen. Da diese Kraft gerade g mal dem Sinus des Winkels entspricht, erhalten wir

$$V(x) = \frac{1}{2}x_2^2 + \int_0^{x_1} g \sin\theta d\theta = \frac{1}{2}x_2^2 + g(1 - \cos x_1).$$

Abb. 8.1 $V(x) = \frac{1}{2}x_2^2 + g(1 - \cos x_1)$, $g = 9{,}81$

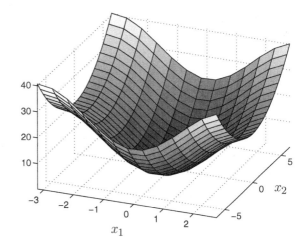

Bis auf Addition einer Konstanten ist dies genau das erste Integral (5.16). Die Funktion ist in Abb. 8.1 dargestellt.

Offenbar gilt (8.1) hier wegen der Periodizität von V in x_1 nicht für alle x, wir können diese Ungleichungen aber beweisen, wenn wir uns gemäß Bemerkung 8.3(ii) auf eine geeignete Zusammenhangskomponente $\widetilde{N}_\gamma$ einschränken. Dazu zeigen wir zunächst, dass (8.1) für alle $x \in \mathbb{R}^2$ mit $x_1 \in [-\pi, \pi]$ gilt. Um dies zu zeigen verwenden wir die Ungleichungen

$$\cos \theta \geq 1 - \frac{\theta^2}{2} \text{ für alle } \theta \in \mathbb{R} \text{ und } \cos \theta \leq 1 - \frac{2\theta^2}{\pi^2} \text{ für alle } \theta \in [-\pi, \pi],$$

welche aus der Taylor-Entwicklung des Cosinus folgen. Hieraus ergeben sich für $x_1 \in [-\pi, \pi]$ die Ungleichungen

$$\frac{g 2 x_1^2}{\pi^2} \leq g(1 - \cos x_1) \leq g x_1^2 / 2$$

und damit (8.1) mit $c_1 = \min\{1/2, 2g/\pi^2\}$ und $c_2 = \max\{1/2, g/2\}$.

Es bleibt noch eine Menge N_γ und eine geeignete Zusammenhangskomponente $\widetilde{N}_\gamma \subset N_\gamma$ zu finden, so dass $x_1 \in [-\pi, \pi]$ gilt für alle $x = (x_1, x_2)^\mathrm{T} \in \widetilde{N}_\gamma$. Dazu wählen wir $\gamma \in (0, 2g)$. Für diese γ folgt für alle x_1 mit $x = (x_1, x_2)^\mathrm{T} \in N_\gamma$ wegen $x_2^2/2 \geq 0$ die Ungleichung

$$g(1 - \cos x_1) \leq V(x) < \gamma \Leftrightarrow \cos x_1 > 1 - \frac{\gamma}{g} > -1.$$

Betrachten wir nun die Zusammenhangskomponente $\widetilde{N}_\gamma$ von N_γ, die $x_1 = 0$ enthält, so folgt daraus für alle $x \in \widetilde{N}_\gamma$

$$x_1 \in I_\gamma := \left[-\arccos\left(1 - \frac{\gamma}{g}\right), \arccos\left(1 - \frac{\gamma}{g}\right) \right] \subset (-\pi, \pi), \qquad (8.6)$$

Abb. 8.2 Mengen $\widetilde{N}_\gamma$ für
verschiedene γ

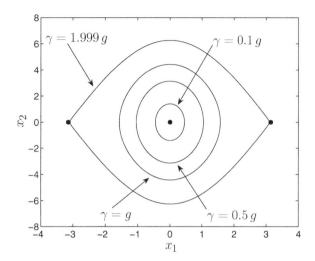

weswegen (8.1) auf $\widetilde{N}_\gamma$ erfüllt ist. Abbildung 8.2 zeigt die Ränder der Mengen $\widetilde{N}_\gamma$ für
verschiedene γ und $g = 9{,}81$. Zur Orientierung sind die Gleichgewichte $x_{-1}^* = (-\pi, 0)^\mathrm{T}$,
$x_0^* = (0, 0)^\mathrm{T}$ und $x_1^* = (\pi, 0)^\mathrm{T}$ der Pendelgleichung als Punkte mit eingezeichnet.

Im Pendel mit Reibung $k > 0$ kann man nun erwarten, dass die Gesamtenergie des Systems monoton abnimmt, da durch die Reibung ja gerade Energie verloren geht. Tatsächlich
ist dies der Fall, allerdings geschieht diese Energieabnahme nicht überall so schnell, dass
die Ableitung von V entlang der Lösungen negativ wird. Tatsächlich erhalten wir

$$DV(x)f(x) = [g \sin x_1, x_2] \begin{bmatrix} x_2 \\ -g \sin x_1 - k x_2 \end{bmatrix} = -k x_2^2,$$

die Ableitung in (8.2) bzw. (8.5) ist also für alle $x = (x_1, 0)^\mathrm{T}$ gleich Null, weswegen nicht
einmal die abgeschwächte Bedingung (8.5) erfüllt ist.

Wie kann man hier Abhilfe schaffen? Eine Möglichkeit besteht darin, die Bedingung
(8.5) noch weiter abzuschwächen, nämlich zu

$$DV(x)f(x) \leq 0$$

für alle $x \in \widetilde{N}_\gamma$. Unter dieser Bedingung kann man beweisen, dass jede Lösung $\varphi^t(x_0)$
mit $x_0 \in \widetilde{N}_\gamma$ gegen die Menge derjenigen Trajektorien konvergiert, die vollständig in
der Menge $A_0 := \{x \in \widetilde{N}_\gamma \mid DV(x)f(x) = 0\}$ liegen. Für das Pendel kann man nun
nachweisen, dass die Menge A_0 für $\gamma < 2$ nur die Trajektorie $\varphi^t(0) \equiv 0$ vollständig in
A_0 liegt, weswegen asymptotische Stabilität folgt. Diese Argumentation ist als *Invarianz-
prinzip von LaSalle*[1] bekannt und kann rigoros bewiesen werden (siehe z. B. LaSalle und
Lefschetz [1]), allerdings übersteigt der Aufwand den Rahmen dieses Buches.

---

[1] Joseph P. LaSalle, amerikanischer Mathematiker, 1916–1983.

Eine andere Möglichkeit besteht darin, die Funktion V geeignet zu modifizieren, so dass Satz 8.2 anwendbar wird. Mit etwas Probieren kommt man auf die modifizierte Lyapunov-Funktion

$$V_\alpha(x) = \frac{1}{2}x_2^2 + g(1 - \cos x_1) + \alpha x_2 \sin x_1 \tag{8.7}$$

für einen Parameter $\alpha > 0$. Für $x_1 \in [-\pi, \pi]$ gilt

$$|\alpha x_2 \sin x_1| \leq |\alpha x_1 x_2| \leq \frac{\alpha}{2}(x_1^2 + x_2^2),$$

weswegen diese Funktion für $\alpha < 2\min\{c_1, c_2\}$ mit den gleichen Argumenten wie oben die Bedingung (8.1) auf $\widetilde{N}_\gamma$ für alle $\gamma \in (0, 2g)$ mit den neuen Konstanten $c_1 - \alpha/2$ und $c_2 - \alpha/2$ erfüllt. Für kleine α unterscheiden sich die Mengen $\widetilde{N}_\gamma$ für V_α optisch nur unwesentlich von Abb. 8.2, weswegen wir auf eine erneute grafische Darstellung hier verzichten können. Ebenso gilt (8.6) für V_α weiterhin.

Für die Ableitung in Richtung des Vektorfeldes f gilt hier

$$DV_\alpha(x)f(x)$$

$$= [g\sin x_1 + \alpha x_2 \cos x_1,\ x_2 + \alpha \sin x_1] \begin{bmatrix} x_2 \\ -g\sin x_1 - kx_2 \end{bmatrix}$$

$$= -kx_2^2 + \alpha x_2^2 \cos x_1 - \alpha g \sin^2 x_1 - \alpha k x_2 \sin x_1$$

$$\leq -(k - \alpha)x_2^2 - \alpha g \sin^2 x_1 - \alpha k x_2 \sin x_1$$

$$= -[\sin x_1,\ x_2]^{\mathrm{T}} \begin{bmatrix} \alpha g & \frac{1}{2}\alpha k \\ \frac{1}{2}\alpha k & k - \alpha \end{bmatrix} \begin{bmatrix} \sin x_1 \\ x_2 \end{bmatrix}.$$

Die Determinante dieser Matrix ist $\alpha g k - \alpha^2 g - 1/4\alpha^2 k^2$, weswegen die Matrix für

$$0 < \alpha < \min\left\{k,\ \frac{4gk}{4g + k^2}\right\}$$

positiv definit ist. Folglich (vgl. das unten stehende Lemma 8.4(ii)) existiert für jedes solche α eine Konstante $c > 0$ mit

$$DV_\alpha(x)f(x) \leq -c(\sin^2 x_1 + x_2^2).$$

Hieraus erhalten wir (8.2) für alle $x \in \widetilde{N}_\gamma$, wenn wir die Inklusion $x_1 \in I_\gamma \subset (-\pi, \pi)$ aus (8.6) verwenden: Aus der Taylor-Entwicklung

$$\sin \theta = \theta - \frac{\theta^3}{3!} + \frac{\theta^5}{5!} - \frac{\theta^7}{7!} \pm \dots$$

Abb. 8.3 Die Menge $\widetilde{N}_{2g}$ und
eine gegen x_0^* konvergierende
Lösung, die außerhalb $\widetilde{N}_{2g}$
startet

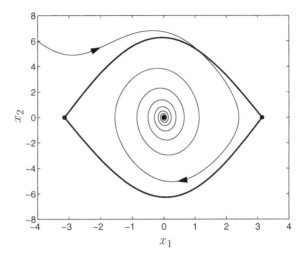

des Sinus und der Tatsache, dass $I_\gamma \subset (-\pi, \pi)$ ein kompaktes Intervall ist, das außer der
Null keine weitere Nullstelle des Sinus enthält, folgt

$$\sin x_1 \geq \delta x_1$$

für alle $x_1 \in I_\gamma$ und eine von γ abhängige Konstante $\delta \in (0, 1)$. Damit erhalten wir für
$x \in \widetilde{N}_\gamma$ schließlich die Ungleichung

$$DV_\alpha(x)f(x) \leq -c\delta(x_1^2 + x_2^2)$$

und damit (8.1) für $c_3 = c\delta$. Folglich erfüllt die Funktion (8.7) alle Bedingungen von
Satz 8.2 (bzw. der in Bemerkung 8.3(iii) diskutierten Variante) und wir erhalten, dass das
Gleichgewicht $x^* = 0$ exponentiell stabil für die Pendelgleichung (7.2) ist.

Frage 29 Durch welche quadratische Funktion lässt sich V_α für kleine x_1 annähern?

Der Einzugsbereich für das Pendel Die gemäß Bemerkung 8.3(i) und (ii) durch Satz
8.2 charakterisierten Teilmengen $\widetilde{N}_\gamma \subseteq D(x_0^*)$ des Einzugsbereiches sind gerade die
in Abb. 8.2 dargestellten Mengen. In der Konstruktion haben wir gesehen, dass wir
$\gamma < 2g$ wählen müssen, um die Bedingungen (8.1) und (8.2) zu erfüllen. Die Menge
$\bigcup_{\gamma \in (0,2g)} \widetilde{N}_\gamma = \widetilde{N}_{2g}$ stellt daher die maximale Näherung des Einzugsbereichs $D(x_0^*)$ dar,
die wir so erhalten können. Nun könnte es natürlich sein, dass die Grenze $\gamma < 2g$ aus
eventuellen ungünstigen Abschätzungen in der obigen Herleitung resultiert. Dies ist aber
nicht der Fall, denn für $\gamma > 2g$ liegen die Gleichgewichte x_{-1}^* und x_1^* in $\widetilde{N}_\gamma$, welche per
Definition nicht zum Einzugsbereich $D(x^*)$ gehören können.

Der tatsächliche Einzugsbereich ist allerdings deutlich größer als die Näherung $\widetilde{N}_{2g}$.
Dies zeigt die in Abb. 8.3 gezeigte Simulation, in der für $g = 9,81$, $k = 0,5$ und $\alpha = 1/10$

die Menge $\widetilde{N}_{2g}$ sowie eine Lösung dargestellt ist, die gegen x_0^* konvergiert obwohl sie außerhalb von $\widetilde{N}_{2g}$ startet.

Die Menge $\widetilde{N}_{2g}$ ist also nicht der tatsächliche Einzugsbereich, sondern lediglich die beste Näherung, die wir auf Basis der Lyapunov-Funktion V_α erhalten können.

8.3 Existenz von Lyapunov-Funktionen für lineare Systeme

Satz 8.2 zeigt, dass die Existenz einer quadratischen Lyapunov-Funktion die exponentielle Stabilität eines Gleichgewichtes garantiert. Am Beispiel des Pendels im vorhergehenden Abschnitt haben wir gesehen, dass eine Lyapunov-Funktion im Prinzip aus physikalischen Überlegungen gewonnen werden kann, dass dies aber bereits für das einfache Pendelbeispiel recht rechenaufwendig ist.

Ist es für asymptotisch stabile Gleichgewichte immer möglich, eine Lyapunov-Funktion zu finden? Und unter welchen Bedingungen gibt es eine einfachere Methode, um diese zu berechnen? Wir werden im Folgenden eine Antwort auf diese Frage geben, die das Prinzip der Linearisierung aus Kap. 4 benutzt und kehren dafür zunächst zu den linearen homogenen Differentialgleichungen zurück, für die wir uns auf eine spezielle Klasse quadratischer Lyapunov-Funktionen einschränken können, nämlich auf die *bilinearen* Lyapunov-Funktionen der Form $V(x) = x^{\mathsf{T}} P x$ mit einer Matrix $P \in \mathbb{R}^{d \times d}$.

Wir erinnern daran, dass eine Matrix $P \in \mathbb{R}^{d \times d}$ *positiv definit* heißt, falls $x^{\mathsf{T}} P x > 0$ ist für alle $x \in \mathbb{R}^d$ mit $x \neq 0$. Das folgende Lemma fasst zwei Eigenschaften bilinearer Abbildungen zusammen.

Lemma 8.4 Sei $P \in \mathbb{R}^{d \times d}$. Dann gilt:

(i) Es existiert eine Konstante $c_2 > 0$, so dass

$$-c_2 \|x\|^2 \leq x^{\mathsf{T}} P x \leq c_2 \|x\|^2 \text{ für alle } x \in \mathbb{R}^d.$$

(ii) P ist positiv definit genau dann, wenn eine Konstante $c_1 > 0$ existiert mit

$$c_1 \|x\|^2 \leq x^{\mathsf{T}} P x \text{ für alle } x \in \mathbb{R}^d.$$

▶ **Beweis** Aus der Bilinearität folgt für alle $x \in \mathbb{R}^d$ mit $x \neq 0$ und $y = x/\|x\|$ die Gleichung

$$x^{\mathsf{T}} P x = \|x\|^2 y^{\mathsf{T}} P y. \tag{8.8}$$

Da $y^{\mathsf{T}} P y$ eine stetige Abbildung in $y \in \mathbb{R}^d$ ist, nimmt sie auf der kompakten Menge $\{y \in \mathbb{R}^d \mid \|y\| = 1\}$ ein Maximum $c_{\max}$ und ein Minimum $c_{\min}$ an.

(i)   Die Ungleichung (i) folgt nun aus (8.8) mit $c_2 = \max\{c_{max}, -c_{min}\}$.

(ii) Falls P positiv definit ist, ist $c_{min} > 0$, und (ii) folgt mit $c_1 = c_{min}$. Umgekehrt folgt die positive Definitheit von P sofort aus der Ungleichung in (ii), also erhalten wir die behauptete Äquivalenz.   □

Das folgende Lemma zeigt, unter welchen Bedingungen $V(x) = x^{\mathrm{T}} P x$ eine Lyapunov-Funktion für eine lineare homogene Differentialgleichung ist.

Lemma 8.5 Gegeben seien eine Matrix $A \in \mathbb{R}^{d \times d}$, eine Matrix $P \in \mathbb{R}^{d \times d}$ und eine Konstante $c_3 > 0$ so, dass die Ungleichung

$$x^{\mathrm{T}} A^{\mathrm{T}} P x + x^{\mathrm{T}} P A x \leq -c_3 \|x\|^2 \tag{8.9}$$

für alle $x \in \mathbb{R}^d$ erfüllt ist. Dann gilt: Die Matrix P ist positiv definit genau dann, wenn das Gleichgewicht $x^* = 0$ exponentiell stabil für die lineare homogene Differentialgleichung $\dot{x} = Ax$ ist. In diesem Fall ist $V(x) = x^{\mathrm{T}} P x$ eine globale quadratische Lyapunov-Funktion.

▶ **Beweis** Zunächst folgt aus den Ableitungsregeln für Bilinearformen $V(x) = x^{\mathrm{T}} P x$ die Gleichung

$$DV(x) Ax = x^{\mathrm{T}} A^{\mathrm{T}} P x + x^{\mathrm{T}} P A x.$$

Daher ist Gl. (8.9) äquivalent zu Gleichung (8.2).

Sei nun P positiv definit. Dann folgt aus Lemma 8.4, dass $c_1, c_2 > 0$ existieren, so dass Gl. (8.1) erfüllt ist. $V(x) = x^{\mathrm{T}} P x$ ist also eine globale Lyapunov-Funktion und die exponentielle Stabilität folgt aus Satz 8.2.

Sei P umgekehrt nicht positiv definit. Dann gibt es ein $x_0 \in \mathbb{R}^d$ mit $x_0 \neq 0$ und $V(x_0) \leq 0$. Da e^{At} für alle $t \geq 0$ invertierbar ist, ist $\varphi^t(x_0) = e^{At} x_0 \neq 0$ für alle $t \geq 0$, weswegen aus (8.2) folgt, dass $V(\varphi^t(x_0))$ streng monoton fällt. Insbesondere gibt es also ein $c > 0$, so dass $V(\varphi^t(x_0)) \leq -c$ für alle $t \geq 1$. Mit der ersten Abschätzung aus Lemma 8.4(i) folgt dann

$$\|\varphi^t(x_0)\|^2 \geq c/c_2 > 0 \text{ für alle } t \geq 1.$$

Also konvergiert $\varphi^t(x_0)$ nicht gegen den Nullpunkt, weswegen A nicht exponentiell stabil ist.   □

Aus der Ungleichung (8.9) folgt, dass die Matrix Q mit

$$A^{\mathrm{T}} P + P A = -Q \tag{8.10}$$

wegen $x^{\mathrm{T}} Q x = -x^{\mathrm{T}} A^{\mathrm{T}} P x - x^{\mathrm{T}} P A x \geq c_3 \|x\|^2$ positiv definit ist. Die Gl. (8.10) wird *Lyapunov-Gleichung* genannt. Sie ist der Schlüssel zur Konstruktion von bilinearen Lyapunov-Funktionen für eine gegebene Matrix A, indem wir uns eine positiv definite Matrix Q vorgeben, und versuchen, die Gleichung nach P aufzulösen. Das folgende Lemma zeigt, wann dies möglich ist.

Lemma 8.6 Für eine Matrix $A \in \mathbb{R}^{d \times d}$ und eine positiv definite Matrix $Q \in \mathbb{R}^{d \times d}$ hat die Lyapunov-Gleichung (8.10) genau dann eine (sogar eindeutige) positiv definite Lösung $P \in \mathbb{R}^{d \times d}$, wenn A exponentiell stabil ist, d. h., falls die Realteile aller Eigenwerte λ_i von A negativ sind.

▶ **Beweis** Falls eine positiv definite Lösung P von (8.10) existiert, ist A nach Lemma 8.5 exponentiell stabil.

Sei umgekehrt A exponentiell stabil und Q positiv definit. Wir zeigen zunächst, dass (8.10) lösbar ist. O. B. d. A. können wir annehmen, dass A in Jordan'scher Normalform vorliegt, denn für $\widetilde{A} = S^{-1}AS$ sieht man leicht, dass P (8.10) genau dann löst, wenn $\widetilde{P} = S^{\mathrm{T}}PS$ für $\widetilde{Q} = S^{\mathrm{T}}QS$ die Gleichung

$$\widetilde{A}^{\mathrm{T}}\widetilde{P} + \widetilde{P}\widetilde{A} = -\widetilde{Q}$$

löst. Wir können also annehmen, dass A von der Form

$$A = \begin{bmatrix} \alpha_1 & * & & & \\ & \alpha_2 & * & & \\ & & \ddots & \ddots & \\ & & & \alpha_{n-1} & * \\ & & & & \alpha_n \end{bmatrix} \tag{8.11}$$

ist, wobei die α_i gerade Eigenwerte von A sind, ein $*$ einen beliebigen Wert bezeichnet und jeder leere Eintrag gleich 0 ist. Schreibt man die Spalten von P untereinander in einen Spaltenvektor $p \in \mathbb{R}^{d^2}$, und macht das gleiche für die Matrix Q und einen Vektor q, so ist (8.10) äquivalent zu einem Gleichungssystem

$$\widehat{A}p = q,$$

mit einer geeigneten Matrix $\widehat{A} \in \mathbb{C}^{d^2 \times d^2}$. Falls A in der Form (8.11) ist, sieht man durch Nachrechnen der Koeffizienten, dass $\widehat{A}$ von der Form

$$\widehat{A} = \begin{bmatrix} \alpha_1 + \alpha_1 & & & & & & \\ * & \alpha_1 + \alpha_2 & & & & & \\ & \ddots & \ddots & & & & \\ & & * & \alpha_1 + \alpha_d & & & \\ & & & * & \alpha_2 + \alpha_1 & & \\ & & & & \ddots & \ddots & \\ & & & & & * & \alpha_d + \alpha_d \end{bmatrix}$$

ist, wobei wiederum alle leeren Einträge gleich 0 sind. Die Matrix $\widehat{A}$ ist also eine untere Dreiecksmatrix. Aus der linearen Algebra ist nun bekannt, dass

(i) bei einer Dreiecksmatrix die Elemente auf der Diagonalen gerade die Eigenwerte sind
(ii) eine Matrix genau dann invertierbar ist, wenn alle Eigenwerte ungleich Null sind.

Da alle λ_i und damit alle α_i negativen Realteil haben, sind die Summen $\alpha_i + \alpha_j$ alle ungleich Null, also ist die Matrix $\widehat{A}$ wegen (i) und (ii) invertierbar. Demnach gibt es genau eine Lösung des Gleichungssystems $\widehat{A}p = q$ und damit für jede Matrix Q genau eine Lösung P der Lyapunov-Gleichung (8.10).

Es bleibt zu zeigen, dass diese Lösung P positiv definit ist, falls Q positiv definit ist. Dies könnte man mit Hilfe des obigen Gleichungssystems zeigen, kürzer und eleganter geht es allerdings mit Lemma 8.5: Da P die Lyapunov-Gleichung (8.10) erfüllt, gelten alle Voraussetzungen dieses Lemmas. Da A zudem exponentiell stabil ist, muss P also positiv definit sein.   □

Der folgende Satz fasst das Hauptresultat dieses Kapitels zusammen.

Satz 8.7 Sei $A \in \mathbb{R}^{d \times d}$. Dann gilt: Eine globale quadratische Lyapunov-Funktion für die lineare homogene Differentialgleichung (7.3) existiert genau dann, wenn die Matrix A exponentiell stabil ist.

▶ **Beweis** Sei eine quadratische Lyapunov-Funktion V gegeben. Dann ist A nach Satz 8.2 exponentiell stabil.

Sei A umgekehrt exponentiell stabil. Dann existiert nach Lemma 8.6 eine positiv definite Matrix P, die die Lyapunov-Gleichung (8.10) für eine positiv definite Matrix Q löst. Wegen Lemma 8.5 ist $V(x) = x^{\mathsf{T}} P x$ dann eine quadratische Lyapunov-Funktion.   □

Die Existenz einer quadratischen Lyapunov-Funktion ist also eine notwendige und hinreichende Bedingung für die exponentielle Stabilität von A und liefert damit eine Charakterisierung, die äquivalent zu der Eigenwertbedingung aus Satz 7.9 ist.

Frage 30 Geben Sie eine (globale) quadratische Lyapunov-Funktion für die Differentialgleichung $\dot{x} = \begin{bmatrix} -1 & 0 \\ 0 & -2 \end{bmatrix} x$ an.

8.4 Stabilität mittels Linearisierung

Wir wollen die Konstruktion der Lyapunov-Funktion für eine lineare Differentialgleichung nun ausnutzen, um ein Stabilitätskriterium für Gleichgewichte nichtlinearer autonomer Differentialgleichungen zu erhalten. Dies wird im folgenden Satz formuliert.

Satz 8.8 Betrachte eine nichtlineare autonome Differentialgleichung (1.3) mit Gleichge-wicht $x^* \in \mathbb{R}^d$. Das Vektorfeld f sei in x^* stetig differenzierbar und es sei $A = \frac{df}{dx} f(x^*)$ die Linearisierung von f in x^* gemäß (4.7), (4.11). Dann ist das Gleichgewicht x^* lokal exponentiell stabil für Gl. (1.3) genau dann, wenn es global exponentiell stabil für Gl. (7.3) ist.

▶ **Beweis** Wir nehmen wieder o. B. d. A. $x^* = 0$ an und bezeichnen den Lösungsfluss der nichtlinearen Gl. (1.3) mit φ^t und den der Linearisierung (4.7), (4.11) mit ψ^t.

Sei Gl. (7.3) global exponentiell stabil. Aus Satz 8.7 folgt dann die Existenz einer bilinearen Lyapunov-Funktion $x^{\mathrm{T}} P x$. Daher gilt wegen $f(x) = Ax + \gamma(x)$ mit $|\gamma(x)| \leq r(x)$ für r aus Definition 4.4 die Ungleichung

$$
\begin{aligned}
DV(x)f(x) &= x^{\mathrm{T}} P f(x) + f(x)^{\mathrm{T}} P x \\
&= x^{\mathrm{T}} P A x + x^{\mathrm{T}} A^{\mathrm{T}} P x + x^{\mathrm{T}} P \gamma(x) + \gamma(x)^{\mathrm{T}} P x \\
&\leq -c_3 \|x\|^2 + c_4 r(x)\|x\|
\end{aligned}
$$

für eine geeignete Konstante $c_4 > 0$ und alle $x \in \mathbb{R}^d$.

Für alle x hinreichend nahe an $x^* = 0$ folgt aus Definition 4.4 die Ungleichung $r(x) \leq \frac{c_3}{2c_4} \|x\|$. Es existiert also ein $\delta > 0$, so dass für alle $x \in \mathbb{R}^d$ mit $\|x\| \leq \delta$ die Ungleichung

$$
DV(x)f(x) \leq -\frac{c_3}{2} \|x\|^2 \tag{8.12}
$$

gilt. Da V (8.1) erfüllt, gibt es $c_1 > 0$ mit $c_1 \|x\|^2 \leq V(x)$. Mit $\gamma = c_1 \delta^2$ erhalten wir also die Implikation $V(x) \leq \gamma \Rightarrow \|x\| \leq \sqrt{V(x)/c_1} \leq \delta$. Folglich gilt (8.12), falls $V(x) \leq \gamma$. Somit ist V eine lokale Lyapunov-Funktion für (1.3) und die lokale exponentielle Stabilität folgt aus Satz 8.2.

Sei umgekehrt Gl. (1.3) exponentiell stabil. Dann gibt es insbesondere ein $T > 0$ und ein $\delta > 0$, so dass für alle $\|x_0\| \leq \delta$ die Ungleichung

$$
\|\varphi^{\mathrm{T}}(x_0)\| \leq \frac{1}{2} \|x_0\|
$$

gilt. Aus Satz 4.5 angewendet mit $\varepsilon = 1/4$ folgt nun, dass ein $\delta > 0$ existiert, so dass die Lösungen $\psi^t(z_0)$ der linearen Gl. (7.3) für alle Anfangswerte z_0 mit $\|z_0\| \leq \delta$ die Abschätzung

$$
\|\psi^{\mathrm{T}}(z_0)\| \leq \frac{3}{4} \|z_0\|
$$

erfüllen. Beachte, dass für jedes $\alpha > 0$ die Gleichung

$$
\|e^{At}\| = \sup_{\|x\|=\alpha} \frac{\|e^{At} x\|}{\alpha}
$$

gilt. Also folgt für $\alpha = \delta$

$$\|e^{At}\| = \sup_{\|x\|=\delta} \frac{\|e^{At}x\|}{\delta} \leq \frac{3}{4}.$$

Aus Satz 7.10 folgt damit die exponentielle Stabilität der Linearisierung.   □

Wir formulieren ein Korollar, das sich aus den Ergebnissen ergibt.

Korollar 8.9 Betrachte eine nichtlineare autonome Differentialgleichung (1.3) mit Gleichgewicht $x^* \in \mathbb{R}^d$. Dann sind äquivalent

(i) x^* ist lokal exponentiell stabil
(ii) alle Eigenwerte der Jacobi-Matrix $Df(x^*)$ besitzen negativen Realteil
(iii) es existiert eine lokale quadratische Lyapunov-Funktion der Form $V(x) = (x - x^*)^{\mathrm{T}} P(x-x*)$, wobei P Lösung der Lyapunov-Gleichung $Df(x^*)^{\mathrm{T}} P + P Df(x^*) = -Q$ für eine beliebige positiv definite Matrix $Q \in \mathbb{R}^{d \times d}$ ist.

▶ **Beweis** „(i) ⇔ (ii)": Nach Satz 8.8 ist $x^* = 0$ genau dann lokal exponentiell stabil, wenn die Linearisierung $\dot{x}(t) = Ax(t)$ mit $A = Df(x^*)$ exponentiell stabil ist. Nach Satz 7.9 ist dies genau dann der Fall, wenn alle Eigenwerte von A negativen Realteil besitzen.
    „(iii) ⇒ (i)": Nach Satz 8.2 impliziert die Existenz einer lokalen quadratischen Lyapunov-Funktion die lokale exponentielle Stabilität.
    „(i) ⇒ (iii)": Folgt sofort aus dem ersten Teil des Beweises von Satz 8.8.   □

Asymptotische vs. exponentielle Stabilität Für lineare Differentialgleichungen wissen wir, dass exponentielle und asymptotische Stabilität äquivalent sind. Für nichtlineare Gleichungen ist das nicht der Fall. Insbesondere gilt Satz 8.8 nicht, falls wir für die nichtlineare Gl. (1.3) nur asymptotische Stabilität voraussetzen. Dies zeigt das Beispiel der nichtlinearen eindimensionalen Differentialgleichung

$$\dot{x}(t) = -x(t)^3. \tag{8.13}$$

Durch Nachrechnen sieht man leicht, dass die Lösungen dieser Gleichung durch

$$\varphi^t(x_0) = \frac{x_0}{\sqrt{2tx_0^2 + 1}}$$

gegeben sind. Da diese Funktionen für wachsendes t monoton gegen 0 konvergieren, ist offensichtlich, dass das Gleichgewicht $x^* = 0$ tatsächlich asymptotisch stabil ist (sogar global).

Die Linearisierung dieser Gleichung ist gegeben durch

$$\dot{z}(t) = 0$$

und offenbar ist diese Gleichung zwar stabil, jedoch nicht asymptotisch stabil.

Wir beenden das Kapitel mit zwei weiterführenden Sätzen, für deren Beweis wir aus Platzgründen auf die Literatur verweisen.

Instabilität Die Linearisierung kann auch verwendet werden, um eine Aussage über Instabilität zu machen.

Satz 8.10 Betrachte eine nichtlineare autonome Differentialgleichung (1.3) mit Gleichgewicht $x^* \in \mathbb{R}^d$. Das Vektorfeld f sei in x^* stetig differenzierbar und es sei $A = \frac{df}{dx}(x^*)$ die Linearisierung von f in x^* gemäß (4.7), (4.11). Dann ist das Gleichgewicht x^* instabil für Gl. (1.3), falls die Jacobi-Matrix $Df(x^*)$ mindestens einen Eigenwert mit positivem Realteil besitzt.

Ein Beweis findet sich in Walter [2, §29, VIII].

Zusammengefasst ergibt sich aus Korollar 8.9 und Satz 8.10 also exponentielle Stabilität von x^* für die nichtlineare Gleichung, falls das Maximum der Realteile aller Eigenwerte von $Df(x^*)$ negativ ist und Instabilität, falls dieses Maximum positiv ist. Es ist allerdings im Allgemeinen keine Aussage über Stabilität oder Instabilität möglich, wenn der maximale Realteil gleich Null ist. Zur Illustration dieses Sachverhalts betrachten wir die beiden skalaren Differentialgleichungen

$$\text{(i)} \ \dot{x} = -x^3 \qquad \text{(ii)} \ \dot{x} = x^3.$$

Beide Gleichungen besitzen $x^* = 0$ als Gleichgewicht und analog zum vorhergehenden Abschnitt oder durch Vorzeichenbetrachtung sieht man, dass dieses für (i) asymptotisch stabil und für (ii) instabil ist. Beide Gleichungen besitzen die Linearisierung $\dot{z} = 0$, also $Df(x^*) = 0$. Der einzige Eigenwert dieser 1×1-Matrix ist 0, der maximale Realteil ist damit ebenfalls 0 – und gibt offensichtlich keinerlei Auskunft über das Stabilitätsverhalten der nichtlinearen Gleichung.

Der Satz von Hartman-Grobman Im Vergleich zu den gerade besprochenen Aussagen liefert der Satz von Hartman-Grobman eine noch genauere Charakterisierung der Beziehung zwischen dem Verhalten einer nichtlinearen autonomen Differentialgleichung in der Nähe eines Gleichgewichts und dem ihrer Linearisierung. Um den Satz zu erläutern, betrachten wir zunächst noch einmal lineare Differentialgleichungen.

Im Fall eines autonomen, homogenen linearen Systems

$$\dot{x} = Ax$$

ist der Fluss gegeben durch die lineare Abbildung

$$\varphi^t = \exp(At).$$

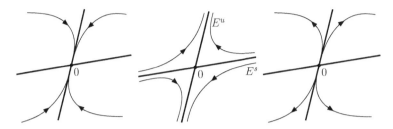

Abb. 8.4 Hyperbolische lineare Flüsse: Eine Kontraktion, ein Sattelpunkt und eine Expansion

In Proposition 2.2 hatten wir gesehen, dass die Eigenräume von A invariant unter dem Fluss $\exp(At)$ sind. Tatsächlich gilt dies wegen Bemerkung 2.4(iv) auch für die verallgemeinerten Eigenräume (denn jeder verallgemeinerte Eigenraum entspricht einem Jordan-Block in der Jordan-Normalform von A und ist daher invariant bzgl. A). Folglich ist für das Stabilitätsverhalten gemäß Satz 7.8 für Lösungen in einem verallgemeinerten Eigenraum nur der zu diesem Eigenraum gehörige Eigenwert relevant, vgl. auch Abschn. 2.1 und die Abb. 2.1 und 2.4.

Wir fassen jetzt die entsprechenden Eigenräume nach dem qualitativen Langzeitverhalten der in ihnen enthaltenen Lösungen zusammen. Dazu seien $v_1, \ldots, v_s$ die (verallgemeinerten) Eigenvektoren zu den Eigenwerten λ_j von A mit $\mathrm{Re}(\lambda_j) < 0$. Man bezeichnet den Raum

$$E^s = \mathrm{span}\{v_1, \ldots, v_s\}$$

als den *stabilen Unterraum* von A. Entsprechend sind

$$E^u = \mathrm{span}\{v_{s+1}, \ldots, v_{s+u}\}$$

der *instabile* und $E^c = \mathrm{span}\{v_{s+u+1}, \ldots, v_d\}$ der *Zentrums-Unterraum*, wobei $v_{s+1}, \ldots,$ v_{s+u} die verallgemeinerten Eigenvektoren zu Eigenwerten mit positivem Realteil und $v_{s+u+1}, \ldots, v_d$ diejenigen zu Eigenwerten λ auf der imaginären Achse sind.

Wir nennen den Fluss $\exp(At)$ *hyperbolisch*, wenn A keine Eigenwerte mit Realteil 0 hat, der Zentrums-Unterraum also trivial ist. Gilt zusätzlich $s = 0$ bzw. $u = 0$, dann ist der Fluss eine *Expansion* bzw. *Kontraktion*, ansonsten erhalten wir einen Sattelpunkt. Eine Kontraktion entspricht dabei gerade dem asymptotisch stabilen Fall. Abbildung 8.4 illustriert diese drei verschiedenen Situationen in der Ebene.

Für eine nichtlineare autonome Differentialgleichung mit Gleichgewicht $x^* \in \mathbb{R}^d$ betrachten wir nun analog zum Vorgehen in Abschn. 8.4 wieder die Linearisierung

$$\dot{z} = Df(x^*)\, z. \tag{8.14}$$

Da wir hier nicht unbedingt $x^* = 0$ voraussetzen, ist die lineare Zustandsvariable nun als $z = x - x^*$ zu interpretieren.

Abb. 8.5 Zum Satz von
Hartman-Grobman

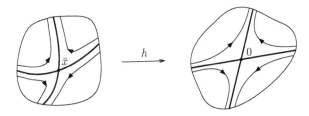

Der Satz von Hartman-Grobman besagt nun, dass das *asymptotische* Verhalten der Lösungen des nichtlinearen Systems nicht nur im exponentiell stabilen Fall von Satz 8.8
sondern allgemein im hyperbolischen Fall durch die Linearisierung korrekt wiederge-
geben wird. Hierbei nennen wir die Ruhelösung x^* *hyperbolisch*, falls $Df(x^*)$ keine
Eigenwerte mit Realteil 0 besitzt – also genau dann, wenn der lineare Fluss $\exp(Df(x^*)t)$
von (8.14) hyperbolisch im Sinne des vorherigen Absatzes ist.

*Satz 8.11 (**Hartman-Grobman**)* Ist x^* ein hyberbolisches Gleichgewicht von f und f
stetig differenzierbar, dann gibt es einen lokalen Homöomorphismus $h : U \to V$ zwischen Umgebungen U von x^* und V von 0, so dass

$$h \circ \varphi^t = \exp(Df(x^*)t) \circ h$$

für alle hinreichend kleinen t.

Man sagt auch, das nichtlineare System $\dot{x} = f(x)$ und seine Linearisierung (8.14) sei-
en in einer Umgebung des Gleichgewichts *lokal topologisch konjugiert*. Ein Beweis dieses
Satzes findet sich z. B. in Palis und de Melo [3]. Abbildung 8.5 illustriert die Aussage.

8.5 Übungen

Aufgabe 8.1 Gegeben sei die nichtlineare Pendelgleichung

$$\dot{x}(t) = \left[\begin{array}{c} x_2(t) \\ -g \sin(x_1(t)) - k x_2(t) \end{array} \right].$$

mit Erdbeschleunigung $g = 9{,}81$ und Reibungskonstante $k = 0{,}5$.
Berechnen Sie für verschiedene Anfangswerte

$$x_0^\varepsilon = (\pi - \varepsilon, 0)^{\mathrm{T}}$$

mit $\varepsilon = 10^{-4}$, 10^{-6}, 10^{-8} in der Nähe des instabilen Gleichgewichtes $x_1^* = (\pi, 0)$ numerische Lösungen und stellen Sie die Komponenten $\varphi_1^t(x_0)$, $\varphi_2^t(x_0)$ der Lösungsfunktion

$\varphi^t(x_0)$ grafisch in Abhängigkeit von $t \in [0, 5]$ dar. Hierzu können Sie z. B. das MATLAB Programm pendel_anim[2] verwenden.

Begründen Sie mit den Ergebnissen, warum die Instabilität des Gleichgewichtes und die stetige Abhängigkeit vom Anfangswert nicht im Widerspruch zueinander stehen.

Aufgabe 8.2 Gegeben sei die in $x_0^* = (0, 0)^T$ linearisierte Pendelgleichung

$$\dot{x}(t) = Ax(t) \quad \text{mit } A = \begin{bmatrix} 0 & 1 \\ -g & -k \end{bmatrix},$$

in der wir zur Vereinfachung der Rechnung $g = 2$ und $k = 1$ setzen.

(i)   Weisen Sie nach, dass

$$V(x) = x^T Px \quad \text{mit } P = \frac{1}{4} \begin{bmatrix} 7 & 1 \\ 1 & 3 \end{bmatrix}$$

eine Lyapunov-Funktion ist.

(ii) Berechnen Sie eine numerische Lösung $\varphi^t(x_0)$ zum Anfangswert $x_0 = (1, 1)^T$ und stellen Sie die Norm $\|\varphi^t(x_0)\|$ sowie die Lyapunov-Funktion $V(\varphi^t(x_0))$ in Abhängigkeit von t grafisch dar. Was stellen Sie für das Monotonieverhalten der beiden Funktionen fest?

Aufgabe 8.3 Gegeben sei eine exponentiell stabile Matrix A und eine symmetrische und positiv definite Matrix Q. Beweisen Sie, dass dann auch die Lösung P der Lyapunov-Gleichung

$$A^T P + PA = -Q$$

symmetrisch ist.

(Hinweis: Stellen Sie eine Lyapunov-Gleichung für die Matrix $P - P^T$ auf und verwenden Sie die im Beweis von Lemma 8.6 bewiesene Tatsache, dass eine Lyapunov-Gleichung mit exponentiell stabiler Matrix A für beliebige rechte Seiten Q eine eindeutige Lösung besitzt.)

Aufgabe 8.4 Wandeln Sie das Beispiel (8.13) so ab, dass das Gleichgewicht $x^* = 0$ für die nichtlineare Gleichung instabil, für die Linearisierung aber stabil ist.

---

[2] Erhältlich unter http://www.dgl-buch.de.

Literatur

1. LA SALLE, J. und S. LEFSCHETZ: *Die Stabilitätstheorie von Ljapunow. Die direkte Methode mit Anwendungen.*. Bibliographisches Institut, Mannheim, 1967.

2. WALTER, W.: *Gewöhnliche Differentialgleichungen*. Springer, Heidelberg, 7. Aufl., 2000.

3. PALIS, J. and W. DE MELO: *Geometric theory of dynamical systems*. Springer, Heidelberg, 1982.

Spezielle Lösungen und Mengen

9

Eine der wesentlichen Aufgaben der *Theorie dynamischer Systeme*[1] ist es, gewöhnliche Differentialgleichungen (bzw. allgemeiner eben dynamische Systeme) ihrem globalen dynamischen Verhalten nach zu klassifizieren. Dies ist im Allgemeinen sehr schwierig, weswegen man sich oft auf lokale Aussagen beschränkt. Das haben wir in den vorherigen beiden Kapiteln bereits ausführlich am Beispiel der Stabilität von Gleichgewichtslösungen durchgeführt. Neben Gleichgewichten gibt es aber noch eine Reihe weiterer Lösungen bzw. Mengen von Lösungen, die für die Analyse des dynamischen Verhaltens wichtig sind. In diesem Kapitel führen wir eine Reihe davon ein, illustrieren sie an Beispielen und geben (zumeist mit Beweis) einige zentrale Sätze an, wie z. B. den Satz von Poincaré-Bendixson.

9.1 Spezielle Lösungen

Wir betrachten in diesem Kapitel durchgehend eine autonome Differentialgleichung $\dot{x} = f(x)$, deren Lösungen für alle Zeiten $t \in \mathbb{R}$ definiert sind. Den zugehörigen Fluss bezeichnen wir wie bisher mit φ^t.

Als spezielle Lösungen sind natürlich zuallererst *Gleichgewichte* zu nennen, vgl. Definition 4.9. Diese wurden bereits in den Abschnitten 4.2 und 7.1 behandelt, weswegen wir sie hier nicht noch einmal diskutieren.

Periodische Orbits Eine zweite einfach zu beschreibende Klasse von Lösungen sind *periodische* Lösungen, also solche $x = x(\cdot; x_0)$, für die

$$x(T; x_0) = x(0; x_0)$$

---

[1] Für eine detaillierte Einführung in dieses Gebiet verweisen wir auf Guckenheimer und Holmes [1] und Meiss [2].

© Springer Fachmedien Wiesbaden 2016
L. Grüne, O. Junge, *Gewöhnliche Differentialgleichungen*,
Springer Studium Mathematik – Bachelor, DOI 10.1007/978-3-658-10241-8_9

Abb. 9.1 Gleichgewichte
und periodische Lösungen des
Pendels

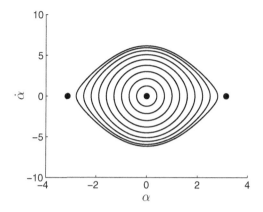

für eine Zeit $T > 0$. Das kleinste $T > 0$ mit dieser Eigenschaft ist die *Periode* der Lösung x. Der zugehörige Orbit[2] $O(x_0)$ ist ein *periodischer Orbit*. Offensichtlich ist jede Lösung $x(\cdot\,;\hat{x}_0)$ des Anfangswertproblems mit $\hat{x}_0 \in O(x_0)$ ebenfalls periodisch.

Beispiel 9.1 Das lineare Anfangswertproblem

$$\dot{x} = \begin{bmatrix} 0 & -1 \\ 1 & 0 \end{bmatrix} x, \quad x(0) = r_0 \begin{bmatrix} 1 \\ 0 \end{bmatrix},$$

hat die periodischen Lösungen

$$x(t) = r_0 \begin{bmatrix} \cos(t) \\ \sin(t) \end{bmatrix}, \quad t \in \mathbb{R}$$

und ist folglich periodisch mit Periode $T = 2\pi$.

Beispiel 9.2 Ein Beispiel aus der Anwendung hatten wir bereits in der Einleitung kennengelernt: das Pendel (ohne Reibung), beschrieben durch die Differentialgleichung

$$\dot{x} = \begin{bmatrix} x_2 \\ -g \sin(x_1) \end{bmatrix},$$

$x = (x_1, x_2)^{\mathsf{T}} = (\alpha, \dot{\alpha})^{\mathsf{T}}$. Auch hier gibt es unendlich viele periodische Lösungen, Abb. 9.1 zeigt einige davon.

Stabile und instabile Mannigfaltigkeiten Betrachten wir noch einmal die Differentialgleichung

$$\dot{r} = r(1 - r), \quad r \geq 0, \tag{9.1}$$

---

[2] vgl. Definition 3.8.

mit den Gleichgewichten $r_0^* = 0$ und $r_1^* = 1$ (vgl. Abb. 7.1). Für alle Lösungen $r(\cdot\,; r_0)$ mit Anfangswert $r_0 > 0$ gilt

$$r(t; r_0) \to r_1^* \quad \text{für } t \to \infty.$$

Allgemein nennt man die Menge aller Punkte x_0 im ε-Ball $B_\varepsilon(x^*)$ um ein Gleichgewicht x^*, für die $\varphi^t(x_0)$ für alle $t \geq 0$ in $B_\varepsilon(x^*)$ liegt und für $t \to \infty$ gegen x^* konvergiert, die *lokale stabile Mannigfaltigkeit* $W_\varepsilon^s(x^*)$ des Gleichgewichts x^*, d. h.

$$W_\varepsilon^s(x^*) = \left\{ x_0 \mid \varphi^t(x_0) \in B_\varepsilon(x^*) \text{ für } t \geq 0 \text{ und } \lim_{t \to \infty} \varphi^t(x_0) = x^* \right\}.$$

Im Beispiel 7.1 ist also die lokale stabile Mannigfaltigkeit $W_\varepsilon^s(1)$ des Gleichgewichts $r_1^* = 1$ gleich dem ε-Ball $B_\varepsilon(1)$ um 1.

Tatsächlich ist die Verwendung des Begriffs „Mannigfaltigkeit" unter unseren Voraussetzungen an die Regularität des Vektorfelds f gerechtfertigt, wie der folgende Satz zeigt.

*Satz 9.3 (**Satz über die stabile Mannigfaltigkeit**)* Sei x^* ein hyperbolisches Gleichgewicht von f und f stetig differenzierbar. Dann ist $W_\varepsilon^s(x^*)$ für alle hinreichend kleinen $\varepsilon > 0$ eine eingebettete Untermannigfaltigkeit des $\mathbb{R}^d$, hat dieselbe Dimension wie der stabile Unterraum E^s von $Df(x^*)$, ist in x^* tangential an E^s und genauso oft differenzierbar wie f.

Eine analoge Aussage gilt natürlich auch für die *lokale instabile Mannigfaltigkeit*

$$W_\varepsilon^u(x^*) = \left\{ x_0 \mid \varphi^t(x_0) \in B_\varepsilon(x^*) \text{ für } t \leq 0 \text{ und } \lim_{t \to -\infty} \varphi^t(x_0) = x^* \right\}.$$

Ein Beweis dieses Satzes findet sich z. B. in Irwin [3]. Die linke Skizze in Abb. 9.2 illustriert die Aussage. Auf der rechten Seite dieser Abbildung sind die lokale stabile und instabile Mannigfaltigkeit des Gleichgewichts $(\pi, 0)$ im Pendel dargestellt.

Bildet man die lokale stabile Mannigfaltigkeit mit Hilfe des Flusses rückwärts in der Zeit ab, dann erhält man die Menge aller Punkte, deren Lösungskurve (für $t \to \infty$) asymptotisch gegen das Gleichgewicht x^* konvergiert, die (globale) *stabile Mannigfaltigkeit*

$$W^s(x^*) = \bigcup_{t \leq 0} \varphi^t \left(W_\varepsilon^s(x^*) \right) = \{ x \in \mathbb{R}^d \mid \varphi^t(x) \to x^* \text{ für } t \to \infty \},$$

und analog die (globale) *instabile Mannigfaltigkeit*

$$W^u(x^*) = \bigcup_{t \geq 0} \varphi^t \left(W_\varepsilon^u(x^*) \right) = \{ x \in \mathbb{R}^d \mid \varphi^t(x) \to x^* \text{ für } t \to -\infty \}$$

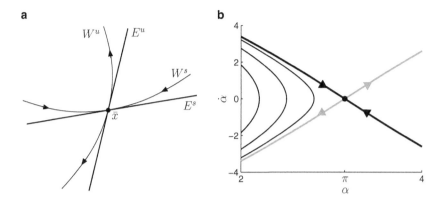

Abb. 9.2 **a** zum Satz über die stabile Mannigfaltigkeit. **b** lokale stabile und instabile Mannigfaltigkeit des Gleichgewichts $(\pi, 0)$ im Pendelmodell

Abb. 9.3 Globale stabile und instabile Mannigfaltigkeiten des Gleichgewichts $(\pi, 0)$ im Pendel – homokline Lösungen

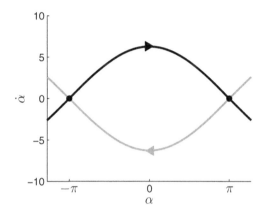

des Gleichgewichts x^*. Hierbei verwenden wir für Mengen $D \subset \mathbb{R}^d$ die Schreibweise

$$\varphi^t(D) := \bigcup_{x \in D} \{\varphi^t(x)\}. \tag{9.2}$$

Abb. 9.3 zeigt die globalen Analoga der Mannigfaltigkeiten aus Abb. 9.2 rechts. Da die Gleichgewichte $(-\pi, 0)$ und $(\pi, 0)$ physikalisch denselben Zustand darstellen und wir sie daher miteinander identifizieren sollten, stimmt tatsächlich in diesem Fall die stabile mit der instabilen Mannigfaltigkeit des Gleichgewichts $(\pi, 0)$ überein. Man nennt eine solche Lösung doppelt asymptotisch oder *homoklin*. Allgemeiner ist eine *heterokline Lösung* eine Lösungskurve $\varphi^t(x)$, die für $t \to -\infty$ und für $t \to \infty$ gegen (verschiedene) Gleichgewichtspunkte konvergiert.

Frage 31 Bestimmen Sie alle stabilen und instabilen Mannigfaltigkeiten der Gleichgewichte von $\dot{r} = r(1 + r)(1 - r)$. Gibt es homokline bzw. heterokline Lösungen?

9.2 Spezielle Mengen

Invariante Mengen Eine Menge $D \subset D_0$ heißt *invariant* (unter dem Fluss φ^t), falls

$$\varphi^t(D) = D \quad \text{für alle } t \in \mathbb{R}. \tag{9.3}$$

Bemerkung 9.4 Invarianz einer Menge D ist äquivalent zu

$$\varphi^t(D) \subseteq D \quad \text{für alle } t \in \mathbb{R}$$

oder, ausführlich geschrieben,

$$\varphi^t(x) \in D \quad \text{für alle } x \in D, \, t \in \mathbb{R}.$$

Wegen $\varphi^{-t}(D) \subseteq D$ und der Kozykluseigenschaft folgt nämlich

$$D = \varphi^t(\varphi^{-t}(D)) \subseteq \varphi^t(D)$$

und damit die Gleichheit. Mit anderen Worten bedeutet Invarianz von D also, dass jede Lösung, die in D startet, für alle positiven und negativen Zeiten existiert und in D verbleibt.

Ist die Menge D invariant, dann auch ihr Abschluss $\overline{D}$ (s. Übungen) und daher können wir uns im folgenden auf abgeschlossene invariante Mengen beschränken.

Einfache Beispiele für invariante Mengen sind Gleichgewichte und periodische Orbits. Komplizierter sind z. B. quasiperiodische Lösungen oder Mengen mit noch komplizierterer Dynamik wie der in der Einleitung erwähnte *Lorenz-Attraktor* (vgl. Kap. 11, in dem in Definition 11.1 auch weitergehende Invarianzkonzepte definiert werden).

Limesmengen Die ω-*Limesmenge* $\omega(x)$ eines Punktes $x \in D_0$ ist die Menge aller Häufungspunkte seines *positiven Halborbits* $O^+(x) = \{\varphi^t(x) \mid t \geq 0\}$, also

$$\omega(x) = \{\hat{x} \in D_0 \mid \varphi^{t_k}(x) \to \hat{x} \text{ für eine Folge } (t_k)_{k \in \mathbb{N}} \text{ mit } t_k \to \infty\}. \tag{9.4}$$

Entsprechend ist die α-Limesmenge $\alpha(x)$ von x als die Menge der Häufungspunkte seines *negativen Halborbits* $O^-(x) = \{\varphi^t(x) \mid t \leq 0\}$ definiert. Beachte, dass wegen (3.12) jede ω-Limesmenge von f eine α-Limesmenge von $-f$ ist und umgekehrt.

Proposition 9.5 Es gilt

$$\omega(x) = \bigcap_{t \geq 0} \overline{O^+(\varphi^t(x))}.$$

▶ **Beweis** Sei $\hat{x} \in \omega(x)$ und $t_k \to \infty$ eine Folge mit $\varphi^{t_k}(x) \to \hat{x}$. Die Punkte $\varphi^{t_k}(x)$ liegen in $O^+(\varphi^t(x))$ für $t_k \geq t$ und $\hat{x}$ damit in $\overline{O^+(\varphi^t(x))}$ für jedes t, also in deren Schnitt.

Sei umgekehrt jetzt $\hat{x} \in \bigcap_{t \geq 0} \overline{O^+(\varphi^t(x))}$, d. h. für jedes $t \geq 0$ gilt $\hat{x} \in \overline{O^+(\varphi^t(x))}$. Betrachten wir eine Nullfolge $\varepsilon_n \to 0$ und eine Folge $t_n \to \infty$, so existiert folglich zu jedem $n \in \mathbb{N}$ ein $x_n \in O^+(\varphi^{t_n}(x))$ mit $\|\hat{x} - x_n\| < \varepsilon_n$ und damit $x_n \to \hat{x}$ für $n \to \infty$. Aus der Definition des Orbits O^+ folgt nun die Existenz einer Zeit $\tau_n \geq 0$ mit $x_n = \varphi^{\tau_n}(\varphi^{t_n}(x))$. Daraus folgt $\varphi^{\tau_n + t_n}(x) = \varphi^{\tau_n}(\varphi^{t_n}(x)) \to \hat{x}$ für $n \to \infty$ und wegen $\tau_n + t_n \to \infty$ erhalten wir $\hat{x} \in \omega(x)$.   □

Da der Schnitt abgeschlossener Mengen abgeschlossen ist, folgt weiter:

Korollar 9.6 Die ω-Limesmenge ist abgeschlossen.

Ist $\hat{x} \in \omega(x)$, dann gilt also $\varphi^{t_k}(x) \to \hat{x}$ für eine Folge $(t_k)_{k \in \mathbb{N}}$. Aufgrund der Stetigkeit des Flusses folgt damit für jede Zeit $t \in \mathbb{R}$ aber $\varphi^{t_k + t}(x) \to \varphi^t(\hat{x})$, also $\varphi^t(\hat{x}) \in \omega(x)$ und damit $\varphi^t(\omega(x)) \subseteq \omega(x)$ für alle $t \in \mathbb{R}$. Mit Bemerkung 9.4 folgt daher:

Proposition 9.7 Die ω-Limesmenge ist invariant.

Schließlich notieren wir noch die folgenden Eigenschaften von ω-Limesmengen, die wir im nächsten Abschnitt benötigen.

Proposition 9.8 Falls $O^+(x)$ beschränkt ist, dann ist $\omega(x)$ nicht leer, kompakt und zusammenhängend.

▶ **Beweis** Da $O^+(x)$ beschränkt ist, und $\overline{O^+(\varphi^{t_1}(x))} \subset \overline{O^+(\varphi^{t_0}(x))}$ für $t_1 > t_0$, ist nach Proposition 9.5 $\omega(x)$ die Schnittmenge einer verschachtelten Folge kompakter Mengen – und damit nicht leer. Da die $\overline{O^+(\varphi^t(x))}$ zusammenhängend sind, ist auch $\omega(x)$ zusammenhängend. Da die ω-Limesmenge beschränkt und nach Korollar 9.6 abgeschlossen ist, ist sie kompakt.   □

Frage 32 Geben Sie die α- und ω-Limesmengen für alle Punkte $r \in \mathbb{R}$ der Gleichung $\dot{r} = r(1 + r)(1 - r)$ aus Frage 31 an.

9.3   Der Satz von Poincaré-Bendixson

Es wäre nützlich, wenn man für ein dynamisches System bestimmen könnte, welche Limesmengen es besitzt – oder zumindest qualitative Aussagen über die Gestalt dieser Mengen treffen könnte. Dies gelingt für Systeme einer bestimmten Form oder mit speziellen Eigenschaften, ist aber im Allgemeinen sehr schwierig (und aktueller For-

Abb. 9.4 Illustration zum
Beweis von Proposition 9.9

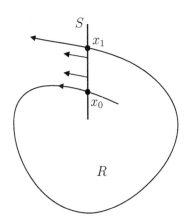

schungsgegenstand). Für *planare Systeme* (also solche im $\mathbb{R}^2$) gibt es allerdings eine berühmte Klassifizierung, die auf Henri Poincaré[3] und Ivar Otto Bendixson[4] zurückgeht.

Wir betrachten also jetzt speziell ein Vektorfeld $f : D_0 \to \mathbb{R}^2$, $D_0 \subset \mathbb{R}^2$, in der Ebene. Ein *lokaler Schnitt* zu f ist eine Strecke $S \subset D_0$, die *transversal* zum Vektorfeld f liegt, d. h. für jeden Punkt $x \in S$ gilt $\langle f(x), n \rangle \neq 0$, wobei $0 \neq n \in \mathbb{R}^2$ senkrecht auf S steht.

Proposition 9.9 Es sei S ein lokaler Schnitt zu f, $x_0 \in S$ und

$$M = \{x_0, x_1, x_2, \ldots,\} = S \cap O^+(x_0)$$

die Menge der Schnittpunkte des positiven Halborbits von x_0 mit S, wobei $x_i = \varphi^{t_i}(x_0) \in S$ mit $t_i < t_{i+1}$. Dann ist die Folge $x_0, x_1, x_2, \ldots$ monoton in S, d. h. x_i liegt zwischen x_{i-1} und x_{i+1} auf S.

▶ **Beweis** Es sei $x_1 = \varphi^{t_1}(x_0)$ der erste Schnittpunkt. Das Stück $\{\varphi^t(x_0) \mid 0 \leq t \leq t_1\}$ der Lösungskurve schließt zusammen mit der Strecke $[x_0, x_1] \subset S$ eine beschränkte Menge R ein.[5] Da das Vektorfeld transversal zu S ist, S also insbesondere keinen Gleichgewichtspunkt enthält, durchqueren die Lösungskurven die Strecke S in nur einer Richtung. Angenommen, sie verlassen R durch S, dann muss der nächste Schnittpunkt $x_2 = \varphi^{t_2}(x_0)$ außerhalb der Strecke $[x_0, x_1]$ liegen, denn wegen der Eindeutigkeit der Lösungen kann das Kurvenstück $\{\varphi^t(x_0) \mid t_1 < t \leq t_2\}$ das Stück $\{\varphi^t(x_0) \mid 0 \leq t \leq t_1\}$ nicht schneiden. Analog argumentiert man im anderen Fall. Wiederholt man die Argumentation für $x_0 = x_1, x_2, \ldots$, dann erhält man die Behauptung.   □

---

[3] französischer Mathematiker, 1854–1912.
[4] schwedischer Mathematiker, 1861–1935.
[5] Da $\{\varphi^t(x_0) \mid 0 \leq t \leq t_1\} \cup [x_0, x_1]$ eine geschlossene Kurve ist, die sich nicht selbst schneidet, folgt dies aus dem Jordanschen Kurvensatz.

Proposition 9.10 Es sei S ein lokaler Schnitt zu f und $S \cap \omega(x) \neq \emptyset$ für ein $x \in D_0$. Dann besteht die Schnittmenge $S \cap \omega(x)$ aus genau einem Punkt.

▶ **Beweis** Angenommen, es gäbe zwei verschiedene Punkte $y \neq z \in S \cap \omega(x)$. Da beide Punkte in $\omega(x)$ liegen, gibt es Folgen $t_i \to \infty$ und $s_i \to \infty$, so dass $y_i = \varphi^{t_i}(x) \to y$ und $z_i = \varphi^{s_i}(x) \to z$. Da $y, z \in S$ und S ein lokaler Schnitt ist (also kein Gleichgewicht enthält) schneiden für hinreichend großes t_i bzw. s_i die Lösungskurven durch y_i bzw. z_i den Schnitt S und wir können t_i bzw. s_i so wählen, dass $y_i, z_i \in S$. Ordnen wir die Zeiten t_i und s_i nun monoton an, dann ist nach Proposition 9.9 die zugehörige Folge der y_i und z_i monoton in S. Dies aber steht im Widerspruch dazu, dass y_i gegen y und z_i gegen $z \neq y$ konvergiert.   □

Proposition 9.11 Falls $O^+(x) \cap \omega(x) \neq \emptyset$ und $\omega(x)$ kein Gleichgewicht enthält, dann ist $O^+(x)$ ein periodischer Orbit.

▶ **Beweis** Sei $y \in O^+(x) \cap \omega(x)$ und S ein lokaler Schnitt, der y enthält (ein solcher existiert, da $\omega(x)$ kein Gleichgewicht enthält und somit $f(y) \neq 0$ gilt). Da $y \in \omega(x)$, gibt es eine Folge $t_i \to \infty$, so dass die Folge $\varphi^{t_i}(x) \in S$ gegen y konvergiert (vgl. den Beweis zu Prop. 9.10). Nun liegt y im positiven Halborbit von x, d. h. es gibt eine Zeit $t > 0$, so dass $y = \varphi^t(x)$ bzw. $x = \varphi^{-t}(y)$. Dabei können wir o. B. d. A. $t_1 > t$ annehmen. Dann gilt

$$\varphi^{t_i - t}(y) \to y, \quad t_i \to \infty.$$

Wäre nun nicht bereits $\varphi^{t_1 - t}(y) = y$, dann wäre nach Proposition 9.9 die Folge $\varphi^{t_i - t}(y)$ monoton in S und könnte insbesondere nicht gegen y konvergieren – ein Widerspruch.   □

Proposition 9.12 Falls $\omega(x)$ für ein $x \in D_0$ zusammenhängend ist und kein Gleichgewicht enthält, aber einen periodischen Orbit O, dann ist $\omega(x) = O$.

▶ **Beweis** Es sei $x_0 \in O$ und S ein lokaler Schnitt durch x_0 (der wiederum existiert, weil $x_0 \in \omega(x)$ und $\omega(x)$ kein Gleichgewicht enthält). Angenommen, $\omega(x) \backslash O$ wäre nicht leer und $x_1 \in \omega(x) \backslash O$. Da $\omega(x)$ zusammenhängend ist, können wir x_1 beliebig nahe an x_0 und insbesondere so wählen, dass $x_1 \in S$. Dies ist ein Widerspruch zu Proposition 9.10.   □

*Satz 9.13 (**Poincaré-Bendixson**)* Gegeben sei eine Differentialgleichung $\dot{x} = f(x)$ in der Ebene, d. h. $f : D_0 \to \mathbb{R}^2$, $D_0 \subset \mathbb{R}^2$. Ist $O^+(x)$ für ein $x \in \mathbb{R}^2$ beschränkt und enthält $\omega(x)$ kein Gleichgewicht, dann ist $\omega(x)$ ein periodischer Orbit.

▶ **Beweis** Da $O^+(x)$ beschränkt ist, ist $\omega(x)$ nicht leer, kompakt und zusammenhängend (Prop. 9.8). Nach Proposition 9.12 genügt es also zu zeigen, dass $\omega(x)$ einen periodischen Orbit enthält. Nach Proposition 9.11 wiederum ist dies notwendig der Fall, falls es einen Punkt $y \in \omega(x)$ gibt, für den $O^+(y) \cap \omega(y) \neq \emptyset$ gilt. Tatsächlich ist dies für einen beliebigen Punkt $y \in \omega(x)$ gegeben: Da $\omega(x)$ invariant und abgeschlossen ist, gilt dann auch $\omega(y) \subset \omega(x)$. Sei $z \in \omega(y)$ und S ein lokaler Schnitt durch z (der existiert, weil $\omega(x)$ kein Gleichgewicht enthält und damit $f(z) \neq 0$). Nach Proposition 9.10 besteht der Schnitt $S \cap \omega(x)$ nur aus dem Punkt z. Da $z \in \omega(y)$, gibt es eine Folge $t_i \to \infty$, so dass $\varphi^{t_i}(y) \to z$ – außerdem können wir die Folge so wählen, dass $\varphi^{t_i}(y) \in S$ (vgl. den Beweis zu Prop. 9.10). Da $\omega(x)$ invariant ist, gilt $O^+(y) \subset \omega(x)$ und da der Schnitt $S \cap \omega(x)$ nur aus dem Punkt z besteht, muss $\varphi^{t_i}(y) = z$ gelten. Damit liegt also z in $O^+(y) \cap \omega(y)$, insbesondere ist diese Schnittmenge nicht leer und die Aussage des Satzes ist bewiesen. $\qquad\square$

9.4 Übungen

Aufgabe 9.1 Zeigen Sie, dass der Fluss $\exp(At)$ eines linearen Systems genau dann hyperbolisch ist, wenn für jeden Punkt $x \neq 0$

$$\| \exp(At)x \| \to \infty$$

entweder für $t \to +\infty$ oder $t \to -\infty$ gilt.

Aufgabe 9.2 Zeigen Sie, dass ein periodischer Orbit kompakt ist.

Aufgabe 9.3 Approximieren Sie numerisch die stabile und instabile Mannigfaltigkeit des Ursprungs für das System

$$\dot{x}_1 = 2x_1 + x_1 x_2$$
$$\dot{x}_2 = x_1^2 - x_2$$

Aufgabe 9.4 Weisen Sie nach, dass der Abschluss einer invarianten Menge invariant ist.

Aufgabe 9.5 Die Differentialgleichung $\dot{x} = f(x)$, $f : \mathbb{R}^2 \to \mathbb{R}^2$, besitze eine endliche Menge von Gleichgewichtspunkten. Zeigen Sie, dass jede ω-Limesmenge entweder ein periodischer Orbit oder die Vereinigung von Gleichgewichten und homo- bzw. heteroklinen Orbits ist.

Literatur

1. GUCKENHEIMER, J. and P. HOLMES: *Nonlinear Oscillations, Dynamical Systems, and Bifurcations of Vector Fields.* Springer, Heidelberg, 1983.

2. MEISS, J. D.: *Differential dynamical systems*, vol. 14 of. *Mathematical Modeling and Computation.* Society for Industrial and Applied Mathematics (SIAM), Philadelphia, PA, 2007.

3. IRWIN, M.: *Smooth dynamical systems.* Academic Press, New York, 1980.

Verzweigungen

10

Am Anfang von Kap. 7 hatten wir das Pendelmodell aus der Einleitung um einen Term erweitert, der Reibung z. B. in der Aufhängung modelliert. Die Gleichgewichte blieben gleich, die globale Struktur der Lösungen aber hatte sich dadurch signifikant verändert: statt periodischer und homokliner Lösungen hatten wir für $k > 0$ Lösungen erhalten, die asymptotisch gegen das Gleichgewicht $(0, 0)$ konvergieren (vgl. Abb. 7.3). Aus dem (nur) stabilen Gleichgewicht wurde also für $k > 0$ ein asymptotisch stabiles. Umgekehrt verliert $(0, 0)$ seine Stabilität, wenn wir $k < 0$ wählen. Physikalisch lässt sich dieser Fall als eine äußere Anregung der Pendelbewegung interpretieren, die Amplitude nimmt ständig zu und irgendwann setzt die Überschlagsbewegung ein. Die Stabilität des Gleichgewichts – und damit das Verhalten der Lösungen in seiner Nähe – hängt also vom Wert des Parameters k ab. Der Wechsel der Stabilität von $(0, 0)$ bei $k = 0$ ist ein Beispiel einer *Verzweigung*, auch *Bifurkation* genannt.

Allgemeiner versteht man unter einer Verzweigung eines von einem „externen" Parameter abhängigen dynamischen Systems die Änderung von qualitativen Eigenschaften seiner Lösungen bei Änderung dieses Parameters. Die Detektion (und Klassifizierung) von Verzweigungen ist in Anwendungen von größtem Interesse, da so gut wie jedes (technische) System von Parametern abhängt, deren Wahl (oder Steuerung) entscheidend das Systemverhalten beeinflussen kann.

Wir betrachten also eine autonome gewöhnliche Differentialgleichung

$$\dot{x} = f(x, \mu), \tag{10.1}$$

bei der das Vektorfeld f zusätzlich von einem externen Parameter $\mu \in \mathbb{R}$ abhängt. In diesem Kapitel nehmen wir an, dass f (nach x und μ) stetig differenzierbar ist.

© Springer Fachmedien Wiesbaden 2016
L. Grüne, O. Junge, *Gewöhnliche Differentialgleichungen*,
Springer Studium Mathematik – Bachelor, DOI 10.1007/978-3-658-10241-8_10

10.1 Die Sattel-Knoten-Verzweigung

Angenommen, das System hat für einen Parameterwert $\mu = \mu_0$ eine Gleichgewichtslösung $x_0 \in \mathbb{R}^d$, d. h.

$$0 = f(x_0, \mu_0).$$

Aus dem Satz über implizite Funktionen folgt:

Lemma 10.1 Es sei $f(x_0, \mu_0) = 0$ und $Df(x_0, \mu_0) \in \mathbb{R}^{d \times (d+1)}$ habe maximalen Rang. Dann ist

$$f^{-1}(0) = \{(x, \mu) \mid f(x, \mu) = 0\}$$

in der Nähe von (x_0, μ_0) eine Kurve $(x(s), \mu(s))$.

Falls $D_x f(x_0, \mu_0)$ regulär ist, dann ist diese Kurve lokal durch μ parametrisierbar, d. h. dann gibt es für μ nahe μ_0 eine Kurve $x(\mu)$ mit $f(x(\mu), \mu) = 0$, und $D_x f(x(\mu), \mu)$ ist regulär für diese μ.

Interessant ist nun der Fall, wenn $D_x f(x_0, \mu_0)$ singulär ist, d. h. genau einen Eigenwert $\lambda = 0$ besitzt (da $Df(x_0, \mu_0)$ ja maximalen Rang hat). In diesem Fall ist die Kurve $(x(s), \mu(s))$ nicht durch μ parametrisierbar, vgl. Abb. 10.1.

Wegen der Bedingung an den Rang von $Df(x_0, \lambda_0)$ gilt nun insbesondere $D_\mu f(x_0, \mu_0) \neq 0$ und im eindimensionalen Fall ($d = 1$) ist die Kurve lokal durch x parametrisierbar. Außerdem gilt in diesem Fall wegen $0 = f(x, \mu(x))$:

$$\begin{aligned}
0 &= D_x f(x_0, \mu_0) + D_\mu f(x_0, \mu_0) \mu'(x_0) \\
&= D_\mu f(x_0, \mu_0) \mu'(x_0),
\end{aligned} \tag{10.2}$$

also notwendig $\mu'(x_0) = 0$. Gilt darüberhinaus

$$D_{xx} f(x_0, \mu_0) \neq 0,$$

Abb. 10.1 Eine Kurve von Gleichgewichten

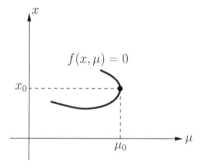

Abb. 10.2 Das *Verzweigungs-Diagramm* der Sattel-Knoten-Verzweigung

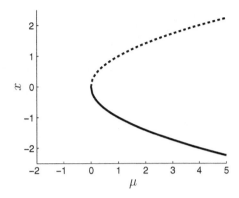

dann folgt aus

$$
\begin{aligned}
0 &= \frac{d^2}{dx^2} f(x, \mu(x))|_{x=x_0} \\
&= D_{xx} f(x_0, \mu_0) + D_{\mu x} f(x_0, \mu_0)\mu'(x_0) \\
&\quad + D_{x\mu} f(x_0, \mu_0)\mu'(x_0) + D_{\mu\mu} f(x_0, \mu_0)\mu'(x_0)^2 \\
&\quad + D_\mu(x_0, \mu_0)\mu''(x_0) \\
&= D_{xx} f(x_0, \mu_0) + D_\mu(x_0, \mu_0)\mu''(x_0),
\end{aligned}
$$

dass $\mu''(x_0) \neq 0$. Die Kurve $(x, \mu(x))$ von Gleichgewichten hat folglich in x_0 ein lokales Extremum bezüglich μ. Aus der Sicht des Parameters μ bedeutet dies: für $\mu > \mu_0$ (oder $\mu < \mu_0$, je nach Vorzeichen von $\mu''(x_0)$) gibt es zwei Gleichgewichte in der Nähe von x_0, für $\mu < \mu_0$ dagegen keines.

Beispiel 10.2 Die Differentialgleichung

$$
\dot{x} = x^2 - \mu, \quad \mu, x \in \mathbb{R}, \tag{10.3}
$$

besitzt für $\mu > 0$ die Gleichgewichte $x^\pm = \pm\sqrt{\mu}$, für $\mu = 0$ nur $x = 0$ und für $\mu < 0$ keine (vgl. Abb. 10.2).

Eine solche Änderung der Dynamik in der Nähe von x_0 bei Variation des Parameters μ in der Nähe von μ_0 nennt man *Sattel-Knoten-Verzweigung* (bei μ_0) – der Name wird verständlich, wenn wir diese Verzweigung bei höherdimensionalen Systemen untersuchen.

Zunächst wollen wir uns aber noch die Stabilitätseigenschaften der beiden Gleichgewichte für $\mu > \mu_0$ anschauen. Im Beispiel 10.2 ist wegen $D_x f(x^\pm, \mu) = \pm 2\sqrt{\mu}$ das Gleichgewicht x^+ instabil, x^- dagegen stabil (in der Abb. 10.2 ist dies durch eine gestrichelte bzw. durchgezogene Linie angedeutet). Tatsächlich folgt aus dem Vorzeichenwechsel von $\mu'(x)$ bei x_0 und (10.2) sofort, dass auch im allgemeinen Fall immer eines der beiden Gleichgewichte stabil und das andere instabil ist.

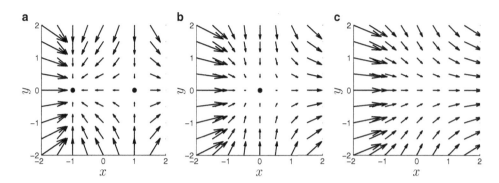

Abb. 10.3 Eine Sattel-Knoten-Verzweigung im $\mathbb{R}^2$: zwei Gleichgewichte für $\mu > 0$ (**a**), ein Gleichgewicht für $\mu = 0$ (**b**), keines für $\mu < 0$ (**c**)

Frage 33 Wie sieht das Verzweigungs-Diagramm der Gleichung $\dot{x} = x^2 + 2\mu x + 1$ für $\mu \in [-4, 4]$ aus?

Die Sattel-Knoten-Verzweigung für $d > 1$ Der Name „Sattel-Knoten-Verzweigung" wird verständlich, wenn wir das Vektorfeld (10.3) um Koordinaten erweitern, deren Dynamik nicht von μ abhängt:

Beispiel 10.3 Wir betrachten das System

$$\dot{x} = x^2 - \mu$$
$$\dot{y} = -y$$

Offenbar besitzt dieses System für $\mu > 0$ die beiden Gleichgewichte $(\pm\sqrt{\mu}, 0)$ (vgl. Abb. 10.3). Das Gleichgewicht $(-\sqrt{\mu}, 0)$ ist stabil (ein „Knoten"), $(\sqrt{\mu}, 0)$ dagegen ist ein „Sattel", d. h. besitzt jeweils eine eindimensionale stabile und instabile Mannigfaltigkeit. Für $\mu \to 0$ laufen die beiden Gleichgewichte auf der x-Achse im Ursprung zusammen, für $\mu < 0$ besitzt das System keine Gleichgewichte mehr.

Im allgemeinen Fall $f : D \times \mathbb{R} \to \mathbb{R}^d$, $D \subset \mathbb{R}^d$, gilt folgender Satz (für einen Beweis verweisen wir auf Sotomayor [1]).

Satz 10.4 Angenommen,

1. $D = D_x f(x_0, \mu_0)$ hat einen einfachen Eigenwert 0, $Dv = 0$ und $w^\mathrm{T} D = 0$, dim $E^s = k$ und dim $E^u = d - k - 1$,
2. $w^\mathrm{T} D_\mu f(x_0, \mu_0) \neq 0$,
3. $w^\mathrm{T} D_{xx} f(x_0, \mu_0)(v, v) \neq 0$.

Abb. 10.4 Die Pitchfork
(=„Heugabel")-Verzweigung

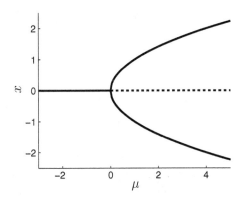

Dann gibt es eine glatte Kurve von Gleichgewichten durch (x_0, μ_0), die den affinen Unter-
raum $\mathbb{R}^d \times \{\mu_0\}$ tangential berührt. Für $\mu > \mu_0$ (bzw. $\mu < \mu_0$) gibt es zwei, für $\mu = \mu_0$
eins und für $\mu < \mu_0$ (bzw. $\mu > \mu_0$) kein Gleichgewicht in der Nähe von x_0. Die beiden
Gleichgewichte für $\mu > \mu_0$ (bzw. $\mu < \mu_0$) nahe x_0 sind hyperbolisch (vgl. Abschnitt 8.4)
und haben stabile Mannigfaltigkeiten der Dimension k bzw. $k + 1$.

Man beachte, dass hier analoge Bedingungen an das Vektorfeld f bzw. seine Ableitungen vorkommen wie im eindimensionalen Fall: $D_x f(x_0, \mu_0) = 0$, $D_\mu f(x_0, \mu_0) \neq 0$
und $D_{xx} f(x_0, \mu_0) \neq 0$.

Die Pitchfork-Verzweigung Die Sattel-Knoten-Verzweigung ist die „typische" Verzweigung, wenn man nur einen Parameter (hier μ) im Vektorfeld variiert: gilt $D_x f(x_0, \mu_0) = 0$,
dann „typischerweise"[1] nicht *gleichzeitig* auch $D_\mu f(x_0, \mu_0) = 0$ oder $D_{xx} f(x_0, \mu_0) = 0$
– außer in Spezialfällen.

Ein solcher Spezialfall ist die Gleichung

$$\dot{x} = \mu x - x^3.$$

Hier gilt tatsächlich $D_x f(0, 0) = 0$ und $D_{xx} f(0, 0) = 0$. Die Gleichung besitzt das
Gleichgewicht $x = 0$ für alle μ, sowie die beiden Gleichgewichte $x^{\pm} = \pm \sqrt{\mu}$ für $\mu > 0$,
vgl. Abb. 10.4.

Die Stabilität der Gleichgewichte ist in der Abbildung wieder durch gestrichelte (instabil) bzw. durchgezogene (stabil) Linien angedeutet. Offenbar verliert $x = 0$ bei $\mu = 0$
seine Stabilität an die beiden anderen Gleichgewichte.

Aufgrund der Form des Diagramms wird die in Abb. 10.4 dargestellte Art der Verzweigung als Pitchfork (=„Heugabel")-Verzweigung bezeichnet. Hinreichende Bedingungen
für ihr Auftreten im eindimensionalen Fall sind im folgenden Satz zusammengefasst. Für
den Beweis siehe Wiggins [3, Section 20.1E].

---

[1] Für eine präzisere Aussage verweisen wir auf Guckenheimer und Holmes [2, Kapitel 3].

Satz 10.5 Die Differentialgleichung $\dot{x} = f(x, \mu)$, $x, \mu \in \mathbb{R}$, durchläuft bei (x_0, μ) eine Pitchfork-Verzweigung, falls $f(x_0, \mu_0) = 0$ und

1. $D_x f(x_0, \mu_0) = 0$,
2. $D_\mu f(x_0, \mu_0) = 0$,
3. $D_{xx} f(x_0, \mu_0) = 0$, aber
4. $D_{x\mu} f(x_0, \mu_0) \neq 0$ und $D_{xxx} f(x_0, \mu_0) \neq 0$,

d. h. dann gibt es zwei glatte Kurven von Gleichgewichten durch (x_0, μ_0), von denen die eine den affinen Unterraum $\mathbb{R} \times \{\mu_0\}$ tangential berührt. Für $\mu > \mu_0$ (bzw. $\mu < \mu_0$) gibt es drei und für $\mu \leq \mu_0$ (bzw. $\mu \geq \mu_0$) ein Gleichgewicht in der Nähe von x_0 (vgl. Abb. 10.4).

10.2   Zentrumsmannigfaltigkeiten

Betrachten wir, wie im vorangegangen Abschnitt, wieder eine Kurve $(x(s), \mu(s))$ von Gleichgewichten von (10.1). Für alle s, für die das Gleichgewicht $x(s)$ hyperbolisch ist, legt die Anzahl der Eigenwerte von $D_x f(x(s), \mu(s))$ mit positivem bzw. negativem Realteil die lokale Dynamik um x_0 qualitativ fest (Satz 8.11 von Hartman-Grobman). Da die Eigenwerte von $D_x f(x(s), \mu(s))$ stetig von s abhängen, kann entlang der Kurve $x(s)$ eine qualitative Veränderung der Dynamik (also eine Verzweigung) nur dann eintreten, wenn für ein $s = s_0$ das Gleichgewicht $x(s_0)$ seine Hyperbolizität verliert, d. h. der Realteil eines oder mehrerer Eigenwerte 0 wird.

Im vorangegangenen Abschnitt haben wir analysiert, welche Verzweigung (typischerweise) auftritt, wenn ein einfacher reeller Eigenwert die 0 durchläuft (die Sattel-Knoten-Verzweigung). Im nächsten Abschnitt 10.3 betrachten wir den Fall, dass ein (einfaches) Paar komplexer Eigenwerte die imaginäre Achse kreuzt (die Hopf-Verzweigung). Beiden gemeinsam ist, dass im Verzweigungspunkt $\mu_0 = \mu(s_0)$ das Gleichgewicht $x_0 = x(s_0)$ nicht mehr hyperbolisch ist. Insbesondere besitzt die Linearisierung in x_0 einen nicht-trivialen *Zentrums-Unterraum* (vgl. Abschnitt 8.4). Zugehörig ist eine invariante Mannigfaltigkeit des nichtlinearen Systems, die tangential an diesen Unterraum liegt – analog den stabilen bzw. instabilen Mannigfaltigkeiten:

Satz 10.6 Es sei $f : D_0 \to \mathbb{R}^d$ ein k-mal stetig differenzierbares Vektorfeld und $x_0 \in D_0$ ein nicht-hyperbolisches Gleichgewicht von f, d. h. dim $E^c(x_0) > 0$. Dann gibt es eine $k - 1$ mal stetig differenzierbare *invariante* Mannigfaltigkeit W^c (*Zentrums-Mannigfaltigkeit*), die in x_0 tangential zu E^c ist. Diese Mannigfaltigkeit ist nicht notwendig eindeutig.

Einen Beweis dieses Resultats findet man in Kelley [4].

Abb. 10.5 Beispiel von Zentrums-Mannigfaltigkeiten

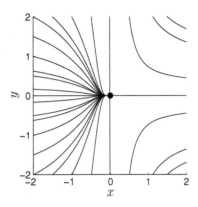

Beispiel 10.7 ([2, 4]) Wir betrachten das System aus Beispiel 10.3 für $\mu = 0$:

$$\dot{x} = x^2$$
$$\dot{y} = -y.$$

Offenbar ist $(0,0)$ ein Gleichgewicht. Die Linearisierung in $(0,0)$ hat die Eigenwerte 0 und -1, die y-Achse ist also der stabile Unterraum, die x-Achse der Zentrums-Unterraum. Es liegt eine Sattel-Knoten-Verzweigung vor.

Die Lösungen des Systems sind

$$x(t) = \frac{x_0}{1 - tx_0}$$
$$y(t) = y_0 e^{-t},$$

und man erhält durch Einsetzen $y(x) = y_0 e^{-1/x_0} e^{1/x}$ für $x \neq 0$, vgl. Abb. 10.5.

Für jeden Punkt (x_0, y_0) ist die Kurve

$$W^c(x_0, y_0) = \left\{ (x, y) \in \mathbb{R}^2 \; \middle| \; y = \left\{ \begin{array}{ll} y_0 e^{-1/x_0} e^{1/x}, & x < 0 \\ 0, & x \geq 0 \end{array} \right\} \right.$$

tangential an E^c in $(0,0)$, also eine Zentrums-Mannigfaltigkeit.

Reduktion auf die Zentrums-Mannigfaltigkeit In der Nähe eines Gleichgewichts x_0 lautet die Taylor-Entwicklung eines gegebenen Vektorfelds f:

$$f(x) = Df(x_0)(x - x_0) + f_2(x - x_0),$$

wobei $\| f_2(x) \| = \mathcal{O}(\|x\|^2)$. Durch eine geeignete Koordinatentransformation können wir $x_0 = 0$ erreichen und $A = Df(x_0)$ auf die Form

$$A = \begin{bmatrix} B & \\ & C \end{bmatrix}$$

bringen, wobei B nur Eigenwerte mit Realteil $\neq 0$ und C nur solche mit Realteil $= 0$ besitzt. Partitionieren wir entsprechend den Zustandsvektor $x = (y, z)$, sowie den nichtlinearen Teil $f_2 = (f^b, f^c)$ des Vektorfelds, dann lässt sich das System $\dot{x} = f(x)$ in der Nähe von $x_0 = 0$ in der Form

$$\dot{y} = By + f^b(y, z)$$
$$\dot{z} = Cz + f^c(y, z)$$

(10.4)

darstellen. Nach Satz 10.6 ist die Zentrums-Mannigfaltigkeit in $x_0 = 0$ tangential zu $E^c = \{(y, z) : y = 0\}$ und kann daher lokal als Graph über E^c dargestellt werden,

$$W^c = \{(y, z) : y = h(z)\},$$

mit einer $k - 1$-mal stetig differenzierbaren Funktion $h : U \to \mathbb{R}^s$ auf einer Umgebung $U \subset \mathbb{R}^c$ der Null, die $h(0) = 0$ und $Dh(0) = 0$ erfüllt. Würden wir die Funktion h kennen, dann ließe sich das System (10.4) damit durch Einsetzen von $y = h(z)$ lokal auf eines im Zentrums-Unterraum reduzieren:

$$\dot{z} = Cz + f^c(h(z), z), \quad z \in U.$$

Tatsächlich lässt sich h in den meisten Fällen nur approximativ bestimmen. Als Grundlage für eine Näherung dient dabei die folgende Beobachtung: Es gilt $y = h(z)$, also $\dot{y} = Dh(z)\dot{z}$ und mit (10.4) folgt

$$\dot{y} = Dh(z)\,(Cz + f^c(h(z), z))$$
$$= Bh(z) + f^b(h(z), z).$$

Die Funktion h löst also das folgende (partielle) Randwertproblem:

$$Dh(z)\,(Cz + f^c(h(z), z)) - \big(Bh(z) + f^b(h(z), z)\big) = 0,$$
$$h(0) = 0,$$
$$Dh(0) = 0.$$

Beispiel 10.8 ([2]) Betrachten wir das System

$$\dot{y} = -y - z^2,$$

(10.5)

$$\dot{z} = yz.$$

(10.6)

Der Ursprung $(0, 0)$ ist ein Gleichgewicht, die Linearisierung dort hat die Eigenwerte 0 und -1, der stabile Unterraum ist die y-Achse, der Zentrums-Unterraum die z-Achse. Die Funktion h löst das Anfangswertproblem

$$h'(z)\,(h(z)z) - \big(-h(z) - z^2\big) = 0,$$
$$h(0) = 0,$$
$$h'(0) = 0.$$

Abb. 10.6 Bewegung eines Paares komplexer Eigenwerte von $D_x f(x, \mu)$ bei der Hopf-Verzweigung

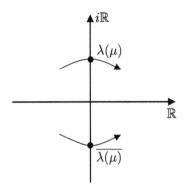

Setzen wir den Ansatz $h(z) = h_2 z^2 + h_3 z^3 + \mathcal{O}(z^4)$ ein, so erhalten wir

$$(2h_2 z + 3h_3 z^2 + \mathcal{O}(z^4))z(h_2 z^2 + h_3 z^3 + \mathcal{O}(z^4)) +$$
$$h_2 z^2 + h_3 z^3 + \mathcal{O}(z^4) + z^2 = 0,$$

also durch Koeffizientenvergleich $h_2 + 1 = 0$ und $h_3 = 0$, bzw.

$$h(z) = -z^2 + \mathcal{O}(z^4).$$

Die Zentrums-Mannigfaltigkeit ist also bis auf Terme der Ordnung 4 eine Parabel.

Frage 34 Wie lautet in diesem Beispiel die auf den Zentrums-Unterraum reduzierte Gleichung?

Zentrums-Mannigfaltigkeiten und Verzweigungen Die parameterabhängige Differentialgleichung (10.1) können wir formal auch als das System

$$\begin{aligned} \dot{x} &= f(x, \mu) \\ \dot{\mu} &= 0 \end{aligned} \tag{10.7}$$

schreiben. Besitzt das Gleichgewicht $x_0 = x(\mu_0)$ von (10.1) eine k-dimensionale Zentrums-Mannigfaltigkeit, dann hat das Gleichgewicht (x_0, μ_0) von (10.7) eine $k + 1$-dimensionale Zentrums-Mannigfaltigkeit, die wir auf die oben beschriebene Weise approximieren können. Wir nennen diese die *erweiterte Zentrums-Mannigfaltigkeit*.

10.3 Die Hopf-Verzweigung

Charakteristisch für die Sattel-Knoten-Verzweigung ist, dass bei Variation des Parameters μ ein reeller Eigenwert der Jacobi-Matrix $D_x f(x, \mu)$ die Null durchläuft. Analog erhält man eine qualitative lokale Änderung der Dynamik (also eine Verzweigung), wenn unter Variation von μ der Realteil eines Paares komplexer Eigenwerte von $D_x f(x, \mu)$ die imaginäre Achse passiert (vgl. Abb. 10.6).

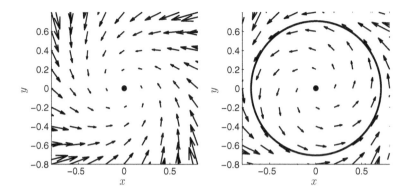

Abb. 10.7 Die Hopf-Verzweigung

Beispiel 10.9 Betrachten wir das System

$$\begin{aligned}
\dot{x} &= -y - x(\mu + x^2 + y^2) \\
\dot{y} &= x - y(\mu + x^2 + y^2)
\end{aligned} \tag{10.8}$$

mit dem reellen Parameter μ. Offenbar ist $(0,0)$ für alle μ ein Gleichgewicht. Die Jacobi-Matrix (nach (x, y)) des Vektorfelds in $(0,0)$ ist

$$\begin{bmatrix} -\mu & -1 \\ 1 & -\mu \end{bmatrix}$$

mit den Eigenwerten $\mu \pm i$. Für $\mu > 0$ ist der Ursprung also stabil, für $\mu < 0$ instabil. Für $\mu < 0$ existiert in der Nähe des Ursprungs ein (stabiler) periodischer Orbit, vgl. die Abb. 10.7. Tatsächlich lässt sich die Existenz dieses periodischen Orbits leicht nachweisen, wenn man das System in Polarkoordinaten[2] $x = r \cos \vartheta$, $y = r \sin \vartheta$ betrachtet:

$$\dot{r} = -r(\mu + r^2) \tag{10.9}$$

$$\dot{\vartheta} = 1. \tag{10.10}$$

Offenbar liegt für die r-Gleichung eine Pitchfork-Verzweigung bei $\mu = 0$ vor, für $\mu < 0$ hat diese Gleichung das stabile Gleichgewicht $r_0 = \sqrt{-\mu}$, das eben dem stabilen periodischen Orbit des Gesamtsystems entspricht.

---

[2] Das Umrechnen einer Gleichung von Polarkoordinaten (r, θ) in kartesische Koordinaten (x, y) funktioniert analog zu Abschnitt 4.3, mit dem Unterschied dass die Koordinatentransformation $(x, y) = T(r, \theta) = (r \cos \theta, r \sin \theta)$ nur als Abbildung von $(0, \infty) \times [0, 2\pi)$ nach $\mathbb{R}^2 \setminus \{0\}$ invertierbar ist mit $T^{-1}(x, y) = (\sqrt{x^2 + y^2}, \arccos(x / \sqrt{x^2 + y^2}))$.

Allgemein gilt der folgende Satz von Hopf[3]:

Satz 10.10 Es sei x_0 ein Gleichgewicht von $\dot{x} = f(x, \mu)$ für $\mu = \mu_0$ und $D_x f(x_0, \mu_0)$ habe ein einfaches Paar $\lambda(\mu_0), \bar{\lambda}(\mu_0) \in i\mathbb{R}$ rein imaginärer Eigenwerte und keine weiteren Eigenwerte mit Realteil Null. Gilt außerdem

$$\frac{d}{d\mu} \left(\mathrm{Re}\, \lambda(\mu) \right) |_{\mu=\mu_0} \neq 0 \tag{10.11}$$

für die Kurve $\lambda(\mu)$ von Eigenwerten von $D_x f(x(\mu), \mu)$ mit $\lambda(\mu_0) \in i\mathbb{R}$, dann gibt es eine eindeutige erweiterte dreidimensionale Zentrums-Mannigfaltigkeit W^c durch (x_0, μ_0). Das auf W^c reduzierte System hat in geeigneten Koordinaten die Taylor-Entwicklung dritten Grades

$$\dot{z}_1 = (d\mu + ar^2)z_1 - (\omega + c\mu + br^2)z_2,$$
$$\dot{z}_2 = (\omega + c\mu + br^2)z_1 + (d\mu + ar^2)z_2,$$

wobei $r^2 = z_1^2 + z_2^2$. Gilt $a \neq 0$, dann gibt es eine Familie periodischer Orbits in W^c, deren Abstände r von x_0 bis auf Terme zweiter Ordnung die Gleichung

$$\mu = -\frac{a}{d}r^2$$

erfüllen und die für $a < 0$ stabil und für $a > 0$ instabil sind.

10.4 Globale Verzweigungen

Die Verzweigungen, die wir bisher in diesem Kapitel betrachtet haben, waren *lokaler* Natur: wir haben uns auf die qualitative Änderung der Dynamik in der Nähe eines Gleichgewichts konzentriert. Natürlich ist eine Änderung der Dynamik nicht auf solche lokalen „Ereignisse" beschränkt. *Globale* Verzweigungen in dem Sinne, dass das dynamische Verhalten in mehr als einer Umgebung eines Gleichgewichts (oder einer anderen speziellen Lösung) betroffen ist, sind allerdings viel schwieriger zu detektieren und analysieren. Eine recht erfolgreiche Methode basiert auf der Detektion von Verbindungsorbits, also homo- oder heteroklinen Trajektorien. Ein typisches Beispiel ist das folgende:

Beispiel 10.11 ([2]) Wir betrachten das System

$$\dot{x} = y$$
$$\dot{y} = x - x^2 + \mu y,$$

mit dem freien Parameter $\mu \in \mathbb{R}$. Abbildung 10.8 zeigt die globale Dynamik für die drei Fälle $\mu < 0$, $\mu = 0$ und $\mu > 0$. In diesem Beispiel entsteht offenbar ein zum Ursprung

---

[3] Heinz Hopf, deutscher Mathematiker, 1893–1971.

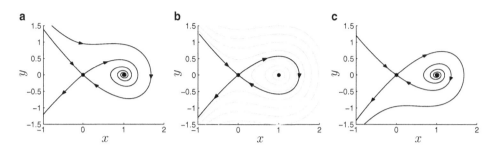

Abb. 10.8 Eine homokline Verzweigung; **a** $\mu < 0$, **b** $\mu = 0$, **c** $\mu > 0$

homokliner Orbit für $\mu = 0$, das stabile Gleichgewicht $(1, 0)$ wird für $\mu > 0$ instabil und für $\mu < 0$ asymptotisch stabil. Tatsächlich liegt für $\mu = 0$ ein *Hamilton-System* vor (vgl. Kap. 12) mit der Hamilton-Funktion

$$H(x, y) = \frac{y^2}{2} - \frac{x^2}{2} + \frac{x^3}{3}$$

und die Lösungskurven sind die Höhenlinien dieser Funktion.

10.5   Übungen

Aufgabe 10.1 Überprüfen sie, dass die Bedingungen (i)–(iii) aus Satz 10.4 im Beispiel 10.3 erfüllt sind.

Aufgabe 10.2 [Subkritische Pitchfork-Verzweigung] Analysieren sie die Verzweigung der Gleichung $\dot{x} = \mu x + x^3$ bei $\mu = 0$. Wie sieht das Verzweigungsdiagramm aus? Welche Bedingung der Sattel-Knoten-Verzweigung ist verletzt?

Aufgabe 10.3 [Transkritische Verzweigung] Analysieren sie die Verzweigung der Gleichung $\dot{x} = \mu x + x^2$ bei $\mu = 0$. Wie sieht das Verzweigungsdiagramm aus? Welche Bedingung der Sattel-Knoten-Verzweigung ist verletzt?

Aufgabe 10.4 Berechnen Sie die Taylorentwicklung der erweiterten Zentrums-Mannigfaltigkeit für die Gleichung $\dot{x} = x^2 - \mu$ aus Beispiel 10.2.

Aufgabe 10.5 Zeichnen Sie in MATLAB oder MAPLE das globale Phasenportrait des Pendels mit Reibung

$$\dot{x} = \begin{bmatrix} x_2 \\ -g \sin(x_1) - k x_2 \end{bmatrix},$$

vgl. Gl. (7.2), für $k < 0$, $k = 0$ und $k > 0$, analog zur Abb. 10.8.

Literatur

1. SOTOMAYOR, J.: *Generic bifurcations of dynamical systems.* In. *Dynamical systems (Proc. Sympos., Univ. Bahia, Salvador, 1971)*, pp. 561–582. Academic Press, New York, 1973.

2. GUCKENHEIMER, J. and P. HOLMES: *Nonlinear Oscillations, Dynamical Systems, and Bifurcations of Vector Fields.* Springer, Heidelberg, 1983.

3. WIGGINS, S.: *Introduction to applied nonlinear dynamical systems and chaos*, Bd. 2 d. Reihe *Texts in Applied Mathematics.* Springer, New York, 2. Aufl., 2003.

4. KELLEY, A.: *The stable, center-stable, center, center-unstable, unstable manifolds.* J. Differential Equations, 3:546–570, 1967.

Attraktoren

11

In der qualitativen Analyse der Lösungen von Differentialgleichungen und dynamischer Systeme ist das Langzeitverhalten oft von zentraler Bedeutung. Wir haben dies bereits in den Kapiteln über Stabilität gesehen, in denen wir untersucht haben, ob Lösungen $\varphi^t(x)$ für $t \to \infty$ gegen ein Gleichgewicht konvergieren (asymptotische Stabilität), in der Nähe verbleiben (Stabilität) oder sich von dem Gleichgewicht entfernen (Instabilität). In diesem Kapitel greifen wir das Konzept der asymptotischen Stabilität wieder auf, wenden dies aber auf allgemeine Mengen an Stelle von Gleichgewichtslösungen an. Dies führt zur Definition der asymptotisch stabilen Menge und des Attraktors, der eine besondere Form der asymptotisch stabilen Menge darstellt. Insbesondere werden wir sehen, dass Attraktoren gerade diejenigen Teilbereiche des Zustandsraumes charakterisieren, in denen sich das Langzeitverhalten der Lösungen – soweit sie nicht unbeschränkt wachsen – abspielt. Während Methoden zur Berechnung von Attraktoren über den Umfang dieses einführenden Buches hinausgehen, werden wir abschließend zumindest eine Technik kennen lernen, mit der Gebiete im Zustandsraum bestimmt werden können, in denen sich Attraktoren befinden.

11.1 Grundlegende Definitionen

In diesem Abschnitt werden wir das zentrale Objekt dieses Kapitels definieren. Beginnend mit einer Wiederholung des Konzepts der Invarianz von Mengen und einer neuen – mengenwertigen – Definition asymptotischer Stabilität werden wir dabei Schritt für Schritt die Bestandteile der Attraktordefinition einführen und an Beispielen veranschaulichen.

Für eine Teilmenge $D \subset \mathbb{R}^d$ schreiben wir dabei wieder (vgl. (9.2))

$$\varphi^t(D) := \bigcup_{x \in D} \{\varphi^t(x)\}.$$

Wir beginnen mit einer detaillierteren Definition verschiedener invarianter Mengen, vgl. (9.3).

© Springer Fachmedien Wiesbaden 2016
L. Grüne, O. Junge, *Gewöhnliche Differentialgleichungen*,
Springer Studium Mathematik – Bachelor, DOI 10.1007/978-3-658-10241-8_11

Definition 11.1

(i) Eine Teilmenge $D \subseteq \mathbb{R}^d$ heißt *vorwärts (oder positiv) invariant*, falls die Inklusion

$$\varphi^t(D) \subseteq D \quad \text{für alle } t \geq 0$$

   gilt.

(ii) Eine Teilmenge $D \subseteq \mathbb{R}^d$ heißt *rückwärts (oder negativ) invariant*, falls die Inklusion

$$\varphi^t(D) \subseteq D \quad \text{für alle } t \leq 0$$

   gilt.

(iii) Eine Teilmenge $D \subseteq \mathbb{R}^d$ heißt *invariant*, falls sie vorwärts und rückwärts invariant ist, also die Gleichheit

$$\varphi^t(D) = D \quad \text{für alle } t \in \mathbb{R}$$

   gilt.

Bemerkung 11.2

(i) Gemäß Bemerkung 9.4 ist Invarianz einer Menge D wegen der Kozykluseigenschaft äquivalent zu

$$\varphi^t(D) \subseteq D \quad \text{für alle } t \in \mathbb{R}.$$

   Eine Menge ist also genau dann invariant, wenn sie sowohl vorwärts als auch rückwärts invariant ist, oder äquivalent, wenn alle in D startenden Lösungen für alle positiven und negativen Zeiten in D verbleiben.

(ii) Ebenso wegen der Kozykluseigenschaft reicht es zur Überprüfung der Invarianz aus, die Gleichheit in (iii) für $t \geq 0$ zu prüfen, da für $t < 0$ dann gilt

$$D = \varphi^t(\underbrace{\varphi^{-t}(D)}_{=D}) = \varphi^t(D).$$

Die insbesondere in den Stabilitätskapiteln ausführlich untersuchten Gleichgewichtslösungen sind wegen $\varphi^t(x^*) = x^*$ spezielle invariante Mengen. Im folgenden Beispiel existieren weitere invariante Mengen.

Beispiel 11.3 Wir betrachten die Gleichung

$$\dot{x}_1 = -x_2 + x_1(1 - x_1^2 - x_2^2)$$
$$\dot{x}_2 = x_1 + x_2(1 - x_1^2 - x_2^2),$$

vgl. System (10.8). Abbildung 11.1 zeigt ausgewählte Lösungskurven dieser Gleichung, mit verschiedenen Anfangswerten auf der x_2-Achse.

Abb. 11.1 Lösung der DGL
mit verschiedenen Anfangswerten auf der x_2-Achse

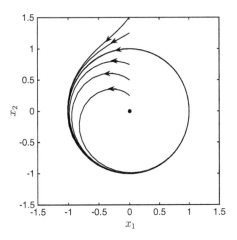

In Abb. 11.1 kann man die folgenden invarianten Mengen erkennen:

- $D_1 = \{0\}$, da 0 ein Gleichgewicht ist,
- $D_2 = \{x \in \mathbb{R}^2 \mid \|x\| = 1\}$, da jede Lösung, die auf dem Kreis startet, für alle positiven und negativen Zeiten darauf bleibt,
- $D_3 = \{x \in \mathbb{R}^2 \mid \|x\| \leq 1\}$, aus dem gleichen Grund wie in (ii).

Man sieht also leicht, dass invariante Mengen nicht eindeutig sein müssen. Sie können disjunkt sein (wie D_1 und D_2), oder sich schneiden, wie D_1 und D_3 oder D_2 und D_3.

Abbildung 11.1 wurde numerisch erstellt und liefert damit keinen formalen Beweis, dass diese Mengen tatsächlich invariant sind. Der formale Beweis ist bei diesem einfachen System allerdings durchaus machbar, vgl. Aufgabe 11.1.

Frage 35 Gibt es in diesem Beispiel vorwärts invariante Mengen, die nicht invariant sind?

Als Schritt auf dem Weg zur Definition von Attraktoren betrachten wir zunächst eine Vorstufe, nämlich die sogenannten asymptotisch stabilen Mengen. Dazu müssen wir zunächst mengenwertige Abstandskonzepte definieren.

Definition 11.4
(i)   Gegeben sei eine kompakte Menge $A \subseteq \mathbb{R}^d$. Dann definieren wir den *Abstand eines Punktes $x \in \mathbb{R}^d$ von A* als

$$d(x, A) = \min_{y \in A} \|x - y\|.$$

(ii) Sei $B \subseteq \mathbb{R}^d$ eine weitere kompakte Menge. Wir definieren den (nicht symmetrischen) *Hausdorff-Abstand* zwischen B und A als

$$H^*(B, A) = \max_{x \in B} d(x, A).$$

Bemerkung 11.5

(i)   Aus der Definition folgt sofort, dass $d(x, A) = 0$ genau dann gilt, wenn $x \in A$.

(ii) Aus (i) folgt sofort, dass $H^*(B, A) = 0$ genau dann gilt, wenn $B \subseteq A$.

(iii) Das folgende Beispiel zeigt, dass H^* tatsächlich ein *nicht symmetrischer* Abstand ist: Sei $d = 1$, $A = [-1, 1]$ und $B = \{0\}$. Dann gilt

$$H^*(B, A) = 0 \quad \text{aber} \quad H^*(A, B) = 1.$$

(iv) Für H^* gilt die Dreiecksungleichung

$$H^*(C, A) \leq H^*(C, B) + H^*(B, A)$$

für alle kompakten Mengen $A, B, C \subset \mathbb{R}^d$. Um dies zu sehen, wähle für jedes $x \in \mathbb{R}^d$ einen Punkt $x^*(x) \in B$, für den

$$d(x, B) = \|x - x^*(x)\|$$

gilt (dieser existiert, da B kompakt ist). Damit gilt

$$
\begin{aligned}
H^*(C, A) = \max_{x \in C} d(x, A) \;\; &= \;\; \max_{x \in C} \min_{y \in A} d(x, y) \\
&\leq \max_{x \in C} \min_{y \in A} \Big(d(x, x^*(x)) + d(x^*(x), y) \Big) \\
&= \max_{x \in C} \min_{y \in A} \Big(d(x, B) + d(x^*(x), y) \Big) \\
&\leq \max_{x \in C} \max_{z \in B} \min_{y \in A} \Big(d(x, B) + d(z, y) \Big) \\
&= \max_{x \in C} d(x, B) + \max_{z \in B} \min_{y \in A} d(z, y) \\
&= H^*(C, B) + H^*(B, A).
\end{aligned}
$$

Aus der Dreiecksungleichung folgt sofort die umgekehrte Dreiecksungleichung

$$H^*(C, B) \geq H^*(C, A) - H^*(B, A).$$

(v)   Mit Hilfe des Hausdorff-Abstands lässt sich durch

$$H(A, B) = \max\{H^*(A, B), H^*(B, A)\}$$

eine Metrik, die *Hausdorff-Metrik*, auf der Menge der kompakten Teilmengen definieren.

Mit Hilfe dieses Abstandes können wir nun asymptotische Stabilität einer Menge definieren.

Definition 11.6 Eine kompakte Menge $A \subset \mathbb{R}^d$ heißt *asymptotisch stabil*, falls sie vorwärts invariant ist und eine offene Umgebung U von A existiert, so dass die Konvergenz

$$\lim_{t \to \infty} H^*(\varphi^t(B), A) = 0$$

für alle kompakten Teilmengen $B \subset U$ gilt. Die Menge U wird dann *Stabilitätsumgebung* genannt.

Frage 36 Welche asymptotisch stabilen Mengen besitzt die Gleichung $\dot{r} = r(1 + r)(1 - r)$?

Vergleicht man dies mit der Definition 7.3 der asymptotischen Stabilität von Gleichgewichten, so unterscheidet sich diese kompakte mengenwertige Charakterisierung deutlich von der dortigen ε-δ-Formulierung. Die Definitionen sind aber äquivalent, wie der folgende Satz zeigt.

Satz 11.7 Eine kompakte Menge $A \subset \mathbb{R}^d$ ist genau dann asymptotisch stabil mit Stabilitätsumgebung U im Sinne von Definition 11.6, wenn die folgenden beiden Bedingungen erfüllt sind:

(i) Für jedes $\varepsilon > 0$ existiert ein $\delta > 0$, so dass die Ungleichung

$$d(\varphi^t(x_0), A) \leq \varepsilon \text{ für alle } t \geq 0$$

für alle Anfangswerte $x_0 \in \mathbb{R}^d$ mit $d(x, A) < \delta$ erfüllt ist.
(ii) Für jedes $x_0 \in U$ gilt

$$\lim_{t \to \infty} d(\varphi^t(x_0), A) = 0.$$

▶ **Beweis** „Definition 11.6 $\Rightarrow$ (i)": Sei $\varepsilon > 0$ gegeben und wähle $\delta_0 > 0$ so, dass die Inklusion

$$B := \overline{B}_{\delta_0}(A) = \{x \in \mathbb{R}^d \mid d(x, A) \leq \delta_0\} \subset U$$

gilt. Aus der asymptotischen Stabilität von A folgt $H^*(\varphi^t(B), A) \to 0$ und damit die Existenz von $T > 0$, so dass $H^*(\varphi^t(B), A) \leq \varepsilon$ für alle $t \geq T$ gilt. Aus der Definition von H^* folgt damit

$$d(\varphi^t(x), A) \leq \varepsilon$$

für alle $x \in \mathbb{R}^d$ mit $d(x, A) \leq \delta_0$ und alle $t \geq T$.

Da die Lösung $\varphi^t(x)$ stetig in t und x ist, ist sie auf der kompakten Menge $[0, T] \times B$ gleichmäßig stetig. Da A vorwärts invariant ist, folgt $d(\varphi^t(x), A) = 0$ für alle $x \in A$ und alle $t \geq 0$. Wegen der gleichmäßigen Stetigkeit existiert daher ein $\delta > 0$, so dass

$$d(\varphi^t(x), A) \leq \varepsilon$$

gilt für alle $t \in [0, T]$ und alle $x \in \overline{B}_\delta(A)$. Damit gilt (i).

„Definition 11.6 $\Rightarrow$ (ii)": Für beliebiges $x_0 \in U$ betrachte die kompakte Menge $B = \{x_0\}$. Dann gilt

$$\lim_{t \to \infty} d(\varphi^t(x_0), A) = \lim_{t \to \infty} H^*(\varphi^t(B), A) = 0,$$

also (ii).

„(i) und (ii) $\Rightarrow$ Definition 11.6": Aus (i) folgt für alle $x \in A$ und alle $t \geq 0$ die Ungleichung

$$d(\varphi^t(x), A) \leq \varepsilon$$

für beliebige $\varepsilon > 0$. Daher gilt $d(\varphi^t(x), A) = 0$, was die Vorwärtsinvarianz zeigt.

Zum Beweis der Konvergenz sei eine kompakte Menge $B \subset U$ gegeben. Wir zeigen $H^*(\varphi^t(B), A) \to 0$ indem wir zeigen, dass für alle $\varepsilon > 0$ ein $T > 0$ existiert mit $H^*(\varphi^t(B), A) < \varepsilon$ für alle $t \geq T$. Sei dazu $\varepsilon > 0$ gegeben und wähle $\delta > 0$ aus (i). Aus (ii) folgt dann, dass für jedes $x \in B$ ein $T_x > 0$ existiert mit

$$d(\varphi^{T_x}(x), A) < \delta/2.$$

Wegen der Stetigkeit von φ^{T_x} gibt es dann zu jedem x ein $\sigma_x > 0$ mit

$$d(\varphi^{T_x}(y), A) < \delta \text{ für alle } y \in B_{\sigma_x}(x),$$

wobei $B_{\sigma_x}(x)$ den offenen Ball mit Radius $\sigma(x)$ um x bezeichnet. Aus der Wahl von δ und (i) folgt daraus

$$d(\varphi^t(y), A) < \varepsilon \text{ für alle } t \geq T_x \text{ und alle } y \in B_{\sigma_x}(x).$$

Die Menge aller dieser Bälle für $x \in B$ überdeckt B, folglich gibt es wegen der Kompaktheit von B eine endliche Teilüberdeckung $B_{\sigma(x_1)}(x_1), \ldots, B_{\sigma(x_m)}(x_m)$. Damit folgt die Behauptung mit $T = \max\{T_{x_1}, \ldots, T_{x_m}\}$. $\square$

Aus diesem Satz folgt sofort, dass für jedes asymptotisch stabile Gleichgewicht x^* die Menge $A = \{x^*\}$ asymptotisch stabil ist.

Beispiel 11.8 Wir betrachten wieder die DGL aus Beispiel 11.3. Hier kann man die folgenden asymptotisch stabilen Mengen identifizieren:

- $A_1 = \{x \in \mathbb{R}^n \mid \|x\| = 1\}$ ($= D_2$ aus Beispiel 11.3)
- $A_2 = \{x \in \mathbb{R}^n \mid \|x\| \leq 1\}$ ($= D_3$ aus Beispiel 11.3)
- Jede Menge der Form $\{x \in \mathbb{R}^n \mid a \leq \|x\| \leq b\}$ mit $a \in [0, 1]$, $b \geq 1$ (diese sind i. A. nicht invariant).

Auch diese Mengen sind aus der numerischen Lösung in Abb. 11.1 naheliegend, der formale Beweis ist wiederum Übungsaufgabe.

Nun kommen wir zu dem zentralen Objekt dieses Kapitels, dem Attraktor.

Definition 11.9 Eine asymptotisch stabile Menge $A \subseteq \mathbb{R}^d$ heißt *Attraktor*, falls sie invariant ist.

Frage 37 Welche Attraktoren besitzt die Gleichung $\dot{r} = r(1 + r)(1 - r)$?

Wir werden in Kürze sehen, warum Attraktoren besonders ausgezeichnete asymptotisch stabile Mengen sind. Zunächst aber einige Beispiele:

Beispiel 11.10
(i)   Offenbar ist jede asymptotisch stabile einpunktige Menge $A = \{x^*\}$ (also jedes asymptotisch stabile Gleichgewicht x^*) ein Attraktor, da aus der Gleichgewichtseigenschaft $\varphi^t(x^*) = x^*$ sofort die Invarianz folgt.
(ii)   Von den in Beispiel 11.8 aufgeführten asymptotisch stabilen Mengen sind nur die Mengen A_1 und A_2 invariant, vgl. Beispiel 11.3. Beachte, dass alle anderen in Beispiel 11.8 angegebenen Mengen entweder A_1 oder A_1 und A_2 enthalten. Dies ist, wie wir gleich sehen werden, kein Zufall, da Attraktoren – in geeignetem Sinne – minimale asymptotisch stabile Mengen sind.
(iii) Einige Attraktoren haben es wegen ihrer komplexen geometrischen Struktur zu einer gewissen „Berühmtheit" in der Mathematik gebracht. Beispiele sind der bereits in der Einleitung betrachtete Lorenz-Attraktor, den wir später noch einmal aufgreifen werden oder Chua's Circuit, vgl. Aufgabe 11.4.

11.2 Attraktoren als minimale asymptotisch stabile Mengen

In diesem Abschnitt beweisen wir, in welchem Sinne Attraktoren besonders ausgezeichnete asymptotisch stabile Mengen sind.

Satz 11.11 Gegeben sei eine asymptotisch stabile Menge A mit Stabilitätsumgebung U. Dann ist die Menge A genau dann ein Attraktor, wenn sie die minimale asymptotisch stabile Menge mit Stabilitätsumgebung U ist, d. h., wenn für jede weitere asymptotisch stabile Menge A^* mit Stabilitätsumgebung U die Inklusion $A \subseteq A^*$ gilt.[1]

▶ **Beweis** Nach Voraussetzung ist A vorwärts invariant und asymptotisch stabil. Die Menge A ist also genau dann ein Attraktor, wenn sie invariant ist, also $\varphi^t(A) = A$ für alle $t \in \mathbb{R}$ gilt. Wir beweisen die zur Behauptung äquivalente Aussage

$$A \text{ ist nicht invariant} \quad \Leftrightarrow \quad A \text{ ist nicht minimal.}$$

---

[1] Wir verwenden die Inklusionszeichen im Folgenden analog zu den Ungleichungszeichen: $A^* \subseteq A$ bedeutet, dass $A^* = A$ möglich ist, während $A^* \subset A$ impliziert, dass $A^* \neq A$ ist.

Wir zeigen zunächst die Aussage „A nicht invariant $\Rightarrow$ A nicht minimal“:
Sei A nicht invariant. Dann gibt es ein $t^* > 0$ so dass $A^* := \varphi^{t^*}(A) \neq A$ gilt. Da A nach
Definition vorwärts invariant ist, ist $A^* \subseteq A$, weswegen also

$$A^* \not\supseteq A$$

gilt. Zudem ist A^* vorwärts invariant, denn für jedes $t \geq 0$ gilt

$$\varphi^t(A^*) = \varphi^t(\varphi^{t^*}(A)) = \varphi^{t+t^*}(A) = \varphi^{t^*}(\underbrace{\varphi^t(A)}_{\subseteq A}) \subseteq \varphi^{t^*}(A) = A^*.$$

Sei nun ein beliebiges $t > t^*$ gegeben. Dann gilt

$$H^*(\varphi^t(B), A^*) = H^*(\varphi^{t^*}(\varphi^{t-t^*}(B)), \varphi^{t^*}(A)).$$

Nun gilt $H^*(\varphi^{t-t^*}(B), A) \to 0$ für $t \to \infty$. Da φ^{t^*} stetig ist, ist diese Abbildung auch
gleichmäßig stetig auf kompakten Mengen. Weil nun $D = \overline{\bigcup_{t \geq t^*} \varphi^{t-t^*}(B)}$ wegen der
Konvergenz von $\varphi^t(B)$ gegen A beschränkt und damit kompakt ist, ist φ^{t^*} gleichmäßig
stetig auf D. Daraus folgt

$$H^*(\varphi^{t^*}(\varphi^{t-t^*}(B)), \varphi^{t^*}(A)) \to 0$$

für $t \to \infty$, also $H^*(\varphi^t(B), A^*) \to 0$. Wir haben damit für A^* alle notwendigen Eigenschaften für eine asymptotisch stabile Menge nachgewiesen, und da $A^* \subset A$ ist, ist A
folglich keine minimale asymptotisch stabile Menge.

Nun zeigen wir die umgekehrte Aussage „A nicht minimal $\Rightarrow$ A nicht invariant“:
Sei A nicht minimal, d. h., es gibt eine asymptotisch stabile Menge $A^* \subset A$ mit Stabili-
tätsumgebung B und $A^* \neq A$. Dann gilt $H^*(A, A^*) > 0$. Also folgt mit der umgekehrten
Dreiecksungleichung

$$H^*(A, \varphi^t(A)) \geq \underbrace{H^*(A, A^*)}_{>0} - \underbrace{H^*(\varphi^t(A), A^*)}_{\to 0}.$$

Für hinreichend großes $t > 0$ folgt also $H^*(A, \varphi^t(A)) > 0$ und damit $\varphi^t(A) \neq A$, womit
A nicht invariant ist. $\square$

Asymptotisch stabile Mengen beschreiben per Definition solche Regionen des Zustandsraumes in $\mathbb{R}^d$, in deren Umgebung sich die Lösungen des Systems – sofern sie
nicht divergieren – nach einer gewissen Übergangszeit aufhalten. Attraktoren sind also
deswegen besonders schön, da sie die kleinsten solchen Mengen sind und deswegen die
genauest mögliche Information über den Aufenthalt der Lösungen liefern. Das Verhalten der Lösungen bis zur Konvergenz[2] gegen einen Attraktor wird *transientes Verhalten*
genannt.

---

[2] Diese Beschreibung ist natürlich etwas informell, denn man kann nicht präzise definieren, wann
Konvergenz „eintritt“. Anschaulich dürfte aber klar sein, was hier gemeint ist.

11.3 Absorbierende Mengen

Für kompliziertere Systeme ist es oft schwierig bis unmöglich, Attraktoren analytisch zu bestimmen. Es gibt aber ein Verfahren, mit dem man Bereiche ermitteln kann, in denen ein Attraktor liegen muss, auch wenn dieser selbst unbekannt ist. Dazu benötigen wir das folgende Konzept:

Definition 11.12 Eine kompakte Menge $C \subset \mathbb{R}^d$ heißt *absorbierende Menge* mit offener *Absorptionsumgebung* $U \supset C$, falls für jede kompakte Teilmenge $B \subset U$ ein $T > 0$ existiert, so dass $\varphi^t(B) \subset \text{int}\, C$ gilt für alle $t \geq T$, wobei „int C" das Innere der Menge C bezeichnet.

Absorbierende Mengen sind – im Vergleich zu Attraktoren – relativ leicht zu finden, z. B. durch numerische Simulationen aber auch durch analytische Betrachtungen. Der folgende Satz zeigt, dass sich in absorbierenden Mengen immer ein Attraktor findet.

Satz 11.13 Jede absorbierende Menge $C \subset \mathbb{R}^n$ mit Absorptionsumgebung U enthält einen Attraktor $A \subset \text{int}\, C$ mit Stabilitätsumgebung U. Dieser Attraktor ist gegeben durch

$$A = \bigcap_{s \geq 0} \overline{\bigcup_{t \geq s} \varphi^t(C)}. \tag{11.1}$$

▶ **Beweis** Zunächst muss man sich überlegen, dass die solchermaßen definierte Menge A nicht leer ist. Betrachte ein $x \in C$. Da $\varphi^t(x) \in \varphi^t(C) \subset \text{int}\, C$ ist für $t \geq T$, ist $\varphi^t(x)$ beschränkt und besitzt damit einen Häufungspunkt, der für alle $s > 0$ in $\overline{\bigcup_{t \geq s} \varphi^t(C)}$ liegen muss. Daher ist A nicht leer.

Als nächstes zeigen wir, dass dieses A in int C enthalten ist. Hierzu zeigen wir zunächst die Inklusion

$$\bigcup_{t \geq T} \varphi^t(C) \subseteq \bigcup_{t \in [T, 2T]} \varphi^t(C). \tag{11.2}$$

Dies folgt aus der Tatsache, dass für beliebige $t > 0$ die Inklusion

$$\varphi^{t+T}(C) = \varphi^t(\underbrace{\varphi^T(C)}_{\subseteq C}) \subseteq \varphi^t(C)$$

gilt, weswegen per Induktion auch die Inklusion $\varphi^{t+nT}(C) \subseteq \varphi^t(C)$ für alle $n \in \mathbb{N}$ gilt. Damit folgt (11.2). Da $\varphi^t(C) \subset \text{int}\, C$ für jedes $t \in [T, 2T]$ gilt, erhalten wir

$$\bigcup_{t \in [T, 2T]} \varphi^t(C) \subset \text{int}\, C$$

und weil $\bigcup_{t\in[T,2T]} \varphi^t(C)$ (als Bild der kompakten Menge $[T, 2T] \times C$ unter der stetigen Abbildung φ) abgeschlossen ist, folgt mit (11.2)

$$\overline{\bigcup_{t\geq s}\varphi^t(C)} \subseteq \overline{\bigcup_{t\in[T,2T]}\varphi^t(C)} = \bigcup_{t\in[T,2T]}\varphi^t(C) \subset \text{int } C$$

für alle $s \geq T$, womit auch der Schnitt A in $\text{int } C$ liegt.

Wir zeigen nun die Attraktoreigenschaften für A, nämlich Invarianz und asymptotische Stabilität.

Zur Invarianz: Beachte zunächst, dass für jedes $\tau \geq 0$ die Gleichung

$$A = \bigcap_{s\geq 0}\overline{\bigcup_{t\geq s}\varphi^t(C)} = \bigcap_{s\geq\tau}\overline{\bigcup_{t\geq s}\varphi^t(C)}$$

gilt, da die Mengen, die hier geschnitten werden, für wachsende s kleiner werden.

Für ein beliebiges $\tau \in \mathbb{R}$ gilt nun

$$\varphi^\tau(A) = \varphi^\tau\left(\bigcap_{s\geq 0}\overline{\bigcup_{t\geq s}\varphi^t(C)}\right) = \bigcap_{s\geq 0}\varphi^\tau\left(\overline{\bigcup_{t\geq s}\varphi^t(C)}\right)$$

$$= \bigcap_{s\geq 0}\overline{\bigcup_{t\geq s}\varphi^\tau(\varphi^t(C))} = \bigcap_{s\geq 0}\overline{\bigcup_{t\geq s}\varphi^{\tau+t}(C)} = \bigcap_{s\geq\tau}\overline{\bigcup_{t\geq s}\varphi^t(C)} = A$$

Zur asymptotischen Stabilität: Angenommen, diese Eigenschaft gilt nicht. Dann gibt es ein $\varepsilon > 0$, eine kompakte Menge $B \subset U$ sowie eine Folge $t_n \to \infty$, so dass

$$H^*(\varphi^{t_n}(B), A) > \varepsilon \text{ für alle } n \in \mathbb{N}$$

gilt. Dies bedeutet, dass eine Folge $x_n \in B$ existiert mit

$$d(\varphi^{t_n}(x_n), A) \geq \varepsilon \text{ für alle } n \in \mathbb{N}. \tag{11.3}$$

Da C absorbierende Menge ist, existiert ein $T > 0$, so dass $\varphi^t(B) \subset C$ für alle $t \geq T$ gilt. Damit gilt auch $\varphi^{t_n}(x_n) \in C$ für alle n mit $t_n \geq T$. Da C kompakt ist, gibt es einen Häufungspunkt y dieser Folge, für den wegen $\varphi^{t_n}(x_n) = \varphi^{t_n-T}(\varphi^T(x_n)) \in \varphi^{t_n-T}(C)$ die Relation

$$y \in \overline{\bigcup_{t\geq s}\varphi^t(C)}$$

für alle $s \geq 0$ gelten muss. Also liegt $y \in A$, und nach der Dreiecksungleichung gilt

$$d(\varphi^{t_n}(x_n), A) \leq d(\varphi^{t_n}(x_n), y) + \underbrace{d(y, A)}_{=0} = d(\varphi^{t_n}(x_n), y).$$

Da y ein Häufungspunkt der Folge $\varphi^{t_n}(x_n)$ ist, gibt es eine Teilfolge $t_{n_j} \to \infty$ mit $d(\varphi^{t_{n_j}}(x_{n_j}), y) \to 0$. Also folgt

$$d(\varphi^{t_{n_j}}(x_{n_j}), A) \leq d(\varphi^{t_{n_j}}(x_{n_j}), y) \to 0,$$

was (11.3) widerspricht. $\square$

Bemerkung 11.14 Die in (11.1) definierte Menge ist eine Verallgemeinerung der in (9.4) definierten Omega-Limesmenge $\omega(x)$ für mengenwertige Argumente. Diese Menge wird auch mit $\Omega(C)$ bezeichnet. Beachte, dass im Allgemeinen

$$\Omega(C) \neq \omega(C) := \bigcup_{x \in C} \omega(x)$$

gilt.

Das folgende Korollar fasst zwei Konsequenzen der vorangegangenen Sätze zusammen.

Korollar 11.15
(i) Jede asymptotisch stabile Menge enthält einen Attraktor mit der gleichen Stabilitätsumgebung.
(ii) Für jede offene Menge $U \subset \mathbb{R}^d$ gibt es höchstens einen Attraktor mit Stabilitätsumgebung U.

▶ **Beweis**
(i) Für jede asymptotisch stabile Menge A ist jede kompakte Teilmenge C ihrer Stabilitätsumgebung U mit $A \subset \operatorname{int} C$ eine absorbierende Menge. Dies folgt aus der folgenden Tatsache: Da $\operatorname{int} C$ eine offene Umgebung von A ist, enthält $\operatorname{int} C$ eine ε-Umgebung von A. Aus $H^*(\varphi^t(B), A) < \varepsilon$ für alle hinreichend großen $t > 0$ im Hausdorff-Abstand erhalten wir also $\varphi^t(B) \subset \operatorname{int} C$ für alle hinreichend großen $t > 0$. Damit ist C eine absorbierende Menge und enthält nach Satz 11.13 einen Attraktor mit Stabilitätsumgebung U, der nach Satz 11.11 in A liegen muss.
(ii) Es seien A_1 und A_2 Attraktoren mit Stabilitätsumgebung U. Da Attraktoren asymptotisch stabile Mengen sind gilt nach Satz 11.11 $A_1 \subseteq A_2$ und $A_2 \subseteq A_1$. Also folgt $A_1 = A_2$. $\square$

Wir illustrieren die Resultate dieses Abschnitts anhand des Lorenz-Systems

$$\dot{x} = f(x) = \begin{bmatrix} \sigma(x_2 - x_1) \\ \rho x_1 - x_2 - x_1 x_3 \\ x_1 x_2 - \beta x_3 \end{bmatrix},$$

für das wir eine absorbierende Menge konstruieren. Die Parameter ρ, σ, $\beta > 0$ sind dabei im Prinzip beliebig, zur Vereinfachung der Rechnung nehmen wir aber $\rho \geq \sigma$ und $\beta \geq 2$ an.

Zur Konstruktion der absorbierenden Menge betrachten wir die Funktion

$$V(x) = \rho x_1^2 + \sigma x_2^2 + \sigma (x_3 - 2\rho)^2,$$

die eine ähnliche Rolle für unsere Analyse spielen wird wie die Lyapunov-Funktion in der Stabilitätsanalyse, vgl. Satz 8.2. Für V gilt mit der Abkürzung $x = \varphi^t(x_0)$

$$
\begin{aligned}
\frac{d}{dt} V(\varphi^t(x_0)) &= DV(x) f(x) \\
&= -2\sigma\rho x_1^2 - 2\sigma x_2^2 - 2\sigma\beta x_3^2 + 4\sigma\beta\rho x_3 \\
&= -2\sigma\rho x_1^2 - 2\sigma x_2^2 - \sigma\beta(x_3 - 2\rho)^2 - \sigma\beta x_3^2 + 4\sigma\beta\rho^2 \\
&\leq -2V(x) + 4\sigma\beta\rho^2,
\end{aligned}
$$

wobei wir im letzten Schritt die Annahmen $\rho \geq \sigma$ und $\beta \geq 2$ ausgenutzt haben. Für jede Menge der Form

$$C_\varepsilon := \{x \in \mathbb{R}^3 \mid V(x) \geq 2\sigma\beta\rho^2 + \varepsilon\}$$

und jeden Anfangswert $x_0 > 0$ gilt für $\varepsilon > 0$ also

$$\frac{d}{dt} V(\varphi^t(x_0)) < -\varepsilon < 0,$$

für alle $t \geq 0$ mit $\varphi^t(x_0) \neq C_\varepsilon$. Daraus folgt die Abschätzung

$$V(\varphi^t(x_0)) \leq \max\{2\sigma\beta\rho^2 + \varepsilon, V(x_0) - t\varepsilon\},$$

denn wenn $V(\varphi^t(x_0))$ einmal kleiner als $2\sigma\beta\rho^2 + \varepsilon$ kann es nie wieder über diesen Wert hinaus wachsen, da $\frac{d}{dt} V(\varphi^t(x_0)) < 0$ gilt, falls $V(\varphi^t(x_0)) > 2\sigma\beta\rho^2$ ist, der Wert $V(\varphi^t(x_0))$ also im Bereich $[2\sigma\beta\rho^2, 2\sigma\beta\rho^2 + \varepsilon]$ streng monoton fallen muss.

Aus dieser Abschätzung folgt sofort, dass jede Lösung $\varphi^t(x_0)$ für alle $t \geq 0$ mit $t \geq (V(x_0) - 2\sigma\beta\rho^2 - \varepsilon)/\varepsilon$ in C_ε liegt. Für beliebige kompakte Mengen $B \subset \mathbb{R}^3$ bedeutet dies

$$\varphi^t(B) \subset C_\varepsilon \text{ für alle } t \geq T = \frac{\max_{x \in B} V(x) - 2\sigma\beta\rho^2 - \varepsilon}{\varepsilon},$$

weswegen C_ε eine absorbierende Menge mit Absorptionsumgebung $U = \mathbb{R}^3$ ist. Folglich enthält C_ε für jedes $\varepsilon > 0$ nach Satz 11.13 einen Attraktor A mit Attraktionsumgebung $U = \mathbb{R}^3$ (solche Attraktoren nennt man *globale* Attraktoren). Da dieser Attraktor A nach Korollar 11.15(ii) eindeutig ist, hängt er nicht von der Wahl von $\varepsilon > 0$ ab und ist daher für jedes $\varepsilon > 0$ in C_ε und damit auch in C_0 enthalten (beachte, dass unsere Konstruktion

Abb. 11.2 Die Menge C_0 und der darin enthaltene simulierte Lorenz-Attraktor

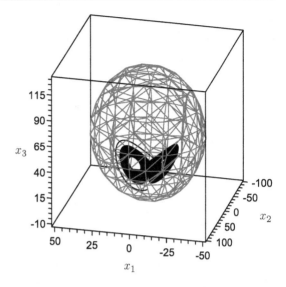

nicht beweist, dass auch C_0 eine absorbierende Menge ist). Die Menge C_0 ist zusammen mit dem durch eine numerisch berechnete Trajektorie simulierten Lorenz-Attraktor in Abb. 11.2 für die Parameter $\sigma = 10$, $\rho = 28$ und $\beta = 8/3$ dargestellt.

Die Abbildung 11.2 zeigt, dass die tatsächliche Größe des Attraktors durch das Ellipsoid C_0 überschätzt wird, zudem lässt die Form von C_0 keinen Rückschluss auf die spezielle „Schmetterlingsform" des Attraktors zu – hierzu sind weitergehende Techniken nötig, die wir in diesem einführenden Buch nicht behandeln können, wir verweisen dazu auf Sparrow [1] und Tucker [2].

Wir haben mit unseren Mitteln aber immerhin rigoros beweisen können, dass der Lorenz-Attraktor tatsächlich existiert und dass er die Stabilitätsumgebung $U = \mathbb{R}^3$ besitzt, dass er also jede kompakte Menge $B \subset \mathbb{R}^3$ anzieht und daher ein globaler Attraktor ist.

11.4 Übungen

Aufgabe 11.1 Zeigen Sie, dass die Mengen $D_1 = \{0\}$, $D_2 = \{x \in \mathbb{R}^2 \mid \|x\| = 1\}$ und $D_3 = \{x \in \mathbb{R}^2 \mid \|x\| \leq 1\}$ invariant sind für Beispiel 11.3. Überprüfen Sie dazu zunächst, dass die Gleichung in Polarkoordinaten $x_1 = r \cos \vartheta$, $x_2 = r \sin \vartheta$ durch

$$\dot{r} = r(1 - r^2), \quad \dot{\vartheta} = 1$$

gegeben ist und verwenden Sie diese Darstellung.

Aufgabe 11.2 Zeigen Sie, dass die Mengen $A_1 = \{x \in \mathbb{R}^n \mid \|x\| = 1\}$, $A_2 = \{x \in \mathbb{R}^n \mid \|x\| \leq 1\}$ sowie alle Mengen der Form $\{x \in \mathbb{R}^n \mid a \leq \|x\| \leq b\}$ mit $a \in [0, 1]$, $b \geq 1$

asymptotisch stabil sind für Beispiel 11.3. Verwenden Sie dazu die Polarkoordinatendar-
stellung aus Aufgabe 11.1 und argumentieren Sie mit der Monotonie von $r(t)$.

Aufgabe 11.3

(i) Beweisen Sie: Für eine asymptotisch stabile Menge A ist $\varphi^t(A)$ für jedes $t > 0$
     wieder eine asymptotisch stabile Menge mit gleicher Stabilitätsumgebung.
(ii) Gilt dies auch für $t < 0$?

Aufgabe 11.4 Gegeben sei die dreidimensionale Differentialgleichung („Chua's Circuit"[3])

$$\dot{x}_1 = 18\left(x_2 + 0{,}2x_1 - \frac{0{,}01}{3}x_1^3\right)$$
$$\dot{x}_2 = x_1 - x_2 + x_3$$
$$\dot{x}_3 = -33x_2$$

Stellen Sie die Lösungen mit MAPLE oder MATLAB als Kurven im Phasenraum $\mathbb{R}^3$ grafisch
dar. Betrachten Sie dabei die die Anfangswerte $(x_1(0), x_2(0), x_3(0)) = (1, 1, 1)$, $(1, 1, 10)$,
sowie weitere frei wählbare Anfangswerte. Experimentieren Sie mit verschiedenen (auch
recht langen) Zeitintervallen und verschiedenen Genauigkeiten der grafischen Darstellung, bis Sie schöne Bilder erhalten. Welche Vermutung über das dynamische Verhalten
legen die Simulationen nahe?

Literatur

1. SPARROW, C.: *The Lorenz equations: bifurcations, chaos, and strange attractors.* Springer,
    New York, 1982.

2. TUCKER, W.: *The Lorenz attractor exists.* C. R. Acad. Sci. Paris Sér. I Math., 328(12):1197–
    1202, 1999.

---

[3] Leon O. Chua, amerikanischer Elektrotechnik-Ingenieur, geb. 1936.

Hamiltonsche Differentialgleichungen

12

12.1 Klassische Mechanik

Im 18. und 19. Jahrhundert entstand, insbesondere durch die Arbeiten von Joseph-Louis Lagrange[1] und William Rowan Hamilton[2], eine elegante Theorie zur mathematischen Beschreibung der Bewegung von mechanischen Systemen. Sie basiert auf den Konzepten der *Konfiguration* eines mechanischen Systems, sowie seiner *potentiellen* und *kinetischen Energie.*

Die möglichen Konfigurationen q des Systems sind Elemente einer *(Konfigurations-) Mannigfaltigkeit Q.* Zum Beispiel ist die Konfiguration eines Massepunktes im Raum gegeben durch einen Vektor $q \in \mathbb{R}^3 = Q$. In anderen Fällen können einzelne Komponenten von q beispielsweise Winkel sein. So könnte man die Konfiguration eines Luftkissenboots durch zwei kartesische Komponenten $(q_1, q_2) \in \mathbb{R}^2$ sowie einen Winkel $q_3 \in S^1$ modellieren. Die Konfigurationsmannigfaltigkeit ist in diesem Fall also $Q = \mathbb{R}^2 \times S^1$. Um die Darstellung zu vereinfachen, werden wir im folgenden allerdings immer annehmen, dass $Q \subset \mathbb{R}^d$ eine Teilmenge des euklidischen Raums ist.

Die Konfiguration q eines mechanischen Systems ist zeitlich veränderlich, seine Bewegung also durch eine Kurve $q(t)$ in Q gegeben. Fasst man die Konfiguration q und die *Geschwindigkeit $\dot{q}$* eines Systems zum *Zustand $(q, \dot{q})$* zusammen, dann ist das System insofern vollständig beschrieben, als dass sich (zumindest theoretisch) aus der Kenntnis seines Zustands $(q(t_0), \dot{q}(t_0))$ zu einem Zeitpunkt t_0 sein Zustand $(q(t), \dot{q}(t))$ zu einem beliebigen Zeitpunkt $t > t_0$ berechnen lässt: wie wir sehen werden, führt die weitere Modellierung des Systems auf eine gewöhnliche Differentialgleichung für die Zustandskurve, die zu einem Anfangswert $(q(t_0), \dot{q}(t_0))$ eine eindeutige Lösung besitzt.

---

[1] französischer/italienischer Mathematiker, 1736–1813 (geboren als Giuseppe Lodovico Lagrangia in Turin).
[2] irischer Mathematiker, 1805–1865.

© Springer Fachmedien Wiesbaden 2016
L. Grüne, O. Junge, *Gewöhnliche Differentialgleichungen,*
Springer Studium Mathematik – Bachelor, DOI 10.1007/978-3-658-10241-8_12

Die Beschreibung eines mechanischen Systems wird komplettiert durch skalare Funktionen $U(q)$ für die *potentielle* und $T(q,\dot{q})$ für die *kinetische Energie*. Die Funktion

$$L(q,\dot{q}) = T(q,\dot{q}) - U(q)$$

heißt *Lagrange-Funktion* des Systems.

Beispiel 12.1 Die potentielle Energie des Pendels ist proportional zu seiner Höhe $h(\alpha) = \cos(\alpha)$ über seinem tiefsten Punkt,

$$U(\alpha) = -mg\cos(\alpha).$$

Seine kinetische Energie ist

$$T(\dot{\alpha}) = \frac{m}{2}\dot{\alpha}^2$$

und damit seine Lagrange-Funktion

$$L(\alpha,\dot{\alpha}) = \frac{m}{2}\dot{\alpha}^2 + mg\cos(\alpha).$$

Frage 38 Wie lautet die Lagrange-Funktion einer im Schwerkraftfeld (z. B. der Erde) frei fallenden Masse m?

Das Prinzip der stationären Wirkung Das *Prinzip der stationären Wirkung* bzw. *Hamilton-Prinzip* ist als Abstraktion verschiedener *Extremalprinzipien* entstanden. Zugrunde lag damals die Beobachtung, dass die Bewegung eines mechanischen Systems in einem gewissen Sinne immer optimal abläuft. Hamilton formalisierte diese Idee 1833. Er betrachtete die *Wirkung*

$$S[q] = \int_{t_0}^{t_1} L(q(t),\dot{q}(t))\,dt \qquad (12.1)$$

einer Bewegung(skurve) $q : [t_0, t_1] \to Q$ des Systems (die noch gewissen Anfangs- oder Randbedingungen genügen muss) und postulierte, dass das mechanische System derjenigen Kurve q folgt, für die die Wirkung stationär ist, d. h.

$$\frac{d}{dq}S[q] = 0 \qquad (12.2)$$

gilt. Um dies zu präzisieren, betrachten wir das Funktional S auf dem Raum

$$K = \{q \in C^2([t_0, t_1], Q) \mid q(t_0) = q_0, q(t_1) = q_1\}$$

von zweimal stetig differenzierbaren Kurven in Q, die zwei feste Punkte $q_0, q_1 \in Q$ miteinander verbinden. Mit der Bedingung (12.2) ist dann präziser gemeint, dass

$$\frac{d}{d\varepsilon} S[q + \varepsilon \delta q]\Big|_{\varepsilon=0} = 0 \tag{12.3}$$

für alle zweimal stetig differenzierbaren Kurven $\delta q : [t_0, t_1] \to Q$ mit $\delta q(t_0) = \delta q(t_1) = 0$.

Die Euler-Lagrange-Gleichung Aus dem *Variationsprinzip* (12.2) bzw. (12.3) lässt sich unmittelbar eine dazu äquivalente Differentialgleichung ableiten, die *Euler-Lagrange-Gleichung*:

Satz 12.2 Es sei $L : \mathbb{R}^d \times \mathbb{R}^d \to \mathbb{R}$ zweimal stetig differenzierbar. Eine Kurve $q \in K$ erfüllt genau dann (12.3) für alle Kurven $\delta q \in C^2([t_0, t_1], Q)$ mit $\delta q(t_0) = \delta q(t_1) = 0$, wenn

$$\frac{d}{dt} \frac{\partial L}{\partial \dot{q}}(q, \dot{q}) - \frac{\partial L}{\partial q}(q, \dot{q}) = 0. \tag{12.4}$$

▶ **Beweis** Schreiben wir abkürzend $q_\varepsilon = q + \varepsilon \delta q$. Es ist

$$\frac{d}{d\varepsilon} S[q_\varepsilon] = \frac{d}{d\varepsilon} \int_{t_0}^{t_1} L\left(q_\varepsilon(t), \dot{q}_\varepsilon(t)\right) dt$$

$$= \int_{t_0}^{t_1} \frac{\partial L}{\partial q}\left(q_\varepsilon(t), \dot{q}_\varepsilon(t)\right) \delta q(t) + \frac{\partial L}{\partial \dot{q}}\left(q_\varepsilon(t), \dot{q}_\varepsilon(t)\right) \delta \dot{q}(t) \, dt.$$

Partielle Integration ergibt für den zweiten Summanden

$$\int_{t_0}^{t_1} \frac{\partial L}{\partial \dot{q}}\left(q_\varepsilon(t), \dot{q}_\varepsilon(t)\right) \delta \dot{q}(t) \, dt = -\int_{t_0}^{t_1} \frac{d}{dt} \frac{\partial L}{\partial \dot{q}}\left(q_\varepsilon(t), \dot{q}_\varepsilon(t)\right) \delta q(t) \, dt,$$

da

$$\left[\frac{\partial L}{\partial \dot{q}}\left(q_\varepsilon(t), \dot{q}_\varepsilon(t)\right) \delta q(t)\right]_{t_0}^{t_1} = 0,$$

weil $\delta q(t_0) = \delta q(t_1) = 0$. Insgesamt erhalten wir also

$$\frac{d}{d\varepsilon} S[q_\varepsilon]\Big|_{\varepsilon=0} = \int_{t_0}^{t_1} \left(\frac{\partial L}{\partial q}\left(q(t), \dot{q}(t)\right) - \frac{d}{dt} \frac{\partial L}{\partial \dot{q}}\left(q(t), \dot{q}(t)\right)\right) \delta q(t) \, dt.$$

Da $L \in C^2$ und δq stetig ist, gilt

$$\frac{d}{d\varepsilon}S[q + \varepsilon\delta q]\Big|_{\varepsilon=0} = 0$$

für alle Kurven $\delta q \in C^2([t_0, t_1], Q)$ mit $\delta q(t_0) = \delta q(t_1) = 0$ genau dann, wenn (12.4) erfüllt ist.   □

Beispiel 12.3 Die Lagrange-Funktion des Pendels ist mit $q = \alpha$

$$L(q, \dot{q}) = \frac{m}{2}\dot{q}^2 + mg\cos(q),$$

insbesondere also

$$\frac{\partial L}{\partial q}\Big(q(t), \dot{q}(t)\Big) = -mg\sin(q) \quad \text{und} \quad \frac{\partial L}{\partial \dot{q}}\Big(q(t), \dot{q}(t)\Big) = m\dot{q}$$

und damit lautet die Euler-Lagrange-Gleichung für dieses System

$$m\ddot{q} + mg\sin(q) = 0 \tag{12.5}$$

– in Übereinstimmung mit der Differentialgleichung, die wir in der Einleitung aus den Newtonschen Gesetzen für das Pendel hergeleitet hatten.

Frage 39 Wie lautet die Euler-Lagrange-Gleichung einer im Schwerkraftfeld (z. B. der Erde) frei fallenden Masse m (vgl. Frage 38).

Hamilton-Systeme Die Euler-Lagrange-Gleichung ist im Allgemeinen eine Differentialgleichung zweiter Ordnung, die, wie in Kap. 3.1 beschrieben, natürlich in ein System erster Ordnung (der doppelten Dimension) umgeformt werden kann. Als nützlicher und eleganter hat sich allerdings eine andere Darstellung als System erster Ordnung herausgestellt, die auf Hamilton zurückgeht: aus ihr lassen sich wichtige Eigenschaften, wie beispielsweise die Erhaltung der Energie des Systems, direkt ableiten.

Dazu betrachten wir die *(„verallgemeinerten" oder „konjugierten") Impulse*

$$p_i = \frac{\partial L}{\partial \dot{q}_i}(q, \dot{q}), \quad i = 1, \ldots, d \tag{12.6}$$

zu $q = (q_1, \ldots, q_d) \in Q \subset \mathbb{R}^d$ und nehmen an, dass die dadurch für festes q definierte Abbildung $\dot{q} \mapsto p$ (die *Legendre-Transformation*) für jedes q invertierbar ist. Definieren wir die *Hamilton-Funktion*

$$H(p, q) = p^{\mathrm{T}}\dot{q} - L(q, \dot{q}), \tag{12.7}$$

(wobei $\dot{q} = \dot{q}(p, q)$), dann gilt

$$\frac{\partial H}{\partial p} = \dot{q}^T + p^T \frac{\partial \dot{q}}{\partial p} - \frac{\partial L}{\partial \dot{q}} \frac{\partial \dot{q}}{\partial p} = \dot{q}^T, \quad \text{sowie}$$

$$\frac{\partial H}{\partial q} = p^T \frac{\partial \dot{q}}{\partial q} - \frac{\partial L}{\partial q} - \frac{\partial L}{\partial \dot{q}} \frac{\partial \dot{q}}{\partial q} = -\frac{\partial L}{\partial q}.$$

Die Euler-Lagrange-Gleichungen (12.4) sind also äquivalent zu dem *Hamilton-System*

$$\begin{aligned} \dot{p} &= -H_q(p, q) \\ \dot{q} &= H_p(p, q), \end{aligned} \tag{12.8}$$

wobei $H_p = (\partial H / \partial p)^T$ und $H_q = (\partial H / \partial q)^T$.

Beispiel 12.4 Im Pendel ist $p = m\dot{q}$, die Hamilton-Funktion lautet

$$\begin{aligned} H(p, q) &= p\dot{q} - L(q, \dot{q}) \\ &= p\frac{p}{m} - \frac{m}{2}\frac{p^2}{m^2} - mg\cos(q), \\ &= \frac{1}{2m}p^2 - mg\cos(q), \end{aligned}$$

vgl. auch (5.16). Das zu (12.5) äquivalente Hamilton-System ist also

$$\begin{aligned} \dot{q} &= \frac{1}{m}p \\ \dot{p} &= -mg\sin(q). \end{aligned}$$

Frage 40 Wie lautet das Hamilton-System einer im Schwerkraftfeld (z. B. der Erde) frei fallenden Masse m (vgl. die Fragen 38 und 39).

Erhaltungsgrößen Eine zentrale Eigenschaft von Hamilton-Systemen ist, dass bestimmte Größen unter der Evolution (also entlang von Lösungskurven) des Systems erhalten bleiben: Betrachten wir eine Lösung $(q(t), p(t))$ eines Hamilton-Systems (12.8), dann gilt

$$\begin{aligned} \frac{d}{dt} H(p(t), q(t)) &= \frac{\partial H}{\partial q}(p(t), q(t))\dot{q}(t) + \frac{\partial H}{\partial p}(p(t), q(t))\dot{p}(t) \\ &= -\dot{p}(t)\dot{q}(t) + \dot{q}(t)\dot{p}(t) \\ &= 0, \end{aligned}$$

d. h. die Hamilton-Funktion ist konstant entlang von Lösungskurven von (12.8). Tatsächlich ist im Fall $T(q, \dot{q}) = \frac{1}{2}\dot{q}^{\mathrm{T}}M\dot{q}$, M symmetrisch, die Hamilton-Funktion

$$
\begin{aligned}
H(p, q) &= p^{\mathrm{T}}\dot{q} - L(q, \dot{q}) \\
&= \dot{q}^{\mathrm{T}}M^{\mathrm{T}}\dot{q} - \left(\frac{1}{2}\dot{q}^{\mathrm{T}}M\dot{q} - U(q)\right) \\
&= \frac{1}{2}\dot{q}^{\mathrm{T}}M\dot{q} + U(q) \\
&= T(q, \dot{q}) + U(q)
\end{aligned}
$$

gerade die *(Gesamt-)Energie* des Systems. Allgemein definieren wir:

Definition 12.5 Sei (D_0, Φ) ein dynamisches System. Eine Funktion $I : D_0 \to \mathbb{R}$, die auf Orbits von Φ konstant ist, d. h. für die

$$
I(\Phi^t(x)) = I(x)
$$

für alle $t \in \mathbb{T}$ gilt, heißt *Erhaltungsgröße* (*Invariante, erstes Integral*).

Eine Erhaltungsgröße ist nichts anderes als das aus Kap. 5 bereits bekannte erste Integral (vgl. Definition 5.10 und Satz 5.11), das hier allerdings eine physikalische Bedeutung besitzt.

Häufig gibt es neben der Energie weitere Erhaltungsgrößen, wie z. B. den *Drehimpuls* $q \times p$. Tatsächlich hat Emmy Noether[3] allgemein gezeigt, dass jede *kontinuierliche Symmetrie* des Systems eine Erhaltungsgröße erzeugt:

Satz 12.6 (Noether, 1918) Gegeben sei eine Lagrange-Funktion $L(q, \dot{q})$ und eine einparametrige Gruppe $G = \{g^s \mid s \in \mathbb{R}\}$ von differenzierbaren Abbildungen $g^s : Q \to Q$, die die Lagrange-Funktion invariant lässt, d. h.

$$
L(g^s(q), Dg^s(q)\dot{q}) = L(q, \dot{q}) \quad \text{für alle } s \text{ und } (q, \dot{q}). \tag{12.9}
$$

Sei $f(q) = \frac{d}{ds}g^s(q)\,|_{s=0}$ das Vektorfeld, das den Fluss g^s erzeugt. Dann ist

$$
I(q, p) = p^{\mathrm{T}}f(q)
$$

eine Erhaltungsgröße des zugehörigen Hamilton-Systems.

---

[3] deutsche Mathematikerin und Physikerin, 1882–1935.

▶ **Beweis** Mit (12.4) und (12.6) gilt entlang einer Kurve $(q(t), p(t))$

$$\frac{d}{dt} I(q, p) = \dot{p}^{\mathrm{T}} f(q) + p^{\mathrm{T}} Df(q)\dot{q}$$

$$= \frac{\partial L}{\partial q}(q, \dot{q}) f(q) + \frac{\partial L}{\partial \dot{q}}(q, \dot{q}) Df(q)\dot{q}$$

Nach Voraussetzung gilt $L(g^s(q), Dg^s(q)\dot{q}) = L(q, \dot{q})$ für alle s und damit

$$\frac{d}{dt} I(q, p) = \frac{\partial L}{\partial q}(g^s(q), Dg^s(q)\dot{q}) f(q) + \frac{\partial L}{\partial \dot{q}}(g^s(q), Dg^s(q)\dot{q}) Df(q)\dot{q}$$

$$= \frac{d}{ds} L(g^s(q), Dg^s(q)\dot{q})\Big|_{s=0}$$

$$= 0,$$

letzteres ebenfalls aufgrund der Invarianz (12.9) der Lagrange-Funktion. □

12.2 Symplektizität

Neben der *globalen* Darstellung (12.8) mit der Hamilton-Funktion lässt sich ein Hamilton-System auch *lokal* dadurch charakterisieren, dass sein Fluss eine bestimmte Größe, die *symplektische Form*, erhält.

Symplektische Abbildungen Es sei

$$J = \begin{bmatrix} 0 & I \\ -I & 0 \end{bmatrix},$$

wobei $I \in \mathbb{R}^{d \times d}$ die d-dimensionale Einheitsmatrix bezeichnet.

Definition 12.7 Eine lineare Abbildung $A : \mathbb{R}^{2d} \to \mathbb{R}^{2d}$ heißt *symplektisch*, falls

$$A^{\mathrm{T}} JA = J.$$

Im Fall $d = 1$ bedeutet dies, dass der Flächeninhalt eines von zwei Vektoren $x, y \in \mathbb{R}^2$ aufgespannten Parallelogramms P unter Transformation mit einer symplektischen linearen Abbildung A erhalten bleibt:

$$\text{area}(P) = \det\begin{bmatrix} x & y \end{bmatrix} = x^{\mathrm{T}} Jy,$$

und damit

$$\text{area}(AP) = \det \begin{bmatrix} Ax & Ay \end{bmatrix} = (Ax)^{\mathrm{T}} J Ay = x^{\mathrm{T}} J y = \text{area}(P).$$

Im Fall $d > 1$ gilt eine analoge geometrische Interpretation: schreiben wir $x = (x^q, x^p)^{\mathrm{T}} \in \mathbb{R}^{2d}$ mit $x^{q,p} = (x_1^{q,p}, \ldots, x_d^{q,p})$ und ist $A \in \mathbb{R}^{2d \times 2d}$ symplektisch, dann erhält A die Größe

$$\omega(x, y) = \sum_{i=1}^{d} \det \begin{bmatrix} x_i^q & y_i^q \\ x_i^p & y_i^p \end{bmatrix} = x^{\mathrm{T}} J y.$$

Definition 12.8 Eine (nichtlineare) Abbildung $g : U \to \mathbb{R}^{2d}$, $U \subset \mathbb{R}^{2d}$, heißt *symplektisch*, falls $Dg(x)$ für alle $x \in U$ symplektisch ist.

Charakterisierung Hamiltonscher Flüsse In diesem Abschnitt werden wir zeigen, dass es eine charakteristische Eigenschaft des Flusses eines Hamilton-Systems ist, symplektisch zu sein.

Satz 12.9 (Poincaré, 1899) Sei $H : \mathbb{R}^{2d} \to \mathbb{R}$ eine zweimal stetig differenzierbare Hamilton-Funktion. Dann ist der Fluss φ^t des zugehörigen Hamilton-Systems (12.8) symplektisch für alle t, für die er definiert ist.

▶ **Beweis** Wir beobachten zunächst, dass wir das Hamilton-System (12.8) auch in der Form

$$\dot{x} = J^{-1} \nabla H(x)$$

mit $x = (p, q)$ und $\nabla H = (\frac{\partial H}{\partial p}, \frac{\partial H}{\partial q})$ schreiben können. Die Ableitung $D\varphi^t$ ist Lösung der zugehörigen Variationsgleichung

$$\dot{A} = J^{-1} \nabla^2 H(\varphi^t(x)) A$$

(wobei $\nabla^2 H$ die Hesse-Matrix von H bezeichnet). Daher gilt, da $\nabla^2 H$ symmetrisch ist,

$$\frac{d}{dt} \left(D\varphi^{t\mathrm{T}} J D\varphi^t \right) = \left(\frac{d}{dt} D\varphi^t \right)^{\mathrm{T}} J D\varphi^t + D\varphi^{t\mathrm{T}} J \left(\frac{d}{dt} D\varphi^t \right)$$

$$= D\varphi^{t\mathrm{T}} \nabla^2 H \underbrace{(J^{-1})^{\mathrm{T}} J}_{=-I} D\varphi^t + D\varphi^{t\mathrm{T}} \underbrace{J J^{-1}}_{=I} \nabla^2 H D\varphi^t$$

$$= 0,$$

d. h. $D\varphi^t(x)$ ist für alle x symplektisch und damit ist die Flussabbildung φ^t symplektisch (für alle relevanten t). □

Tatsächlich gilt auch die Umkehrung – allerdings nur in einem lokalen Sinn. Dazu zunächst die folgende Definition:

Definition 12.10 Eine Differentialgleichung $\dot{x} = f(x)$, $f : U \to \mathbb{R}^{2d}$, $U \subset \mathbb{R}^{2d}$ offen, ist *lokal ein Hamilton-System*, falls es zu jedem $x_0 \in U$ eine Funktion $H : U(x_0) \to \mathbb{R}$ auf einer Umgebung $U(x_0) \subset U$ von x_0 gibt, so dass

$$f(x) = J^{-1} \nabla H(x)$$

für $x \in U(x_0)$.

Außerdem benötigen wir die folgende Hilfsaussage, die eine lokale Stammfunktion für ein Vektorfeld mit symmetrischer Ableitung liefert.

Lemma 12.11 Sei $f : D \to \mathbb{R}^n$, $D \subset \mathbb{R}^n$ offen, stetig differenzierbar und die Jacobi-Matrix $Df(x)$ symmetrisch für alle $x \in D$. Dann gibt es zu jedem $x_0 \in D$ eine Umgebung $D(x_0) \subset D$ und eine Funktion $H : D(x_0) \to \mathbb{R}$, so dass

$$f(x) = \nabla H(x)$$

für $x \in D(x_0)$.

▶ **Beweis** Ohne Einschränkung können wir $x_0 = 0$ annehmen (ansonsten betrachten wir $\tilde{f}(x) = f(x + x_0)$). Wir wählen $\varepsilon = \varepsilon(x_0) > 0$ so, dass $B_\varepsilon(0) \subset D$, setzen $D(x_0) = B_\varepsilon(0)$ und

$$H(x) = \int_0^1 x^{\mathrm{T}} f(tx) \, dt$$

für $x \in D(x_0)$. Dann gilt, da $Df(x)$ symmetrisch ist,

$$\frac{\partial H}{\partial x_k}(x) = \int_0^1 f_k(tx) + t \nabla f_k(tx) x \, dt$$

$$= \int_0^1 \frac{d}{dt}(t f_k(tx)) \, dt = f_k(x). \qquad \square$$

Damit sind wir in der Lage, die folgende Charakterisierung von Hamilton-Systemen zu geben.

Satz 12.12 Falls das Vektorfeld f stetig differenzierbar ist, dann ist die Differentialgleichung $\dot{x} = f(x)$ genau dann lokal ein Hamilton-System, wenn ihr Fluss symplektisch ist.

▶ **Beweis** Die eine Richtung folgt analog zum Beweis von Satz 12.9. Sei also der Fluss φ^t von $\dot{x} = f(x)$ symplektisch. Dann gilt

$$
\begin{aligned}
0 &= \frac{d}{dt}\left(D\varphi^{t\,\mathrm{T}} J D\varphi^t\right) \\
&= D\varphi^{t\,\mathrm{T}}\left(Df(\varphi^t)^{\mathrm{T}} J + J Df(\varphi^t)\right) D\varphi^t,
\end{aligned}
$$

für $t = 0$ also $(J = -J^{\mathrm{T}})$

$$
-Df(x)^{\mathrm{T}} J^{\mathrm{T}} + J Df(x) = 0
$$

bzw.

$$
(J Df(x))^{\mathrm{T}} = J Df(x),
$$

d. h. $J Df(x)$ ist symmetrisch. Nach Lemma 12.11 gibt es also lokal eine Funktion H mit

$$
Jf(x) = \nabla H(x). \qquad\qquad \square
$$

Volumenerhaltung Eine weitere charakteristische Größe, die der Fluss φ^t eines Hamilton-Systems erhält, ist das Volumen im Phasenraum, d. h. es gilt

$$
V(\varphi^t(M)) = V(M) \tag{12.10}
$$

für alle beschränken Teilmengen M des Phasenraums und für alle t, für die $\varphi^t(x)$ für alle $x \in M$ existiert. Hier bezeichnet $V(M) = \int_M dm$ das Volumen bezüglich des Lebesgue-Maßes m. Tatsächlich gilt der folgende allgemeinere Satz (vgl. Aufgabe 12.3).

Satz 12.13 Der Fluss φ^t der Differentialgleichung $\dot{x} = f(x)$ erhält das Phasenraumvolumen (d. h. es gilt (12.10)) genau dann, wenn $\operatorname{div} f(x) = 0$ für alle x.

▶ **Beweis** Der Fluss φ^t ist genau dann volumenerhaltend, wenn $\det(D\varphi^t(x)) = 1$ für alle x (Substitutionsregel). Wie wir in Kap. 4 festgestellt haben, ist $X(t) = D\varphi^t(x)$ Lösung der Variationsgleichung

$$
\dot{X} = A(t)X, \quad X(0) = I,
$$

mit $A(t) = Df(\varphi^t(x))$. Nun gilt

$$
\frac{d}{dt}\det X(t) = \det'(X(t))\dot{X}(t) = \det'(X(t))(A(t)X(t)) \tag{12.11}
$$

sowie

$$\det(X + hAX) = \det(I + hA)\det(X)$$
$$= \big(1 + h\,\mathrm{spur}A + \mathcal{O}(h^2)\big)\det(X),$$

also $\det'(X)(AX) = \mathrm{spur}A \cdot \det(X)$. Mit (12.11) folgt

$$\frac{d}{dt}\det(X(t)) = \mathrm{spur}A(t)\,\det(X(t)),$$

also $d/dt\ \det X(t) = 0$ genau dann, wenn $\mathrm{spur}A(t) = 0$ für alle t. In unserem Fall ist $\mathrm{spur}A(t) = \mathrm{div}\,f(\varphi^t(x))$ und es gilt $\det X(0) = 1$, also gilt $\det(D\varphi^t(x)) = 1$ (Volumen-erhaltung) genau dann, wenn $\mathrm{div}\,f(x) = 0$.   □

12.3   Numerische Integration von Hamilton-Systemen

Bei der numerischen Lösung eines Anfangswertproblems, das durch ein Hamilton-System beschrieben wird, liegt es nahe zu fordern, dass die besonderen Eigenschaften des Flusses eines solchen Systems (Erhaltungsgrößen, Symplektizität) an den diskreten Fluss vererbt werden. Die Forderung führt auf spezielle numerische Verfahren, insbesondere *symplek-tische* Runge-Kutta-Verfahren (siehe auch Hairer, Lubich und Wanner [1]).

Numerische Simulation des Pendels   Inzwischen haben wir ein recht weitgehendes Ver-ständnis des Pendelmodells aus der Einleitung erreicht, das in der folgenden Abb. 12.1 noch einmal zusammengefasst ist:

Versuchen wir nun, einige dieser Lösungen numerisch zu approximieren. Dazu betrach-ten wir zunächst das wohl einfachste Einschrittverfahren, das explizite Euler-Verfahren

$$\tilde{x}_{i+1} = \tilde{x}_i + hf(\tilde{x}_i), \qquad i = 0, 1, 2, \dots,$$

Abb. 12.1 Überblick über qua-litativ verschiedene Lösungen im Pendelmodell: Gleichge-wichte, periodische Lösungen, homokline Orbits

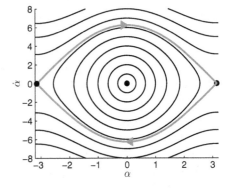

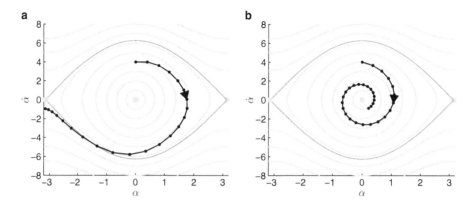

Abb. 12.2 Numerische Integration des Pendelmodells zum Anfangswert $(0, 4)$ und Schrittweite $h = 0{,}1$ mit dem expliziten (**a**) und dem impliziten (**b**) Euler-Verfahren

wobei wir abkürzend $\tilde{x}_i = \tilde{x}(t_i)$ schreiben (vgl. Kap. 6). Die numerische Lösung zum Anfangswert $x_0 = (\alpha_0, \dot{\alpha}_0) = (0, 4)$ mit Schrittweite $h = 0{,}1$ ist in Abb. 12.2a graphisch dargestellt.

Offensichtlich gibt diese Approximation das Verhalten der wahren Lösungen qualitativ falsch wieder: das Resultat der Rechnung ist nicht periodisch, die Amplitude der Schwingung steigt kontinuierlich an. Auch implizite Verfahren helfen in dieser Hinsicht nicht weiter, wie Abb. 12.2b zeigt, wo die numerische Lösung des impliziten Euler-Verfahrens

$$\tilde{x}_{i+1} = \tilde{x}_i + h f(\tilde{x}_{i+1})$$

zu denselben Daten dargestellt ist. Der Einsatz eines Verfahrens höherer Ordnung würde zwar den Approximationsfehler verkleinern, aber qualitativ an Verhalten der numerischen Lösung nichts ändern – es sein denn, man erwischt ein spezielles Verfahren:

Abbildung 12.3 zeigt das Ergebnis für die *implizite Mittelpunktsregel*:

$$\tilde{x}_{i+1} = \tilde{x}_i + h f \left(\frac{\tilde{x}_i + \tilde{x}_{i+1}}{2} \right). \tag{12.12}$$

Dieses Verfahren schneidet offenbar deutlich besser ab, die numerische Lösung scheint auf einem periodischen Orbit zu verbleiben. Tatsächlich ist die durch (12.12) definierte Abbildung symplektisch (wenn f ein Hamilton-System ist) – und erbt damit die charakteristische Eigenschaft des Flusses eines Hamilton-Systems wie dem Pendel. Man kann zeigen, dass ein symplektisches Verfahren eine Hamilton-Funktion erhält, die „nahe" an der gegebenen Hamilton-Funktion liegt (für Details verweisen wir auf Hairer, Lubich und Wanner [1]). Da die Trajektorien im Pendel gerade die Höhenlinien der Hamilton-Funktion sind, erklärt das, warum die Lösungen der impliziten Mittelpunktsregel periodisch sind (und in der Nähe der wahren Lösungen verlaufen).

Abb. 12.3 Numerische Integration des Pendelmodells
zum Anfangswert $(0, 4)$ und
Schrittweite $h = 0{,}1$ mit der
impliziten Mittelpunktsregel

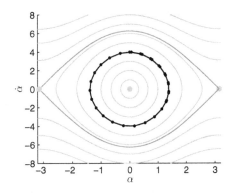

Symplektische Runge-Kutta-Verfahren

Definition 12.14 Ein Einschrittverfahren

$$\tilde{x}_{i+1} = \Phi(\tilde{x}_i, h_i)$$

heißt *symplektisch*, falls die Abbildung $x \mapsto \Phi(x, h)$ für alle $h > 0$ symplektisch ist,
wenn das Einschrittverfahren auf ein Hamilton-System angewendet wird.

Im Fall von Runge-Kutta-Verfahren existiert ein einfaches Kriterium an die Koeffizienten des Verfahrens, das die Symplektizität sicherstellt:

Satz 12.15 Gilt für die Koeffizienten eines Runge-Kutta-Verfahrens

$$b_i a_{ij} + b_j a_{ji} = b_i b_j, \quad i, j = 1, \ldots, s, \tag{12.13}$$

dann ist das Verfahren symplektisch.

▶ **Beweis** Siehe z. B. Hairer, Lubich und Wanner [1, Abschnitt VI.4].   □

Beispiel 12.16 Das Butcher-Schema der impliziten Mittelpunktsregel ist

$$\begin{array}{c|c} 1/2 & 1/2 \\ \hline & 1 \end{array}$$

Hier gilt also $b_1 = 1$ und $a_{11} = 1/2$, so dass (12.13) erfüllt ist.

12.4   Übungen

Aufgabe 12.1 Es sei φ^t der Fluss eines Hamilton-Systems $\dot{x} = J^{-1} \nabla H(x)$ und damit symplektisch (Satz 12.9). Zeigen Sie, dass daraus

$$\det D\varphi^t(x) = 1$$

folgt für alle t und x.

Aufgabe 12.2 Gegeben sei eine Lagrange-Funktion $L(q, \dot{q})$, zwei Konfigurationen q_0 und q_1 und die Lösung $q(t)$ der zugehörigen Euler-Lagrange-Gleichung. Wir betrachten das Wirkungsintegral

$$S(q_0, q_1) = \int\limits_{t_0}^{t_1} L(q(t), \dot{q}(t)) \, dt.$$

Beweisen Sie die Gleichungen

$$\frac{\partial S}{\partial q_0}(q_0, q_1) = -\frac{\partial L}{\partial \dot{q}}(q_0, \dot{q}_0) \quad \text{und} \quad \frac{\partial S}{\partial q_1}(q_0, q_1) = \frac{\partial L}{\partial \dot{q}}(q_1, \dot{q}_1),$$

wobei $\dot{q}_0 = \dot{q}(t_0)$ und $\dot{q}_1 = \dot{q}(t_1)$.

Aufgabe 12.3 Sei $\dot{x} = f(x)$ ein Hamilton-System. Zeigen Sie $\operatorname{div} f = 0$.

Literatur

1. HAIRER, E., C. LUBICH, and G. WANNER: *Geometric numerical integration. Structure-preserving algorithms for ordinary differential equations.* Springer, Heidelberg, 2nd ed., 2006.

Anwendungsbeispiele

13

Differentialgleichungen sind immer dann das mathematische Modell der Wahl, wenn es gilt, die (kontinuierliche) zeitliche Entwicklung eines Systems zu beschreiben. Entstanden ist das Konzept im 17. Jahrhundert durch Newton und Leibniz mit der Motivation, die Bewegung von mechanischen Körpern quantitativ zu berechnen. Heutzutage sind Differentialgleichungen und Methoden zu ihrer Lösung in vielen Wissenschaften und der Wirtschaft ein unverzichtbares Hilfsmittel, weil sie die *Simulation* eines Phänomens, Produkts oder Verfahrens ermöglichen.

Ein klassisches Beispiel ist die Wettervorhersage: Das zugrundeliegende Modell ist im einfachsten Fall eine partielle Differentialgleichung, die in vielen Fällen zunächst durch eine örtliche Diskretisierung in eine (hochdimensionale, nichtlineare) gewöhnliche Differentialgleichung überführt und dann mit aktuellen Wetterdaten als Anfangswert numerisch über einen bestimmten Zeitraum gelöst wird. Ein anderes Beispiel betrifft die Chemie: Die Abläufe während einer chemischen Reaktion lassen sich quantitativ durch nichtlineare Differentialgleichungen modellieren und so die Reaktion im Computer im Voraus berechnen. In den Material- und Nanowissenschaften lassen sich die Eigenschaften bzw. das Verhalten eines Materials oder Bauelements vorhersagen, wenn man die Dynamik auf molekularer Ebene modelliert und simuliert. Das führt typischerweise auf sehr hochdimensionale nichtlineare Differentialgleichungen, an deren effizienter – also möglichst schneller – Simulation nach wie vor intensiv geforscht wird. Die Reihe dieser Beispiele lässt sich fast beliebig fortsetzen.

Dieses Kapitel soll einen Einblick in einige klassische und aktuelle Anwendungen geben: Moleküldynamik, die Modellierung elektrischer Schaltkreise, sowie die Modellierung des Wachstums von Populationen in der Biologie.

© Springer Fachmedien Wiesbaden 2016
L. Grüne, O. Junge, *Gewöhnliche Differentialgleichungen*,
Springer Studium Mathematik – Bachelor, DOI 10.1007/978-3-658-10241-8_13

13.1   Elektrische Schaltkreise

Elektrische bzw. elektronische Schaltkreise begegnen uns im Alltag ständig: In Computern, (Mobil-)Telefonen, Audio- und Videogeräten, Unterhaltungselektronik und auch vielen Haushaltsgeräten sind zum Teil hochkomplexe elektrische Schaltungen enthalten. Auch hier ist es beim Entwurf von größtem Interesse, vor der Produktion eines Prototypen das Verhalten des Schaltkreises im Rechner simulieren zu können. Die Modellierung von Schaltkreisen führt in einfachen Fällen auf lineare Differentialgleichungen. Typischerweise aber – insbesondere sobald aktiv schaltende Elemente (wie z. B. Transistoren) modelliert werden müssen – erhält man Systeme nichtlinearer gewöhnliche Differentialgleichungen, deren Größe linear mit der Anzahl der Elemente einer Schaltung wächst. Insbesondere bei der Simulation von komplexen Mikrochips sind extrem große Systeme zu lösen ($\sim 10^9$ Gleichungen). Wir betrachten in diesem Abschnitt zwei einfache Prototypen mit zwei bzw. drei Bauelementen: einen (idealisierten) passiven Schwingkreis, sowie den klassischen Oszillator von van der Pol.

Ein passiver Schwingkreis Wir betrachten den in Abb. 13.1 dargestellten Schaltkreis, der aus einer *Spule* mit der *Induktivität* $L > 0$ und einem *Kondensator* mit der *Kapazität* $C > 0$ besteht. Der im Kreis fließende Strom sei mit I, die über den beiden Bauelementen abfallende Spannung mit U_L bzw. U_C bezeichnet. Aus physikalischen Gesetzen erhält man die folgenden beiden Beziehungen zwischen Strom durch und Spannung über den beiden Bauelementen:

$$U_L = L\dot{I} \quad \text{und} \quad I = C\dot{U}_C.$$

Außerdem gilt das *Kirchoffsche Gesetz*: „Die Summe aller Spannungen in einem Kreis ist Null", d. h.

$$U_L + U_C = 0.$$

Insgesamt erhalten wir also die folgende Differentialgleichung für den Strom und die Spannung über der Spule:

$$\dot{U}_C = \frac{1}{C}I,$$
$$\dot{I} = -\frac{1}{L}U_C.$$

Abb. 13.1 Passiver Schwingkreis

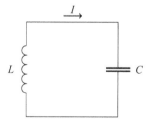

Abb. 13.2 Aktiver Schwingkreis nach van der Pol

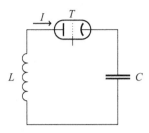

Dies ist eine lineare Gleichung, die Systemmatrix

$$A = \begin{bmatrix} 0 & \frac{1}{C} \\ -\frac{1}{L} & 0 \end{bmatrix}$$

besitzt die Eigenwerte $\pm\frac{1}{LC}i$ und dementsprechend erhalten wir als Lösungen harmoni-
sche Schwingungen der Form

$$U_C(t) = \sin\left(\frac{1}{LC}t + \varphi\right) U_C(0)$$

(vgl. Abschn. 2.1, hierbei ergibt sich $\varphi \in \mathbb{R}$ aus der Anfangsbedingung für $I = \dot{U}_C$).

Der van der Pol-Oszillator Ein realer Schwingkreis wie in Abb. 13.1 ist immer mit Ver-
lusten behaftet und eine einmal erregte Schwingung wird gedämpft und klingt nach einiger
Zeit ab, vgl. Aufgabe 13.1. Um die Schwingung aufrecht zu erhalten, muss geeignet Energie hinzugefügt werden. Einen einfachen (aktiven) Schwingkreis mit einer *Röhrentriode*
als aktivem Element hat Balthasar van der Pol[1] 1922 erdacht, mathematisch modelliert
und analysiert.

Abbildung 13.2 zeigt eine vereinfachte Version seines Schaltkreises, in der die Triode
vereinfacht durch ein Element mit der charakteristischen Gleichung

$$U_T = -EI + RI^3$$

(mit Konstanten $E, R > 0$) modelliert ist. Wieder verwenden wir das Kirchhoffsche Gesetz, das in diesem Fall lautet

$$U_L + U_T + U_C = 0,$$

---

[1] niederländischer Ingenieur, 1889–1959.

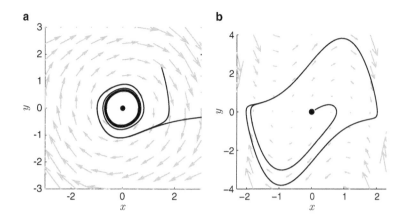

Abb. 13.3 Grenzzyklus im van der Pol-Oszillator für $\varepsilon = 0{,}1$ (**a**) und $\varepsilon = 2$ (**b**)

und erhalten so die folgende Gleichung für den Strom I und die Spannung U_C über dem Kondensator:

$$\dot{U}_C = \frac{1}{C}I, \tag{13.1}$$

$$\dot{I} = -\frac{1}{L}(EI - RI^3 + U_C), \tag{13.2}$$

bzw. als Gleichung zweiter Ordnung für den Strom, nach geeigneter Normierung und Umbenennung von Konstanten,

$$\ddot{I} - (\varepsilon - I^2)\dot{I} + I = 0. \tag{13.3}$$

Offenbar ist der Ursprung $(I, \dot{I}) = (0, 0)$ ein Gleichgewicht. Die Linearisierung von (13.3) im Ursprung besitzt die Eigenwerte $(\varepsilon \pm \sqrt{\varepsilon^2 - 4})/2$. Folglich liegt hier eine Hopf-Verzweigung vor, für $\varepsilon > 0$ ist der Ursprung instabil und umgeben von einem asymptotisch stabilen periodischen Orbit (einem „Grenzzyklus"). Qualitativ bleibt es für wachsendes ε bei diesem dynamischen Verhalten, die Form des Grenzzyklus verändert sich, vgl. Abb. 13.3.

13.2 Klassische Moleküldynamik

Die Modellierung von Systemen auf atomarer Ebene erfordert eigentlich eine quanten-mechanische Betrachtungsweise: die *Schrödingergleichung*. Dies ist eine partielle Dif-ferentialgleichung für die *Zustands-* oder *Wellenfunktion* des Systems, die angibt, wie wahrscheinlich sich das System in einem gewissen Zustand befindet. Umfasst das Sys-tem k Kerne und e Elektronen, dann ist die Wellenfunktion eine skalare Funktion auf dem

$\mathbb{R}^{3(k+e)}$. Bereits für moderate Kern- und Elektronenanzahlen ist eine direkte Lösung der zugehörigen Schrödingergleichung schwierig bis unmöglich.

Man behilft sich mit einfacher zu handhabenden Modellen, die sich durch eine Reihe von Approximationen aus dem quantenmechanischen Modell herleiten lassen. Auf diese Weise lässt sich ein *klassisches* Modell der Bewegung der Atome eines molekularen Systems konstruieren: die Dynamik wird durch die Newtonschen Gesetze der Mechanik beschrieben, die resultierende Differentialgleichung ist ein Hamilton-System für die Positionen $q_i \in \mathbb{R}^3$ und Momente $p_i \in \mathbb{R}^3$ der beteiligten Atome $i = 1, \ldots, n$ (vgl. Kap. 12):

$$\dot{p} = -H_q(p,q) \tag{13.4}$$

$$\dot{q} = H_p(p,q), \tag{13.5}$$

mit $q = (q_1, \ldots, q_n) \in \mathbb{R}^{3n}$ und $p = (p_1, \ldots, p_n) \in \mathbb{R}^{3n}$ und der Hamilton-Funktion

$$H(p,q) = \frac{1}{2} p^T M^{-1} p + U(q). \tag{13.6}$$

Hier sind in der Matrix $M = \mathrm{diag}(m_1, \ldots, m_n)$ die Massen der Atome (oder auch Atomgruppen) zusammengefasst, durch das *Potential U* sind die Wechselwirkungen zwischen den Atomen festgelegt. Dieses entsteht aus der Approximation des quantenmechanischen Modells oder häufig auch aus heuristischen Überlegungen und Anpassen der im Modell enthaltenen Parameter aus Messungen, mehr dazu im folgenden Unterabschnitt.

Explizit erhalten wir also das System

$$\begin{aligned} \dot{q}_i &= m_i^{-1} p_i \\ \dot{p}_i &= -\nabla_i U(q) \end{aligned} \quad , \quad i = 1, \ldots n,$$

bzw.

$$m_i \ddot{q}_i = F_i(q), \quad i = 1, \ldots, n$$

wobei

$$F_i(q) = -\nabla_i U(q)$$

die Kraft auf das i-te Atom darstellt.

Konstruktion des Potentials Ein Molekül wird durch *Bindungen* zwischen einzelnen Atomen definiert. Die Wechselwirkung zwischen zwei gebundenen Atomen i und j wird durch ein Potential der Form

$$U_b(r_{ij}) = \frac{1}{2} k_b (r_{ij} - \bar{r}_{ij})^2$$

modelliert, wobei $r_{ij} = \|q_i - q_j\|$ den Abstand der beiden Atome, $\bar{r}_{ij}$ ihren Gleichgewichtsabstand und k_b eine („Feder-")Konstante bezeichnet, vgl. Abb. 13.4 (links).

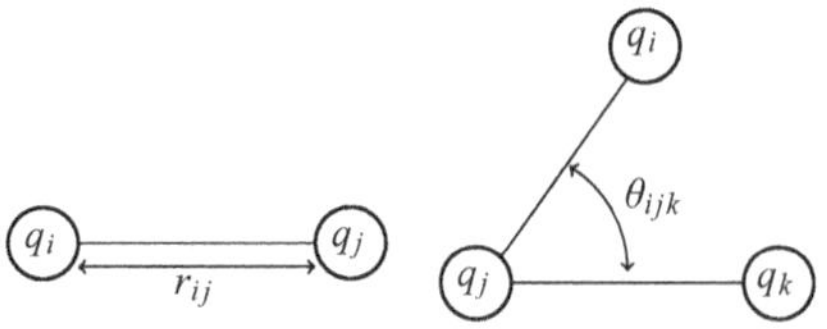

Abb. 13.4 Bindungslänge und
-winkel

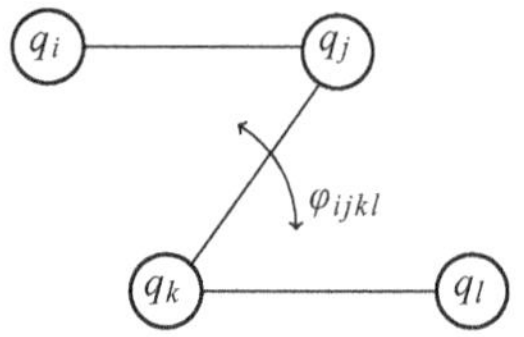

Abb. 13.5 Torsionswinkel

Wechselwirkungen zwischen drei aufeinanderfolgenden gebundenen Atomen werden
durch („Winkel-")Potentiale der Form

$$U_a(\theta_{ijk}) = -k_a(\cos(\theta_{ijk} - \bar{\theta}_{ijk}) - 1),$$

abgebildet, wobei θ_{ijk} den Winkel zwischen den drei aufeinanderfolgend gebundenen
Atomen i, j und k, $\bar{\theta}_{ijk}$ einen entsprechenden Gleichgewichtswinkel und k_a eine Konstan-
te bezeichnet (vgl. Abb. 13.4, rechts). Den Winkel θ_{ijk} erhält man aus den kartesischen
Koordinaten der Atome mit Hilfe der Beziehung

$$\theta_{ijk} = \arccos\left(\frac{\langle r_{ij}, r_{jk}\rangle}{\|r_{ij}\|\|r_{jk}\|}\right).$$

Weiter berücksichtigt man Wechselwirkungen zwischen vier aufeinanderfolgend gebundenen Atomen durch Einbeziehen von („Torsionswinkel-") Potentialen $U_t(\varphi_{ijkl})$ für den
Winkel φ_{ijkl} zwischen den beiden Ebenen, die von jeweils drei aufeinanderfolgend gebundenen Atomen definiert werden, vgl. Abb. 13.5.
    Diese Potentiale werden häufig in der Form

$$U_t(\varphi_{ijkl}) = \sum_{m=0}^{M} k_t^{(m)} \cos^m \varphi_{ijkl}$$

dargestellt, mit typischerweise $M = 5$ oder 6. Eine Möglichkeit zur Berechnung des
Torsionswinkels ist

$$\varphi_{ijkl} = \pi + s \arccos\left(\left\langle r_{ij} - \left\langle r_{ij}, \frac{r_{kj}}{\|r_{kj}\|}\right\rangle r_{kj}, r_{lk} - \left\langle r_{lk}, \frac{r_{kj}}{\|r_{kj}\|}\right\rangle r_{kj}\right\rangle\right),$$

wobei $s = \operatorname{sign}\det(r_{ij}, r_{jk}, r_{kl})$, vgl. Griebel et al. [1].
    Zwischen nicht gebundenen Atomen eines Moleküls, die mehr als vier Atome vonein-
ander entfernt sind (und zwischen den Atomen verschiedener Moleküle, die man gleich-

zeitig simulieren will), berücksichtigt man üblicherweise zwei weitere Wechselwirkungen: elektrostatische, modelliert durch das *Coulomb-Potential*

$$U_c(r_{ij}) = \frac{1}{4\pi\varepsilon_0} \frac{Q_i Q_j}{r_{ij}},$$

wobei Q_i und Q_j Ladungen bezeichnen und ε_0 die elektrische Feldkonstante ist, sowie *van-der-Waals-Kräfte*, modelliert durch ein *Lennard-Jones-Potential* der Form

$$U_{LJ}(r_{ij}) = 4\varepsilon \left(\left(\frac{\sigma_{ij}}{r_{ij}} \right)^{12} - \left(\frac{\sigma_{ij}}{r_{ij}} \right)^6 \right),$$

mit Konstanten ε und σ_{ij}, die von den betrachteten Atomen abhängen.

Das in (13.6) zu berücksichtigende Potential hat also insgesamt die folgende Form:

$$U(q) = \sum_{i,j} U_b(r_{ij}) + \sum_{i,j,k} U_a(\theta_{ijk}) + \sum_{i,j,k,l} U_t(\varphi_{ijkl}) + \sum_{i,j} [U_c(r_{ij}) + U_{LJ}(r_{ij})],$$

wobei sich die Summe jeweils über (aufeinanderfolgend) gebundene Atompaare, -triple bzw. -quadrupel bzw. über alle Paare nicht gebundener Atome in der letzten Summe erstreckt.

Bei der *Simulation* der Dynamik eines (oder mehrerer) Moleküle wird nun das Hamilton-System (13.4) mit einem der in Kap. 6 beschriebenen Verfahren numerisch gelöst (auch die Bestimmung eines physikalisch sinnvollen Anfangswertes ist dabei eigene Überlegungen wert, vgl. z. B. Griebel et al. [1, Abschnitt 3.7]). Wie in Abschn. 12.3 dargestellt, ist es sinnvoll, mit dem numerischen Verfahren die symplektische Struktur des Hamilton-Systems zu erhalten. In der Praxis hat sich dazu das *Störmer-Verlet-Verfahren* bewährt, das zu einem gegebenen Zustand $(q^k, \dot{q}^k)$ zum Zeitpunkt t_k den Zustand $(q^{k+1}, \dot{q}^{k+1})$ zum Zeitpunkt $t_{k+1} = t_k + h$ gemäß

$$\begin{aligned}
q_i^{k+1} &= q_i^k + h\dot{q}_i^k + \tfrac{h^2}{2m_i} F_i(q^k) \\
\dot{q}_i^{k+1} &= q_i^k + \tfrac{h}{2m_i}(F_i(q^k) + F_i(q^{k+1}))
\end{aligned} \tag{13.7}$$

berechnet. Dies ist ein *explizites* Verfahren zweiter Ordnung, da die Kräfte F_i nur von den Ortskoordinaten abhängen und daher die Kraft $F_i(q^{k+1})$ nach Auswerten der ersten Zeile bereits berechnet werden kann.

Die Simulation großer Molekülsysteme ist mit zwei prinzipiellen Schwierigkeiten behaftet:

(i) Bei den Wechselwirkungen zwischen nicht gebundenen Atomen ist prinzipiell eine große Zahl von wechselwirkende Partnern zu berücksichtigen, der numerische Aufwand zur Auswertung der entsprechenden Potentiale wächst zunächst quadratisch mit der Anzahl der Atome. Für dieses Problem wurden inzwischen effiziente Verfahren erdacht, siehe Barnes und Hut [2] oder Greengard und Rokhlin [3], deren Aufwand nur noch linear wächst.

(ii) Die schnellsten Bewegungen (nämlich die Schwingungen in den Bindungen zwischen je zwei Atomen) finden im Picosekundenbereich statt, interessiert ist man aber typischerweise an Simulationen über Mikro- oder gar Millisekunden – es liegt ein sogenanntes *Multiskalenproblem* vor. Es ist also eine enorme Zahl von Zeitschritten durchzuführen. Darüberhinaus hängen die Simulationsergebnisse äußerst sensitiv von den Anfangswerten ab. Es ist also nicht sinnvoll, quantitative Schlüsse aus einer einzelnen Simulation zu ziehen. Vielmehr muss man sich einer *statistischen* Sichtweise bedienen und Daten für ein *Ensemble* von gleichartigen Molekülen heranziehen.

13.3   Populationsdynamik

Das Wachstum von Populationen in der Biologie wird ebenfalls erfolgreich durch Differentialgleichungen modelliert – zumindest in Fällen, in denen die Populationsgröße hinreichend groß ist und deshalb als kontinuierlich variierend angenommen werden kann. Bezeichnet $x(t) \geq 0$ die Größe einer Population zum Zeitpunkt t, dann ist es häufig sinnvoll anzunehmen, dass ihr momentanes Wachstum $\dot{x}(t)$ proportional zur Größe der Population ist:

$$\dot{x} = a(x)x. \tag{13.8}$$

Hier ist $a(x)$ die von der Populationsgröße abhängige *Nettoreproduktionsrate*. Durch sie lässt sich beispielsweise modellieren, dass bei anwachsender Population aufgrund schrumpfender Ressourcen (Nahrung o. ä.) das Wachstum kleiner wird. Beliebt ist ein affin linearer Ansatz für a, der auf die *logistische Gleichung*

$$\dot{x} = \alpha(K - x)x$$

$\alpha, K > 0$, führt. Spezialfälle dieser Gleichung haben wir bereits kennengelernt, vgl. Aufgabe 5.4 und Gl. (7.1). Die Gleichung besitzt die beiden Gleichgewichte $x = 0$ und $x = K$, für $x < K$ ist das Wachstum positiv, für $x > K$ negativ, vgl. Abb. 13.6. Das Gleichgewicht $x = 0$ ist also instabil, $x = K$ asymptotisch stabil. Alle Lösungen zu Anfangswerten $x(0) > 0$ (negative Populationsgrößen betrachten wir hier nicht) konvergieren also gegen den Gleichgewichtszustand, in dem die Population gerade die Größe der *Kapazität* $K > 0$ der Umgebung hat.

Lotka-Volterra-Modelle Der Ansatz (13.8) lässt sich abstrakt leicht auf den Fall von Populationen mehrerer Spezies verallgemeinern: Im System

$$\dot{x}_i = a_i(x)x_i, \quad i = 1, \ldots, p,$$

Abb. 13.6 Dynamik der logistischen Gleichung

steht x_i für die Populationsgröße der i-ten Spezies und ihre Nettoreproduktionsrate a_i hängt von der Größe $x = (x_1, \ldots, x_p)$ aller anderen Populationen ab. Modellieren wir die a_i wieder affin linear in den x_i, so erhalten wir ein *Lotka*[2]-*Volterra*[3]-*Modell*. Im Fall von zwei Spezies lautet dieses explizit

$$
\begin{aligned}
\dot{x}_1 &= (a + bx_1 + cx_2)x_1, \\
\dot{x}_2 &= (d + ex_1 + fx_2)x_2,
\end{aligned}
\tag{13.9}
$$

wobei sich verschiedene Situationen durch die Wahl der Konstanten modellieren lassen: Ein berühmtes Beispiel ist ein *Räuber-Beute-System* nach Lotka und Volterra der Form

$$
\begin{aligned}
\dot{x}_1 &= (a - cx_2)x_1, \\
\dot{x}_2 &= (-d + ex_1)x_2,
\end{aligned}
\tag{13.10}
$$

mit $a, c, d, e > 0$, das die Dynamik einer Beute- (x_1) und einer Räuber-Population (x_2) modelliert: Eine große Zahl von Räubern hat einen negativen Effekt auf die Nettoreproduktionsrate der Beute, umgekehrt vermehren sich die Räuber besser, wenn viel Beute vorhanden ist. Ohne Beute aber würden die Räuber aussterben.

Das System (13.10) hat die Gleichgewichte $(0, 0)$ und $(d/e, a/c)$. Der Ursprung ist instabil, seine stabile Mannigfaltigkeit die x_2-Achse, seine instabile die x_1-Achse. Das bedeutet insbesondere, dass keine Lösungskurve (mit Anfangswert im positiven Quadranten) die beiden Koordinatenachsen je schneidet, der positive Quadrant ist invariant. Die Eigenwerte der Linearisierung in $(d/e, a/c)$ sind rein imaginär, daraus lässt sich zunächst keine Information über die Dynamik ableiten.

Das Räuber-Beute-System (13.10) besitzt aber eine Erhaltungsgröße bzw. erstes Integral (vgl. auch Aufgabe 5.5), nämlich die Funktion

$$
I(x) = ex_1 - d \log x_1 + cx_2 - a \log x_2.
$$

Tatsächlich gilt entlang einer Lösungskurve

$$
\begin{aligned}
\frac{d}{dt} I(x(t)) &= \nabla I(x(t)) \dot{x}(t) \\
&= [e - d/x_1, c - a/x_2] \begin{bmatrix} (a - cx_2)x_1 \\ (-d + ex_1)x_2 \end{bmatrix} \\
&= 0.
\end{aligned}
$$

Die Lösungskurven von (13.10) sind also die Höhenkurven von I – und diese sind geschlossene Kurven, vgl. Abb. 13.7 (links). Dieses einfache Modell sagt also bereits

---

[2] Alfred J. Lotka, 1880–1949, amerikanischer Mathematiker und Chemiker.
[3] Vito Volterra, 1860–1940, italienischer Mathematiker und Physiker.

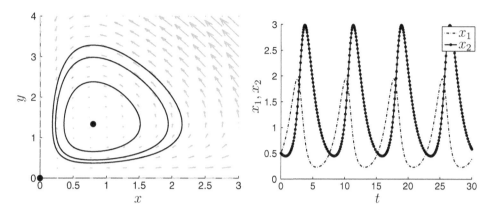

Abb. 13.7 Lösungskurven des Räuber-Beute-Modells

die in Abb. 13.7 (rechts) dargestellte periodische Schwankung von Räuber- und Beute-Population voraus.

Wir erweitern jetzt das Modell (13.10) wieder um einen logistischen Term wie in (13.9), der das Wachstum der beiden Spezies limitiert:

$$\begin{aligned}
\dot{x}_1 &= (a - bx_1 - cx_2)x_1, \\
\dot{x}_2 &= (-d + ex_1 - fx_2)x_2,
\end{aligned} \tag{13.11}$$

wobei $a, b, c, d, e, f > 0$. Für $x_1 = 0$ bzw. $x_2 = 0$ liegt jeweils eine logistische Gleichung für die andere Spezies vor, insbesondere gibt es ein weiteres Gleichgewicht bei $(a/b, 0)$, das instabil ist. Für $ae > bd$ liegt außerdem das Gleichgewicht

$$x^* = (x_1^*, x_2^*)^{\mathrm{T}} = \left(\frac{af + cd}{bf + ce}, \frac{ae - bd}{ce + bf} \right)^{\mathrm{T}} \tag{13.12}$$

im positiven Quadranten – und ist lokal asymptotisch stabil, was man durch Berechnung der Eigenwerte der Linearisierung sehen kann.

Dies bedeutet, dass alle Lösungen mit x_0 aus einer Umgebung von x^* gegen x^* konvergieren. Was lässt sich nun über das asymptotische Verhalten der Lösungen im positiven Quadranten aussagen, die nicht in einer Umgebung von x^* starten? Konvergieren alle Lösungen gegen x^*? Um dies zu beantworten, führen wir zur Vereinfachung der folgenden Rechnungen zunächst neue Koordinaten

$$y_1 = x_1/x_1^*, \quad y_2 = x_2/x_2^*$$

ein. Dann gilt für die Lösungen von (13.11) in den neuen Koordinaten

$$\dot{y}_1 = \dot{x}_1/x_1^* = (a - bx_1 - cx_2)x_1/x_1^*$$

$$= (a - by_1 x_1^* - cy_2 x_2^*)(y_1 x_1^*)/x_1^* = \alpha y_1(1 - y_2) + \beta y_1(1 - y_1)$$

mit $\alpha = cx_2^*$ und $\beta = bx_1^*$, denn es gilt $\alpha + \beta = a$. Analog folgt

$$\dot{y}_2 = -\gamma y_2(1 - y_1) + \delta y_2(1 - y_2)$$

mit $\gamma = ex_1^*$ und $\delta = fx_2^*$. Beachte, dass das Gleichgewicht x^* in den neuen Koordinaten nun in $y^* = (1, 1)^\mathrm{T}$ liegt, zudem bildet die Koordinatentransformation wegen unserer Bedingung $ae > bd$ den positiven Quadranten auf sich selbst ab. Wenn wir also zeigen, dass alle Lösungen des y-Systems im positiven Quadranten gegen $y^* = (1, 1)$ konvergieren, so folgt dieselbe Eigenschaft für die Lösungen von (13.11) und x^*.

Um dies zu beweisen, zeigen wir, dass die – durch eine leichte Modifikation aus der obigen Erhaltungsgröße I hergeleitete – Funktion

$$V(y) = \gamma y_1 - \gamma \log y_1 - \gamma + \alpha y_2 - \alpha \log y_2 - \alpha$$

eine quadratische Lyapunov-Funktion im Sinne von Definition 8.1 auf ihrem Definitionsbereich $(0, \infty)^2$ ist. Da V nicht auf ganz $\mathbb{R}^2$ definiert ist, weisen wir die nötigen Ungleichungen (8.1) und (8.2) gemäß Bemerkung 8.3(ii) auf den Niveaumengen $N_\sigma := \{x \in (0, \infty)^2 \mid V(x) \leq \sigma\}$ für alle $\sigma > 0$ nach. Beachte, dass diese Mengen kompakt sind, weil $V(y) \to \infty$ gilt für $y_i \to 0$ oder $y_i \to \infty$, $i = 1, 2$. Zudem besitzt N_σ für jedes $\sigma > 0$ wegen der Monotonieeigenschaften von V in y_1 und y_2 nur jeweils eine Zusammenhangskomponente.

Die Taylor-Entwicklung von V in $y^* = (1, 1)^\mathrm{T}$ liefert

$$V(y) = \frac{\gamma}{2}(y_1 - 1)^2 + O((y_1 - 1)^3) + \frac{\alpha}{2}(y_2 - 1)^2 + O((y_2 - 1)^3),$$

woraus für eine hinreichend kleine Umgebung $B_\varepsilon(y^*)$ die Ungleichung (8.1) folgt. Auf der kompakten Menge $N_\sigma \setminus B_\varepsilon(y^*)$ nimmt der Ausdruck

$$\frac{V(y)}{\|y - y^*\|^2}$$

ein Minimum und ein Maximum an. Aus $\log y_i < y_i - 1$ für $y_i \neq 1$ folgt nun $V(x) > 0$ auf $N_\sigma \setminus B_\varepsilon(y^*)$, weswegen das Minimum und damit auch das Maximum positiv ist. Daher gilt (8.1) auf ganz N_σ für geeignete (von σ abhängige) $c_1, c_2 > 0$.

Für die Ableitung gilt nun

$$
\begin{aligned}
DV(x)f(x) &= [\gamma - \gamma/y_1, \; \alpha - \alpha/y_2] \begin{bmatrix} \alpha y_1(1-y_2) + \beta y_1(1-y_1) \\ -\gamma y_2(1-y_1) + \delta y_2(1-y_2) \end{bmatrix} \\
&= \gamma \alpha y_1(1-y_2) - \gamma \alpha (1-y_2) \\
&\quad + \gamma \beta y_1(1-y_1) - \gamma \beta(1-y_1) \\
&\quad - \alpha \gamma y_2(1-y_1) + \alpha \gamma(1-y_1) \\
&\quad + \alpha \delta y_2(1-y_2) - \alpha \delta(1-y_2) \\
&= -\gamma \beta (y_1 - 1)^2 - \alpha \delta (y_2 - 1)^2 \\
&\leq -\min\{\gamma\beta, \, \alpha\delta\} \|y - y^*\|^2.
\end{aligned}
$$

Also gilt (8.2), weswegen gemäß Satz 8.2 und Bemerkung 8.3(ii) alle Lösungen mit Anfangswert $y_0 \in N_\sigma$ gegen y^* konvergieren. Da nun jedes $y_0 \in (0, \infty)^2$ für hinreichend großes $\sigma > 0$ in N_σ liegt, folgt die Konvergenz gegen y^* für alle Lösungen im positiven Quadranten.

13.4 Übungen

Aufgabe 13.1 Erweitern Sie den passiven Schwingkreis aus Abschn. 13.1 gemäß Abb. 13.8 um einen Widerstand R (für diesen gilt die charakterisierende Gleichung $U_R = RI$). Stellen Sie die Differentialgleichung für den Strom und die Spannung über der Spule auf und geben Sie ihre Lösungen an.

Aufgabe 13.2 Implementieren Sie das Störmer-Verlet-Verfahren (13.7). Testen Sie es an Molekülmodellen (beginnen Sie dabei mit einem Molekül aus zwei Atomen und nur dem Bindungspotential). Vergleichen Sie das Verfahren numerisch mit dem expliziten Euler-Verfahren und der Mittelpunktsregel für verschiedene Schrittweiten.

Aufgabe 13.3 Analysieren Sie die linearisierte Dynamik in der Nähe des Gleichgewichts x^* im Räuber-Beute-Modell (13.11) in Abhängigkeit der Parameter a, b, c, d, e und f. Welche qualitativ unterschiedlichen Situationen sind möglich?

Abb. 13.8 Gedämpfter
Schwingkreis

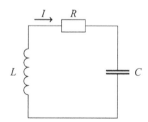

Aufgabe 13.4 Was lässt sich über die Dynamik des Modells (13.11) für den Fall aussagen, dass x^* nicht im ersten Quadranten liegt? Charakterisieren Sie die ω-Limesmengen für eine möglichst große Menge von Anfangswerten.

Literatur

1. GRIEBEL, M., S. KNAPEK, G. ZUMBUSCH und A. CAGLAR: *Numerische Simulation in der Moleküdynamik. Numerik, Algorithmen, Parallelisierung, Anwendungen.* Springer, Berlin, 2004.

2. BARNES, J. and P. HUT: *A hierarchical $o(n \log n)$ force-calculation algorithm.* Nature, 4(324):446–449, 1986.

3. GREENGARD, L. and V. ROKHLIN: *A fast algorithm for particle simulations.* J. Comput. Phys., 73(2):325–348, 1987.

Anhang

14

14.1 Maple

MAPLE ist ein Computermathematiksystem, mit dem Probleme aus vielen Bereichen der Mathematik computergestützt gelöst werden können. MAPLE unterstützt sowohl die sogenannte symbolische als auch die numerische Rechnung. Angewendet auf Differentialgleichungen bedeutet die symbolische Rechnung, dass eine explizite Lösungsformel durch Anwendung von analytischen Lösungstechniken – oder genauer durch Anwendung von Algorithmen, die aus diesen entwickelt wurden – berechnet wird. Insbesondere können solche Algorithmen basierend auf den Methoden aus Kap. 5 entwickelt werden. Die numerische Berechnung hingegen benutzt die in Kap. 6 vorgestellten Verfahren, um Lösungen approximativ zu berechnen.

In diesem Anhang geben wir eine Einführung in eine Auswahl von MAPLE-Routinen zur Lösung gewöhnlicher Differentialgleichungen und der graphischen Darstellung der Lösungen. Da eine umfassende Einführung leicht ein eigenes Buch füllen würde, beschränken wir uns auf die Erklärung einiger grundlegender Methoden und geben im abschließenden Abschnitt einige kurze Ausblicke auf weitere Funktionen. Zur weitergehenden Einführung in MAPLE gibt es eine Vielzahl von Büchern und Internet-Seiten, z. B. den Kurs des Rechenzentrums der Universität Bayreuth [1]. Speziell mit dynamischen Systemen beschäftigt sich das Buch von S. Lynch [2].

Alle Beispiele wurden mit MAPLE 10.04 getestet und stehen unter http://www.dgl-buch.de als Worksheets zum Download zur Verfügung. Die hier im Buch abgedruckten MAPLE-Eingaben sind im klassischen „Maple Notation"-Eingabeformat angegeben, da dieses eine direkte Wiedergabe der einzugebenden Befehlsfolgen im Druck ermöglicht. In MAPLE kann dieses Format unter dem Menüpunkt „Tools → Options → Display" durch Auswahl von „Input Display: Maple Notation" ausgewählt werden. Alternativ können alle Eingaben aber natürlich auch in der „2-D Math Notation" eingegeben werden, sehen dann am Bildschirm aber anders aus als hier im Druck.

© Springer Fachmedien Wiesbaden 2016
L. Grüne, O. Junge, *Gewöhnliche Differentialgleichungen*,
Springer Studium Mathematik – Bachelor, DOI 10.1007/978-3-658-10241-8_14

Grundlegendes

Um gewöhnliche Differentialgleichungen mit MAPLE zu lösen, müssen wir zuerst klären, wie man Differentialgleichungen und Anfangsbedingungen in MAPLE eingibt. Bevor die folgenden Definitionen eingegeben werden, empfiehlt es sich, einmal die Anweisung `restart;` auszuführen, um alle bereits definierten Variablen zu löschen.

Eingabe von Differentialgleichungen Um Differentialgleichungen mit MAPLE zu lösen, müssen diese zunächst eingegeben werden. Die dabei benötigten Ableitungen werden mit der `diff`-Anweisung definiert. Um sie später weiterverarbeiten zu können, wird die gesamte Gleichung einer Variablen zugewiesen.

Betrachten wir als erstes Beispiel die Gleichung

$$\dot{x}(t) = x(t)^2. \tag{14.1}$$

Mit der MAPLE-Anweisung

```
>   bsp1 := diff(x(t),t) = x(t)^2;
```

wird diese definiert und der Variablen `bsp1` zugewiesen. Um mehrdimensionale Gleichungen einzugeben, werden diese als System eindimensionaler Gleichungen geschrieben. Als Beispiel betrachten wir die lineare zweidimensionale Gleichung

$$\dot{x} = \begin{bmatrix} 0 & 1 \\ -1 & 0 \end{bmatrix} x. \tag{14.2}$$

mit $x = (x_1, x_2)^\mathrm{T}$. Ausgeschrieben in zwei Gleichungen lautet diese

$$\dot{x}_1(t) = x_2(t), \quad \dot{x}_2(t) = -x_1(t)$$

und genauso kann dieses zweidimensionale System mittels

```
>   bsp2 := diff(x1(t),t)=x2(t), diff(x2(t),t)=-x1(t);
```

eingegeben und der Variablen `bsp2` zugewiesen werden.

Darüberhinaus kann MAPLE auch Gleichungen höherer Ordnung direkt verarbeiten, ohne dass diese in ein System erster Ordnung (3.3) umgeformt werden müssen. Das Beispiel (14.2) z. B. ist äquivalent zu

$$\ddot{y}(t) = -y(t) \tag{14.3}$$

mit $(x_1, x_2) = (y, \dot{y})$. Gleichung (14.3) kann in MAPLE direkt als

```
>   bsp3 := diff(y(t),t,t) = -y(t);
```

eingegeben und der Variablen `bsp3` zugewiesen werden.

Zu beachten ist bei der Eingabe von Differentialgleichungen, dass das unabhängige Argument (in der Notation dieses Buches also zumeist das *t*) stets mit eingegeben werden muss. Dies erkennt man sofort an den – oben nicht explizit aufgeführten – Ausgaben der entsprechenden MAPLE-Anweisungen in. Die für Gl. (14.1) durchgeführte Definition liefert die Ausgabe

```
>    bsp1 := diff(x(t), t) = x(t)^2;
```

$$\frac{d}{dt} x\,(t) = (x\,(t))^2$$

während bei der Eingabe ohne „*t*" die Ausgabe

```
>    bsp1 := diff(x, t) = x^2;
```

$$0 = x^2$$

erscheint: MAPLE leitet den nicht von *t* abhängigen Ausdruck „*x*" in `diff(x, t)` sofort nach *t* ab und liefert konsequenterweise „0" als Ergebnis.

Eingabe von Anfangsbedingungen Wollen wir ein Anfangswertproblem lösen, so muss zusätzlich eine Anfangsbedingung eingegeben und wiederum einer Variablen zugewiesen werden. Dies kann eine ganz abstrakte Anfangsbedingung der Form $x(t_0) = x_0$ sein, die für Gl. (14.1) als

```
>    ab1 := x(t0) = x0;
```

eingegeben und der Variablen `ab1` zugewiesen wird. Die Notwendigkeit dieser abstrakten Definition wird im folgenden Abschnitt klar werden. Ebenso kann man aber auch konkrete numerische Zahlenwerte benutzen, z. B.

```
>    ab1num := x(1) = 10;
```

Für die Beispiele (14.2) und (14.3) geht dies analog, indem man die Dimension bzw. Ordnung des Beispiels berücksichtigt. Wollen wir z. B. für Gl. (14.2) den abstrakten Anfangswert `x0=(x01,x02)` zur Anfangszeit `t0` definieren, so geht dies mit

```
>    ab2 := x1(t0) = x10, x2(t0) = x20;
```

konkrete Zahlenwerte weist man mit

```
>    ab2num := x1(0) = 5, x2(0) = 2;
```

zu. Um für Gl. (14.3) eine eindeutige Lösung zu erhalten, muss man sowohl $y(t_0)$ als auch $\dot{y}(t_0)$ festlegen, was für die abstrakten Werte `y0, dy0` mittels

```
>    ab3 := y(t0) = y0, D(y)(t0) = dy0;
```

und für konkrete Zahlenwerte (die hier äquivalent zu x0=(x01,x02) für (14.2) gewählt werden) mit

```
>   ab3num := y(0) = 5, D(y)(0) = 2;
```

geschieht. Die hierbei verwendete Anweisung D(y) berechnet ähnlich wie das oben verwendete diff(y(t),t) die Ableitung $\dot{y}$. Während aber diff(y(t),t) den Ausdruck $\dot{y}(t)$ in Form eines MAPLE-Terms berechnet, liefert $D(y)$ die Funktion $t \mapsto \dot{y}(t)$ in Form eines MAPLE-Operators. Damit lässt sich die Anfangsbedingung der Ableitung kompakter und intuitiver schreiben.

Analytische Lösungen

In diesem Abschnitt wollen wir erläutern, wie die dsolve-Anweisung benutzt werden kann, um gewöhnliche Differentialgleichungen analytisch zu lösen. Für die computergestützte analytische Lösung gelten natürlich die gleichen prinzipiellen Beschränkungen, wie wir sie am Anfang von Kap. 5 skizziert haben. Allerdings kann die Fähigkeit des Computers, viele verschiedene Methoden in sehr kurzer Zeit systematisch durchzuprobieren, bei der Berechnung analytischer Lösungen eine enorme Hilfe sein.

Die einfachste Form des Aufrufs zur Lösung einer Differentialgleichung lautet für (14.1)

```
>   dsolve(bsp1);
```

und liefert die Ausgabe

$$x(t) = (-t + \_C1)^{-1}$$

Hier erkennt man die typische Struktur der Ausgabe dieser Anweisung: Die allgemeine Lösung wird abhängig von einer Variablen _C1 dargestellt, die beliebige reelle Werte annehmen kann. Ähnlich ist das bei den beiden anderen Gln. (14.2) und (14.3), bei denen Ein- und Ausgabe wie folgt lauten:

```
>   dsolve({bsp2});
```

$$\{x1(t) = \_C1 \sin(t) + \_C2 \cos(t),$$
$$x2(t) = \_C1 \cos(t) - \_C2 \sin(t)\}$$

und

```
>   dsolve(bsp3);
```

$$y(t) = \_C1 \sin(t) + \_C2 \cos(t)$$

Hier hängen die Lösungen nun von jeweils zwei Konstanten _C1 und _C2 ab. Zu beachten ist, dass das Argument dgl2 von dsolve im Fall von (14.2) in geschweifte

Klammern gesetzt werden muss. Der Grund dafür ist, dass es sich hier um ein System von zwei Gleichungen handelt, das auf diese Weise als ein einziges Argument an die Routine übergeben wird. Etwas uneinheitlich ist dabei die Ausgabereihenfolge der beiden Lösungekomponenten in MAPLE impementiert; es kann vorkommen, dass die beiden Lösungskomponenten in umgekehrter Reihenfolge ausgegeben werden.

Um nun die Lösung für eine gegebene Anfangsbedingung der Form $x(t_0) = x_0$ zu berechnen, müsste man nur noch _C1 bzw. _C1 und _C2 so berechnen, dass diese Bedingung erfüllt ist. Dies kann man aber MAPLE automatisch erledigen lassen, indem wir die oben definierten „abstrakten" Anfangsbedingungen in den `dsolve`-Befehl einsetzen. Für unsere drei Beispiele erhalten wir so

```
>    dsolve({bsp1,ab1});
```

$$x(t) = \frac{x0}{1 - tx0 + t0\,x0}$$

```
>    dsolve({bsp2,ab2});
```

$$\{x1(t) = (\cos(t0)\,x20 + \sin(t0)\,x10)\sin(t)$$
$$+ (-\sin(t0)\,x20 + x10\,\cos(t0))\cos(t),$$
$$x2(t) = (\cos(t0)\,x20 + \sin(t0)\,x10)\cos(t)$$
$$- (-\sin(t0)\,x20 + x10\,\cos(t0))\sin(t)\}$$

```
>    dsolve({bsp3,ab3},y(t));
```

$$y(t) = (y0\,\sin(t0) + \cos(t0)\,dy0)\sin(t)$$
$$+ (-\sin(t0)\,dy0 + \cos(t0)\,y0)\cos(t)$$

Die Anfangsbedingung wird bei der Übergabe also mit der Differentialgleichung in geschweiften Klammern zusammengefasst und so an `dsolve` übergeben. Bei `bsp3` wird hier zudem mit dem weiteren Argument `y(t)` explizit festgelegt, nach welchem Term die Lösung aufgelöst werden soll. Dies ist bei diesem Beispiel notwendig, damit MAPLE die Differentialgleichung und die Anfangsbedingung auseinanderhalten kann, denn in beiden treten hier ja Ableitungen auf. Bei `bsp1` und `bsp2` ist diese Angabe nicht notwendig, da MAPLE hier selbst erkennt, nach welchem Term die Lösung sinnvollerweise aufgelöst werden muss.

Wiederholen wir diese Anweisungen mit den entsprechenden numerischen Anfangsbedingungen, so erhalten wir die zugehörigen Lösungen mit den angegebenen Zahlenwerten als Anfangsbedingung:

```
>    dsolve({bsp1,ab1num});
```

$$x(t) = -10\,(10t - 11)^{-1}$$

```
>    dsolve({bsp2,ab2num});
```

$$\{x1(t) = 5\cos(t) + 2\sin(t), x2(t) = -5\sin(t) + 2\cos(t)\}$$

```
>    dsolve({bsp3,ab3num},y(t));
```

$$y(t) = 5\cos(t) + 2\sin(t)$$

Wie geht MAPLE **intern vor?** Wir haben in Kap. 5 verschiedene Möglichkeiten kennen gelernt, Lösungen von Differentialgleichungen analytisch zu lösen. Für lineare Differentialgleichungen haben wir bereits vorher in Kap. 2 gesehen, dass sich die Lösungen explizit über die Matrix-Exponentialfunktion berechnen lassen. Vereinfacht gesagt prüft MAPLE all diese Möglichkeiten – und noch viele mehr – beim Aufruf von dsolve systematisch auf ihre Anwendbarkeit, um dann im Erfolgsfall die entsprechende Methode auszuführen. Welche Methoden MAPLE dabei probiert, kann man sehen, wenn man die Anweisung

```
>    infolevel[dsolve]:=3;
```

eingibt. Diese bewirkt, dass dsolve bei allen nachfolgenden Ausführungen detailliert Auskunft über die geprüften Methoden gibt – die Voreinstellung ist 1, damit werden keinerlei Informationen ausgegeben. Wiederholen wir nach der Anweisung z. B. den Aufruf

```
>    dsolve(bsp1);
```

so erhalten wir die Ausgabe:

```
Methods for first order ODEs:
--- Trying classification methods ---
trying a quadrature
trying 1st order linear
trying Bernoulli
<- Bernoulli successful
```

$$x(t) = -(t - \_C1)^{-1}$$

Zuerst wird also die Quadratur ausprobiert, d. h. es wird getestet, ob sich die Gleichung – gegebenenfalls nach Umformungen – durch einfaches Integrieren (also durch Quadratur) des Vektorfeldes gelöst werden kann. Dies kann funktionieren, wenn die rechte Seite nur von einer der beiden Variablen t oder x abhängt, scheitert aber oft daran, dass keine Stammfunktion gefunden werden kann, was offenbar auch hier der Fall ist. Als zweites wird geprüft, ob die Gleichung linear ist, was hier ebenfalls nicht zutrifft. Als drittes wird getestet, ob die eingegebene Gleichung eine Bernoulli-Differentialgleichung ist. Dies ist hier der Fall, weswegen diese Lösungsmethode hier angewendet wird. Weitere Methoden, die MAPLE zur Lösung probiert sind z. B. die Ermittlung von Symmetrien des Vektorfeldes, Lösungsformeln für homogene Gleichungen oder Gleichungen vom d'Alembertschen

Typ und viele mehr. Eine ausführliche Übersicht findet sich auf der Hilfe-Seite zur Anweisung `odeadvisor`, vgl. auch Abschn. 14.1.

Im Zusammenhang mit der `dsolve`-Routine sollte darauf hingewiesen werden, dass
MAPLE jedes nicht weiter definierte Symbol standardmäßig als komplexe Zahl behandelt.
Beim Lösen einer reellen gewöhnlichen Differentialgleichung kann das dazu führen, dass
die berechnete Lösung nicht so weit vereinfacht werden kann, dass eine allgemeine Lösung ausgegeben werden kann. Als Beispiel betrachte die Gleichung

$$\dot{x}(t) = x(t)^3 - x(t)$$

aus Beispiel 5.9. Mit

```
>    dgl := diff(x(t),t)=x(t)^3-x(t);
```

```
>    ab:= x(t0)=x0;
```

```
>    dsolve({dgl,ab},x(t));
```

erhält man kein Ergebnis, da sich die aus der Methode für Bernoulli-Gleichungen erge-
bende allgemeine Lösungsformel nicht weit genug vereinfachen lässt. Dies sieht man z. B.
indem man die Anfangsbedingung weglässt, da dann eine Lösung ausgegeben wird. Ebenso kann man durch Heraufsetzen von `infolevel[dsolve]` sehen, dass die Gleichung
korrekt als Bernoulli-Gleichung erkannt wird.

Abhilfe schafft hier die explizite Angabe, dass die Gleichung als reell zu lösen ist, was
mit der nachgestellten Anweisung `assuming real` realisiert wird. Folgerichtig liefert
der Aufruf

```
>    dsolve({dgl,ab},x(t)) assuming real;
```

mit

$$x(t) = -\frac{\sqrt{-\left(-x0^2 e^{2t0} - e^{2t} + e^{2t} x0^2\right) e^{2t0}} x0}{-x0^2 e^{2t0} - e^{2t} + e^{2t} x0^2}$$

die richtige allgemeine Lösung.

Numerische Lösungen

Numerische Lösungen werden in MAPLE ebenfalls mit `dsolve` berechnet, indem der
Anweisung die Option `numeric` übergeben wird.

Die `numeric` Option Für das Beispiel (14.1) erhält man mit der `numeric`-Option >

```
numlsg1:=dsolve({bsp1,ab1num}, numeric);
```

die Ausgabe

$$numlsg1 := \mathbf{proc}(x\_rkf45) \ldots \mathbf{end\ proc}$$

Dies erscheint auf den ersten Blick unverständlich, ist aber leicht erklärt: Der Variablen
`numlsg1` werden hier keine Zahlenwerte sondern eine Berechnungsvorschrift zugewiesen, die wie jede andere MAPLE-Funktion ausgewertet werden kann. Um z. B. den numerisch berechneten Wert an der Stelle $t = 0$ zu erhalten, gibt man ein:

```
>    numlsg1(0);
```

$$[t = 0{,}0, x\,(t) = 0{,}909091248236105320]$$

Für die beiden anderen Beispiele lauten die Aufrufe und Ausgaben entsprechend

```
>    numlsg2:=dsolve({bsp2,ab2num}, numeric):
```

```
>    numlsg2(0);
```

$$[t = 0{,}0, x1\,(t) = 5{,}0, x2\,(t) = 2{,}0]$$

und

```
>    numlsg3:=dsolve({bsp3,ab3num},numeric):
```

```
>    numlsg3(0);
```

$$\left[t = 0{,}0, y\,(t) = 5{,}0, \frac{d}{dt}y\,(t) = 2{,}0\right]$$

Bei der Gleichung zweiter Ordnung wird hier also nicht nur der Wert sondern auch
die Ableitung im gewählten Zeitpunkt ausgegeben. Bei der Definition von `numlsg2` und
`numlsg3` haben wir hier einen Doppelpunkt ans Ende der Anweisung gesetzt, wodurch
die Ausgabe unterdrückt wird.

Intern wird der numerische Algorithmus zur Berechnung der Lösung bei jeder Auswertung neu ausgeführt, was bei vielen aufeinanderfolgenden Auswertungen recht lange
Rechenzeiten nach sich ziehen kann. Alternativ kann daher die `range`-Option übergeben
werden, mit der ein Intervall von t-Werten festgelegt wird, auf dem die Lösung berechnet
wird. Mit

```
>    numlsg1_range:=dsolve({bsp1,ab1num}, numeric,
            range = -10..1):
```

wird die Lösung auf einem Gitter $\mathcal{T}$ vorausberechnet, das den angegebenen Bereich – hier
also $t \in [-10, 1]$ – abdeckt. Bei jeder Auswertung wird der gewünschte Wert dann durch
Interpolation aus den gespeicherten Werten in den Gitterpunkten berechnet.

Weitere Ausgabeformate Neben der standardmäßigen Definition der Lösung als auswertbarer Algorithmus gibt es viele weitere Möglichkeiten der Ausgabe der Lösung, die mit der Option `output` gewählt werden können und von denen wir hier zwei besprechen wollen.

Zum Beispiel ist es möglich, die Lösung der Differentialgleichung mit `dsolve` direkt für eine Menge vorgegebener Zeiten auszuwerten. Dies erreicht man, indem man `dsolve` mit der `output`-Option wie folgt ein Array mit Zeiten übergibt:

```
>   dsolve({bsp2,ab2num}, numeric,
            output=array([0,0.25,0.5,0.75,1]));
```

$$
\begin{bmatrix}
& [t, x1(t), x2(t)] & \\
\begin{bmatrix}
0{,}0 & 5{,}0 & 2{,}0 \\
0{,}2500000000 & 5{,}3393701809 & 0{,}7008049215 \\
0{,}5000000000 & 5{,}346764055 & -0{,}6419626068 \\
0{,}7500000000 & 5{,}021722044 & -1{,}944816217 \\
1{,}0 & 4{,}384453794 & -3{,}126750498
\end{bmatrix}
\end{bmatrix}
$$

Eine weitere Variante ist, die berechnete Funktion als eine stückweise definierte MAPLE-Funktion auszugeben. Dazu wird `output=piecewise` und zusätzlich mittels `range` ein Bereich übergeben, also z. B.

```
>   dsolve({bsp1,ab1num}, numeric, output=piecewise,
            range=0..0.2);
```

$$
\begin{bmatrix}
t = t, x(t) = \begin{cases}
undefined & t < 0{,}0 \\[6pt]
\begin{aligned}
& 0{,}9069526370 + 0{,}9085562153\, t \\
& +0{,}8661496472\,(t - 0{,}05088529784)^2 \\
& +0{,}8294192240\,(t - 0{,}05088529784)^3 \\
& +0{,}7659454715\,(t - 0{,}05088529784)^4,
\end{aligned} & t \le 0{,}1017705956 \\[6pt]
\begin{aligned}
& 0{,}8854291406 + 1{,}114621428\, t \\
& +1{,}177021463\,(t - 0{,}1528157176)^2 \\
& +1{,}249739507\,(t - 0{,}1528157176)^3 \\
& +1{,}271889983\,(t - 0{,}1528157176)^4,
\end{aligned} & t \le 0{,}2 \\[6pt]
undefined & otherwise
\end{cases}
\end{bmatrix}
$$

Die approximative Lösung wird so als stückweise definierte Funktion zurückgegeben, deren Abschnitte gerade Polynome vierten Grades sind. Der Grad vier wird dabei gewählt, da Polynome vierten Grades eine Approximation fünfter Ordnung auf jedem Teilintervall liefern und damit zwischen den Gitterpunkten die gleiche Genauigkeit liefern wie das verwendete Runge-Kutta Verfahren der Konvergenzordnung fünf, vgl. den folgenden Abschnitt.

Numerische Schemata Das numerische Standardschema in MAPLE ist das Runge-Kutta-Fehlberg-Verfahren `rkf45`, ein eingebettetes explizites Runge-Kutta-Verfahren mit Konsistenzordnungen 4 und 5. Die Schrittweite wird gemäß der in Abschn. 6.5 beschriebenen Methode gesteuert: sie wird in jedem Schritt so gewählt, dass der geschätzte lokale Fehler eine Fehlerschranke der Form

$$\|\tilde{x}(t_{i+1}) - x(t_i + h_i; t_i, \tilde{x}(t_i))\| \leq \texttt{abserr} + \texttt{relerr} \cdot \|\tilde{x}(t_{i+1})\| \tag{14.4}$$

erfüllt[1], wobei die Werte `abserr` und `relerr` optional vorgegeben werden können. Defaultwerte für `rkf45` sind `abserr` $= 10^{-7}$ und `relerr` $= 10^{-6}$.

Für steife Differentialgleichungen bietet MAPLE als weiteres Standardschema das Rosenbrock-Verfahren an, ein eingebettetes implizites Runge-Kutta-Verfahren mit Konsistenzordnungen 3 und 4. Mit der Option `stiff` `=` `true` wird auf dieses Verfahren umgeschaltet.

Über diese Standardschemata hinaus sind in MAPLE eine ganze Reihe weiterer Verfahren implementiert, die mit der Option `method` ausgewählt werden können. Einen Überblick gibt die Hilfeseite, die mit `?dsolve`, `numeric` aufgerufen wird. An dieser Stelle sei nur noch auf das explizite Euler-Verfahren hingewiesen, das in MAPLE mit der Option `method` `=` `classical[foreuler]` ausgewählt wird. Dieses Verfahren verwendet keine Schrittweitensteuerung sondern eine konstante Schrittweite, die mit der Option `stepsize` ausgewählt wird. Ein Beispielaufruf für (14.1) lautet

```
>    numlsg_euler:=dsolve({bsp1,ab1num}, numeric,
               method=classical[foreuler], stepsize=0.01);
```

Grafische Darstellung der Lösungen

Eine wesentliche Stärke der computergestützten Lösung von Differentialgleichungen – sei es analytisch oder numerisch – ist die Möglichkeit, die erhaltenen Ergebnisse sofort graphisch darzustellen. Hier beschreiben wir, wie das in MAPLE gemacht wird. Alle mit den Methoden dieses Abschnittes erzeugten Grafiken können dabei durch Anklicken mit der rechten Maustaste menügesteuert nachträglich modifiziert und in verschiedenen Formaten exportiert werden.

---

[1] Beachte, dass nur der *geschätzte* lokale Fehler diese Schranke einhält. Auch wenn diese Verfahren im Allgemeinen recht zuverlässige Ergebnisse liefern, ist eine rigorose Einhaltung der Schranke durch den *tatsächlichen* Fehler nicht gewährleistet.

Darstellung analytischer Lösungen Da analytische Lösungen als übliche MAPLE-Ausdrücke geliefert werden, können die Standardgrafikanweisungen `plot` und `plot3d` zu ihrer graphischen Darstellung verwendet werden. Wir veranschaulichen den Gebrauch dieser Routinen anhand unserer Beispiele (14.1) und (14.2), also `bsp1` und `bsp2`.

Zunächst müssen wir die Lösungsausdrücke an Variablen zuweisen, um diese dann plotten zu können. Für `bsp1` geschieht dies mittels

```
>    lsg1:=dsolve({bsp1,ab1num});
```

$$lsg1 := x\,(t) = -10\,(10\,t - 11)^{-1}$$

```
>    xt := rhs(lsg1);
```

$$xt := -10\,(10\,t - 11)^{-1}$$

Damit wird zunächst die Lösungsgleichung der Variablen `lsg1` zugewiesen und dann die rechte Seite der Gleichung (`rhs` = right hand side) der Variablen `xt`. Diese kann nun mittels

```
>    plot(xt,t=-10..1);
```

auf einem ausgewählten Intervall (hier $[-10, 1]$) graphisch dargestellt werden. Das Ergebnis ist

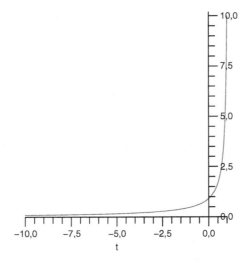

Für das zweidimensionale Beispiel `bsp2` funktioniert dies ähnlich, allerdings müssen hier die rechten Seiten der beiden Lösungsgleichungen separat an Ausdrücke `x1t` und `x2t` zugewiesen werden. Dies geschieht mittels

```
>    lsg2:=dsolve({bsp2,ab2num});
```

$$lsg2 := \{x1\,(t) = 2\,\sin\,(t) + 5\,\cos\,(t)\,, x2\,(t) = 2\,\cos\,(t) - 5\,\sin\,(t)\}$$

```
>    x1t:=rhs(lsg2[1]); x2t:=rhs(lsg2[2]);
```

$$x1t := 2\,\sin\,(t) + 5\,\cos\,(t)$$

$$x2t := 2\,\cos\,(t) - 5\,\sin\,(t)$$

Hier kann die oben bereits erwähnte Eigenart von MAPLE, die Lösungskomponenten gelegentlich in umgekehrter Reihenfolge auszugeben, Probleme bereiten. Passiert dies, so müssen die Definitionen von x1t und x2t vertauscht werden.

Im zweidimensionalen gibt es nun verschiedene Möglichkeiten, die Lösung darzustellen. Die erste besteht darin, die beiden Komponenten der Lösung als Funktionen in t in eine Grafik zu plotten. Dies geschieht mittels[2]

```
>    plot([x1t, x2t], t=0..10, color=[red, blue],
          style=[point, line], thickness=[1,2],
          numpoints=200);
```

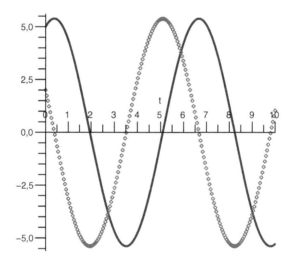

Die beiden Lösungen werden innerhalb einer eckigen Klammer (also als eine MAPLE-Liste) an plot übergeben. Zudem nutzen wir hier noch einige Optionen, die die Farbe (color), den Zeichenstil (style), die Dicke der Linie (thickness) und die Auflösung über die Anzahl der Punkte (numpoints) festlegen. Hierbei erhalten beide Kurven

---

[2] Verschiedene Farben sind hier und im Folgenden in Graustufen gedruckt.

unterschiedliche Optionen, wenn die zugehörigen Parameter ebenfalls als Listen übergeben werden (wie hier bei `color`, `style` und `thickness`). Wird nur ein Parameter für
eine Option übergeben (wie hier bei `numpoints`), so gilt diese für alle Kurven. Zu beachten ist hier, dass `numpoints` nicht nur bei der expliziten Verwendung von `point`
als Stil wirksam ist, sondern auch die Auflösung bei der Darstellung der Linie beeinflusst,
was nützlich sein kann, wenn die Standardauflösung in MAPLE zu grobe Plots erzeugt.

Will man mehrere verschiedene Lösungskurven mit vielen Optionen in einer Grafik
darstellen, so kann es sehr unübersichtlich sein, diese in eine einzelne `plot`-Anweisung
zu schreiben. In diesem Fall kann man die Kurven alternativ separat mit `plot` erzeugen,
jeweils einer Variablen zuweisen und dann mittels `plots[display]` in eine Grafik
plotten. Für die obige Grafik lautet diese alternative Anweisungsfolge

```
>    kurve1:=plot(x1t, t=0..10, color=red, style=point,
            thickness=1, numpoints=200):
     kurve2:=plot(x2t, t=0..10, color=blue, style=line,
            thickness=2, numpoints=200):
     plots[display](kurve1,kurve2);
```

Die zweite Möglichkeit der Darstellung der Lösungen ist das Phasenportrait, in dem
die Lösungskurve $\{(x_1(t), x_2(t))^{\mathrm{T}} \mid t \in [t_1, t_2]\} \subset \mathbb{R}^2$ geplottet wird. Dies geht in MAPLE
(hier mit $t_1 = 0$ und $t_2 = 10$) mit

```
>    plot([x1t, x2t, t=0..10]);
```

und erzeugt die Grafik

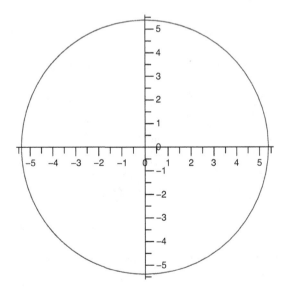

Auch hier können natürlich nach Wunsch die oben beschriebenen Optionen angewendet werden.

Die letzte Möglichkeit ist die dreidimensionale Darstellung der Lösungskurve $\{(t, x_1(t), x_2(t))^{\mathrm{T}} \mid t \in [t_1, t_2]\} \subset \mathbb{R}^3$, die mit

```
>    plot3d([t,x1t,x2t],t=0..20,x=-1..1,grid=[100,2],
              axes=boxed,labels=["t","x1","x2"],
              orientation=[-111,67], thickness=2);
```

das Bild

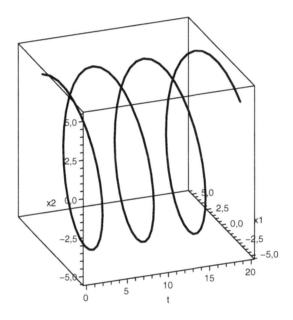

erzeugt. Da plot3d eigentlich zur Darstellung zweidimensionaler Flächen im $\mathbb{R}^3$ dient, wurde hier ein kleiner Trick angewendet, um die in den $\mathbb{R}^3$ eingebettete eindimensionale Lösungskurve zu zeichnen: es wurde eine nicht verwendete Variable x als zweite Dimension übergeben. Die Option grid=[100,2] spielt hier die Rolle von numpoints in plot, wobei hier nur die erste Dimension (also t) fein aufgelöst werden muss, da die Kurve von der zweiten (also der „künstlichen Variablen" x) ja gar nicht abhängt. Die axes- und label-Optionen bestimmen das Aussehen und die Beschriftung der Achsen, orientation=[-111,67] legt die Drehung der Grafik im Raum fest (diese kann am Bildschirm mit der Maus geändert werden) und thickness bestimmt wie in plot die Dicke der Kurve.

Darstellung numerischer Lösungen Zur graphischen Darstellung der mittels dsolve mit der Option numeric berechneten numerischen Lösungen steht im plots-Paket von

MAPLE mit `odeplot` eine eigene Routine zur Verfügung. Diese kann nach Aktivierung des Pakets mittels `with(plots)` direkt mit `odeplot` aufgerufen werden, alternativ kann sie nach den MAPLE-Konventionen auch ohne Aktivierung des Paketes mit der Langform `plots[odeplot]` aufgerufen werden[3]. Im Folgenden setzen wir voraus, dass die Anweisung `with(plots)` bereits ausgeführt wurde.

Für das eindimensionale Beispiel `bsp1` kann die graphische Darstellung nun wie folgt erzeugt werden

```
>   num1sg1:=dsolve({bsp1,ab1num}, numeric,
            range=-10..1):

>   odeplot(num1sg1,numpoints=200);
```

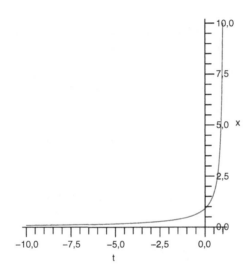

Hier wurde das Zeitintervall bereits in `dsolve` mittels `range=-10..1` festgelegt, alternativ kann der Zeitbereich auch in `odeplot` mittels `odeplot (num1sg1,-10..1,numpoints=200);` definiert oder abgeändert werden. Die Option `numpoints=200` bestimmt wie in `plot` die Auflösung der Grafik. Falls eines der beiden Standardverfahren `rkf45` oder Rosenbrock verwendet und in `dsolve` die `range`-Option benutzt wurde, kann die Auflösung alternativ mit `refine` festgelegt werden: die Option `refine=2` z. B. verdoppelt die Auflösung der Grafik.

Mit `odeplot` können auch animierte Darstellungen der Lösung erzeugt werden. Erweitert man den obigen Aufruf zu

---

[3] Für die oben bereits angesprochene `display`-Anweisung gilt das Gleiche.

```
>    odeplot(numlsg1,numpoints=200,frames=20);
```

so erhält man eine Animation, die man nach Anklicken der Grafik über die Steuerelemente in der Kopfzeile von MAPLE starten kann.

Für höherdimensionale Beispiele wird neben der numerischen Lösung für jede zu zeichnende Kurve in einer Liste (also in einer in MAPLE durch eckige Klammern zusammengefassten Menge von Variablen) angegeben, welche Größen der Gleichung in Abhängigkeit von welcher anderen Größe gezeichnet werden sollen. Sollen Optionen wie z. B. color oder style nicht für alle Kurven sondern nur für eine Kurve gelten, werden diese mit in die entsprechende Liste geschrieben (dies ist anders als bei der plot-Anweisung). Sollen mehrere Kurven gezeichnet werden, werden die so erstellten Listen schließlich in einer weiteren Liste zusammengefasst. Das so erhaltene Konstrukt wird dann als zweites Argument an odeplot übergeben.

Wir illustrieren dies an unserem zweidimensionales Beispiel bsp2. Mit

```
>    numlsg2:=dsolve({bsp2,ab2num}, numeric,
                 range=0..20);

>    odeplot(numlsg2,[[t,x1(t),color=blue,style=point],

                 [t,x2(t),color=red,style=line]],
                 0..10, numpoints=200);
```

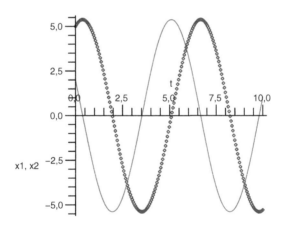

erhält man die Darstellung von $x_1(t)$ und $x_2(t)$ in Abhängigkeit von t. Die Phasenportrait-Darstellung erzeugt man mit

```
>    odeplot(numlsg2,[x1(t),x2(t)],0..7);
```

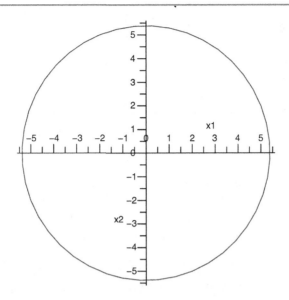

und die dreidimensionale Darstellung mit

```
>    odeplot(numlsg2,[t,x1(t),x2(t)],refine=2,axes=boxed,
            labels=["t","x1","x2"],orientation=[-111,70],
            thickness=2);
```

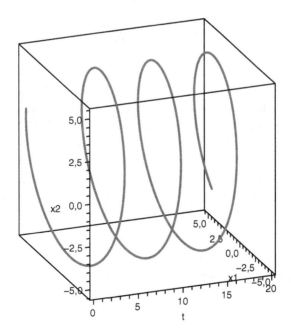

Weitere Routinen

Wie eingangs bereits erwähnt kann dieser Abschnitt nur eine kleine Auswahl der Möglichkeiten von MAPLE zur Lösung und Behandlung von Differentialgleichungen erläutern. Wir hoffen, dass die bis hier behandelten Themen einen Einstieg ermöglichen und dazu motivieren, sich die weiteren Möglichkeiten von MAPLE durch Studium der sehr ausführlichen Hilfe-Seiten oder weiterer Literatur selbst zu erarbeiten. Im Folgenden geben wir noch einige Anregungen dazu.

Interaktiver Modus von `dsolve` Die `dsolve`-Anweisung bietet neben den hier beschriebenen Aufrufen innerhalb eines Worksheets auch eine interaktive Benutzeroberfläche, mit der menügesteuert auf praktisch alle Funktionalitäten inklusive der graphischen Darstellung zugegriffen werden kann. Der Aufruf lautet z. B. für `bsp1`

```
>    dsolve[interactive]({bsp1,ab1num});
```

es ist aber auch möglich, die Oberfläche ganz ohne vorab definierte Gleichungen mittels `dsolve[interactive]();` aufzurufen und Differentialgleichung und Anfangsbedingung interaktiv einzugeben. Mittels der Menüpunkte „solve numerically" und „solve symbolically" kommt man in die entsprechenden Untermenüs, in denen die Lösung berechnet und graphisch dargestellt werden kann. In diesen Fenstern kann man mit dem Menüpunkt „On Quit Return ..." auswählen, was nach Beendigung mittels „Quit" im Worksheet ausgegeben werden soll. Beispielsweise gibt die Auswahl „On Quit Return Maple Commands" nach dem Schließen der Oberfläche alle MAPLE-Anweisungen aus, die intern innerhalb der Oberfläche ausgeführt wurden und erlaubt so, die interaktiv durchgeführten Berechnungen im Worksheet nachzuvollziehen.

Das `DEtools`-Paket Das `DEtools`-Paket liefert über die bereits vielfältigen Möglichkeiten des `dsolve`-Befehls hinaus eine große Anzahl weiterer Routinen zur analytischen Behandlung und graphischen Darstellung gewöhnlicher Differentialgleichungen. Insbesondere finden sich dort auch viele Routinen, bei denen nicht alleine die Berechnung von Lösungen im Vordergrund steht. Wie bei allen MAPLE-Paketen stehen die Routinen nach Eingabe von `with(DEtools);` zur Verfügung. Im Folgenden stellen wir einige dieser Routinen kurz anhand von Beispielen vor.

`dfieldplot` ist eine Routine mit der zweidimensionale Vektorfelder mit Pfeilen dargestellt werden können. Wir illustrieren die Routine anhand unserer Pendelgleichung ohne Reibung (1.5), die wir in MAPLE eingeben als

```
>    pendel := diff(x1(t),t)=x2(t),
            diff(x2(t),t)=-9.81*sin(x1(t));
```

Der Aufruf für das Phasenportrait lautet dann

```
>    dfieldplot([pendel],[x1(t),x2(t)], t=0..1,
             x1=-3.2..3.2, x2=-8..8);
```

und liefert das Bild

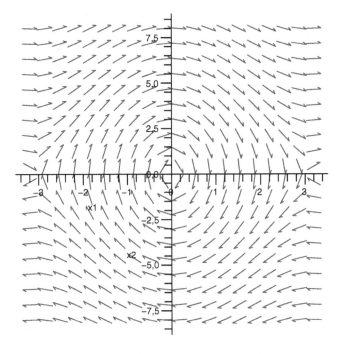

Beachte, dass aus syntaktischen Gründen ein Bereich für *t* angegeben werden muss, auch wenn das Vektorfeld wie hier gar nicht von *t* abhängt.

phaseportrait ist eine Erweiterung von dfieldplot und erlaubt zusätzlich die gleichzeitige Darstellung von Lösungen für mehrere Anfangswerte in Form eines Phasenportraits. Diese Lösungen werden intern mit den bereits beschriebenen Routinen numerisch berechnet. Für das Pendel mit den Anfangswerte $(0, 6,2)^{\mathrm{T}}$ und $(0, 2)^{\mathrm{T}}$ erhalten wir

```
>    phaseportrait([pendel],[x1(t),x2(t)], t=0..7,
             [[x1(0)=0,x2(0)=6.2],[x1(0)=0,x2(0)=2]],
             x1=-3.2..3.2, x2=-8..8,
             stepsize=0.01, linecolor=black););
```

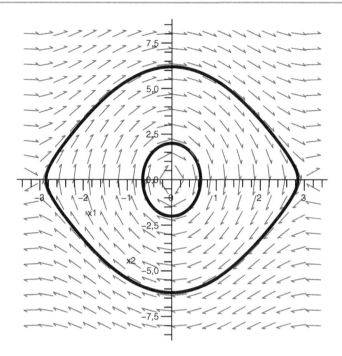

Zu beachten ist hier, dass die Auflösung der Lösungskurven durch `stepsize` und nicht wie bei `plot` oder `odeplot` mit `numpoints` gewählt wird. Ohne Angabe eines hinreichend kleinen Wertes für `stepsize` tendieren die Ausgaben von `phaseportrait` dazu, etwas „ruckelig" auszusehen. Sollen die Lösungen eines Phasenportraits ohne Pfeile ausgegeben werden, muss die Option `arrows=none` angegeben werden. Neben `phaseportrait` existiert noch die Routine `DEplot`, die aber im Wesentlichen äquivalent zu `phaseportrait` ist.

`odeadvisor` bietet eine Möglichkeit, den Typ einer Differentialgleichung zu erkennen. Die Beschreibung der von MAPLE verwendeten Klassifizierung kann über die Hilfe-Seite im Detail eingesehen werden. Beispielsweise sind Bernoulli-Differentialgleichungen ein Typ der Klassifizierung, wie das folgende Beispiel für die allgemeine Bernoulli-Gleichung (5.12) zeigt.

```
>   dgl := diff(x(t),t)=a(t)*x(t)+b(t)*x(t)^alpha;
```

```
>   odeadvisor(dgl);
```
$$[\_Bernoulli]$$

`intfactor` findet integrierende Faktoren für nicht exakte Differentialgleichungen. Für die gerade definierte Bernoulli-Gleichung `dgl` erhalten wir damit

```
>   intfactor(dgl);
```
$$e^{(\alpha-1)\int a(t)dt}\,(x(t))^{-\alpha}$$

also bis auf einen konstanten Vorfaktor genau (5.13).

`firint` schließlich findet Stammfunktionen exakter Differentialgleichungen. Der Name erinnert an „erstes Integral" („first integral"), das in unserem Buch eine andere Bedeutung hat, welche aber eine enge Beziehung zu den Stammfunktionen besitzt, vgl. dazu die Diskussion zur Berechnung erster Integrale nach Satz 5.11. Multipliziert mit dem durch `intfactor(dgl)` berechneten integrierenden Faktor ist `dgl` exakt, weswegen `intfactor(dgl)*dgl` eine Stammfunktion besitzt. Diese wird berechnet durch

> `firint(intfactor(dgl)*dgl);`

$$-\frac{(x(t))^{-\alpha+1} e^{(\alpha-1)\int a(t)dt}}{\alpha-1} - \int b(t) e^{(\alpha-1)\int a(t)dt} dt + \_C1 = 0$$

14.2 Matlab

MATLAB ist ein auf numerische Rechnungen spezialisiertes Computermathematiksystem. Die Ursprünge von MATLAB (= „matrix laboratory") liegen in der Matrizenrechnung und der numerischen linearen Algebra, allerdings stehen seit geraumer Zeit auch vielfältige und sehr leistungsfähige Algorithmen zur Lösung gewöhnlicher Differentialgleichungen in MATLAB zur Verfügung. Ebenfalls bietet MATLAB Erweiterungen (sogenante Toolboxes) an, in denen symbolische Methoden zur Verfügung stehen, diese sind jedoch weniger komfortabel zu bedienen als in MAPLE, weswegen wir uns hier auf die Beschreibung der numerischen Routinen beschränken. In diesem Bereich sind die Routinen in MATLAB unserer Erfahrung nach zumeist schneller als in MAPLE, zudem ist die Implementierung näher an den numerischen Algorithmen, deren Funktionsweise dadurch transparenter wird.

Alle im Folgenden aufgeführten Beispiele wurden mit MATLAB 7.2.0.294 (R2006a) getestet und stehen im Internet unter unter http://www.dgl-buch.de als M-Files zum Download zur Verfügung. Zur weitergehenden Einführung in MATLAB gibt es viel Literatur, wie z. B. der MATLAB-Guide von D. und N. Higham [3] oder das Skript von J. Behrens und A. Iske [4]. Speziell mit dynamischen Systemen und MATLAB beschäftigt sich das Buch von S. Lynch [5].

Grundlegendes

M-Files Im Gegensatz zu MAPLE, in dem die Operationen zumeist interaktiv in Worksheets ausgeführt und als solche gespeichert werden, ähnelt MATLAB mehr einer Programmiersprache, in der die einzelnen Funktionen in kleinen Programmdateien, den sogenannten M-Files implementiert werden. Auch wenn in MATLAB viele Definitionen auch interaktiv im Kommandofenster (Command Window) durchgeführt werden können (was in etwa der Vorgehensweise in MAPLE entspricht), ist es meist einfacher und bequemer, alle wesentlichen Definitionen in M-Files vorzunehmen.

Nach dem Start von MATLAB wird der M-File Editor mit `File->New->M-File`
oder durch Öffnen eines bestehenden M-Files mittels `File->Open` geöffnet. In einem
M-File kann nun entweder eine Folge von Anweisungen eingegeben werden oder es
können ein oder mehrere MATLAB-Funktion mit Ein- und Ausgabeparametern definiert
werden. Im ersten Fall spricht man von einem Skript, im zweiten von einer Funktion.
Speichert man das M-File eines Skripts z. B. unter dem Namen `meinmfile.m`, so kann
es im Command Window oder von einem anderen M-File aus einfach durch Eingabe von
`meinmfile` – gegebenenfalls mit Funktionsparametern – aufgerufen werden.

Wichtig ist dabei, dass MATLAB das Verzeichnis „kennt", in dem `meinmfile.m` ab-
gelegt ist. Dies kann am einfachsten dadurch erreicht werden, dass dieses Verzeichnis im
Adressfenster in der rechten Hälfte der Kopfzeile eingegeben wird. Diese Methode hat
aber den Nachteil, dass MATLAB das Verzeichnis bei Eingabe eines neuen Verzeichnisses
oder nach einem Neustart wieder „vergisst". Soll sich MATLAB das Verzeichnis dauerhaft
merken, so muss dieses unter `File->Set Path` dem sogenannten Pfad (Path) hinzugefügt werden. Wird der Pfad anschließend im `Set Path`-Menu mit `save` gespeichert,
so ist das angegebene Verzeichnis auch nach einem Neustart von MATLAB bekannt.

Mathematische Operatoren In MATLAB gibt es für Multiplikation, Division und Poten-
zieren je zwei verschiedene Varianten, nämlich `a*b`, `a/b` und `a^b` sowie `a.*b`, `a./b`
und `a.^b`. Dies macht dann einen Unterschied, wenn es sich bei a und/oder b um Vektoren oder Matrizen handelt: im ersten Fall wird nämlich stets versucht, entsprechende
Matrizenoperationen durchzuführen, während die mit dem Punkt versehenen Operationen
stets komponentenweise zu verstehen sind. Wenn nicht explizit Matrizenrechnung verwendet werden soll, empfiehlt es sich in MATLAB stets, die mit dem Punkt versehenen
Operatoren zu verwenden.

Eingabe von Differentialgleichungen Nun kommen wir zur eigentlichen Implementierung von Differentialgleichungen in MATLAB. Wir betrachten dazu die bereits aus den
MAPLE-Beispielen bekannten Gln. (14.1)

$$\dot{x}(t) = x(t)^2$$

mit $x(t) \in \mathbb{R}$ und (14.2)

$$\dot{x} = \begin{bmatrix} 0 & 1 \\ -1 & 0 \end{bmatrix} x.$$

mit $x(t) \in \mathbb{R}^2$. Da Gleichungen höherer Ordnung in MATLAB nicht direkt eingegeben
werden können, betrachten wir Gl. (14.3) hier nicht.

Zur numerischen Lösung dieser Gleichungen in MATLAB werden die zugehörigen Vektorfelder f, also

$$f(t, x) = x^2 \tag{14.5}$$

und

$$f(t, x) = \begin{bmatrix} 0 & 1 \\ -1 & 0 \end{bmatrix} x = \begin{bmatrix} x_2 \\ -x_1 \end{bmatrix} \tag{14.6}$$

als MATLAB-Funktionen in jeweils einem M-File eingegeben. Für (14.5) leistet dies das folgende M-File bsp1_f.m:

```
function y = bsp1_f(t,x)
y = x.^2;
```

Vom Command Window aus kann die Funktion nun z. B. mit bsp1_f(0,3) aufgerufen werden, was die Ausgabe ans = 9 erzeugt.

Die lediglich zwei Zeilen der Funktion haben die folgende Bedeutung: Die erste Zeile legt fest, dass hier eine MATLAB-Funktion mit Namen bsp1_f definiert wird, die zwei Eingabeparameter t und x und einen Ausgabeparameter y besitzt. In der zweiten Zeile wird dann die Rechenregel für $y = f(t, x)$ definiert.

Hierbei sind verschiedene Sachen zu beachten:

- Der Name bsp1_f taucht hier zweimal auf, nämlich zum einen im Dateinamen des M-Files und zum anderen in der Deklaration der Funktion. Diese beide Namen sollten übereinstimmen, tun sie das aber nicht, gibt es keine Fehlermeldung. Statt dessen ist in diesem Fall der Dateiname ausschlaggebend: Eine Funktion, die im M-File funktion1.m gespeichert ist, die in der Deklaration aber z. B. funktion2 heißt, kann nur unter dem Namen funktion1 aber nicht mit funktion2 aufgerufen werden.
- In einem M-File können verschiedene Funktionen nacheinander deklariert werden, dabei ist aber nur die erste „nach außen" sichtbar, die weiteren können nur innerhalb dieses M-Files verwendet werden.
- Auch wenn das Vektorfeld – wie hier – nicht von t abhängt, muss es immer als Funktion in den zwei Variablen t und x deklariert werden, da ansonsten das Zusammenspiel mit den Differentialgleichungslösern in MATLAB nicht funktioniert. Die Zeitvariable t ist hierbei immer eindimensional, der Zustand x kann ein Vektor sein, vgl. die unten stehende Funktion für das Vektorfeld (14.6).

Für unser zweites Beispiel (14.6) lautet das entsprechende M-File bsp2_f.m:

```
function y = bsp2_f(t,x)
y = zeros(2,1);
y(1) =  x(2);
y(2) = -x(1);
```

Statt der eindimensionalen Ein- und Ausgabeparameter x und y haben wir es nun mit Vektoren zu tun, deren Komponenten in MATLAB mittels Indizes in runden Klammern angesprochen werden. Zudem muss hier vor der Zuweisung der Werte die Anweisung y = zeros(2,1); stehen, damit die Variable y korrekt als zweidimensionaler Spaltenvektor definiert wird. In MATLAB ist ein solcher Spaltenvektor äquivalent zu einer 2×1 Matrix, welche mit der Anweisung zeros(2,1) (mit Nulleinträgen) erzeugt wird.

Numerische Lösungen

Der Standardlöser ode45 Die Standardroutine zur Lösung gewöhnlicher Differential-gleichungen in MATLAB ist die Routine ode45, hinter der sich ein von Dormand und Prince vorgeschlagenes Verfahren verbirgt, nämlich ein eingebettetes explizites Runge-Kutta-Verfahren mit Konsistenzordnungen 4 und 5. Beim Aufruf müssen der Funktions-name des Vektorfeldes mit vorangestelltem „@", das Zeitintervall, auf dem die Gleichung gelöst werden soll, sowie die Anfangsbedingung angegeben werden. Als Ergebnis liefert die Routine das per Schrittweitensteuerung erzeugte Zeitgitter $\mathcal{T} = (t_0, t_1, \ldots)$, auf dem die Gleichung gelöst wurde, und die approximativen Lösungswerte $\tilde{x}(t_i)$ an den Gitter-punkten. Für unser erstes Beispiel (14.5) lautet der Aufruf zu Lösung der Gleichung auf dem Intervall $[0, 1]$ mit Anfangswert $x(0) = 0{,}5$

```
ode45(@bsp1_f, [0, 1], 0.5)
```

Wird dieser Befehl in dieser Form im Command Window eingegeben, so erzeugt MAT-LAB automatisch die folgende grafische Darstellung der Lösung.

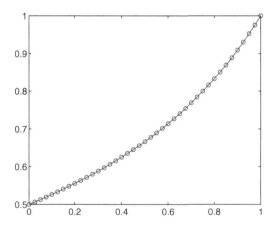

Das hier sichtbare Gitter entspricht dem bei der Berechnung von der Schrittweiten-steuerung verwendeten Gitter, das aber für die grafische Darstellung vierfach verfeinert wurde, d. h. zwischen je zwei Berechnungspunkten wurden in der Ausgabe je drei weitere Punkte gesetzt. Diese Verfeinerung kann man mit der refine-Option steuern, wie un-ten im Abschnitt „Optionen" beschrieben. Alternativ kann man statt des Intervalls $[0, 1]$

ein Gitter vorgeben, was bewirkt, dass die approximierten Lösungswerte an diesen Gitterpunkten ausgegeben werden. Eindimensionale Gitter definiert man in MATLAB einfach mittels der Anweisung [anfang:schrittweite:ende], der Aufruf

```
ode45(@bsp1_f, [0:0.1:1], 0.5)
```

liefert daher die Ausgabe auf dem gröberen Gitter $\{0, 0,1, 0,2, \ldots, 1\}$:

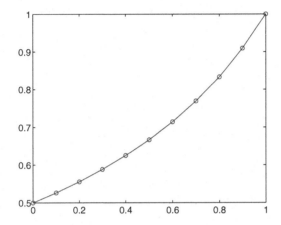

Zu beachten ist dabei, dass hiermit nur das Ausgabegitter und nicht das Rechengitter gesteuert wird. Das Rechengitter wird in MATLAB stets per Schrittweitensteuerung mit den unten im Abschnitt „Optionen" beschriebenen Fehlertoleranzen erzeugt.

Für unser zweites Beispiel funktioniert die Lösung z. B. für das Intervall $[0, 7]$ und den Anfangswert $x(0) = (1, 0)^{\mathrm{T}}$ analog mit dem Aufruf

```
ode45(@bsp2_f, [0, 7], [1, 0])
```

und liefert

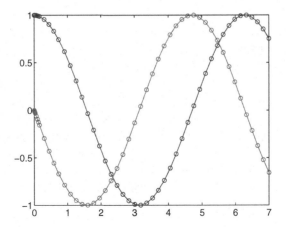

Oft möchte man statt einer grafischen Darstellung lieber die Werte t_i und $\tilde{x}(t_i)$ in Variablen geliefert bekommen, um diese weiterzuverarbeiten oder – vgl. dazu den Abschn. 14.2 – mittels eigener Plot-Anweisungen auf andere Arten darzustellen. Dazu schreibt man für das erste Beispiel z. B.

```
[t,x] = ode45(@bsp1_f, [0, 1], 0.5)
```

Damit erhält man die (hier gekürzt wiedergegebene) Ausgabe

```
t =
         0
    0.0250
    0.0500
    ...
    0.9500
    0.9750
    1.0000

x =
    0.5000
    0.5063
    0.5128
    ...
    0.9524
    0.9756
    1.0000
```

Wie bei allen MATLAB-Anweisungen kann man diese Ausgabe durch ein Semikolon nach der Anweisung unterdrücken. Für `bsp2_f` funktioniert dies analog mittels

```
[t,x] = ode45(@bsp2_f, [0, 7], [1, 0]);
```

mit dem Unterschied, dass x nun ein Vektor von Vektoren im $\mathbb{R}^2$ ist, was in MATLAB durch eine zweispaltige Matrix dargestellt wird, in der jede Zeile den Vektor des approximativen Lösungswertes zum entsprechenden Zeitpunkt enthält.

Optionen Der Routine `ode45` kann (ebenso wie allen anderen im Folgenden vorgestellten Differentialgleichungslösern) eine Reihe von Optionen übergeben werden. Dazu wird mittels der Anweisung `odeset` zunächst eine Strukturvariable `options` mit den gewünschten Optionen erzeugt, die dann als weiteres Argument an `ode45` übergeben wird.

Wir illustrieren dieses Vorgehen anhand der in der Schrittweitensteuerung verwendeten Genauigkeiten `AbsTol` und `RelTol`, welche die analoge Bedeutung zu `abserr` und relerr in MAPLE haben, vgl. Formel (14.4)[4], und mit 10^{-3} und 10^{-6} voreingestellt sind. Wollen wir z. B. bsp1_f mit relativer und absoluter Toleranz 10^{-13} lösen, so lautet die entsprechende Anweisungsfolge

```
options = odeset('RelTol',1e-13);
options = odeset(options,'AbsTol',1e-13);

ode45(@bsp1_f, [0,1],0.5, options);
```

mit der Ausgabe

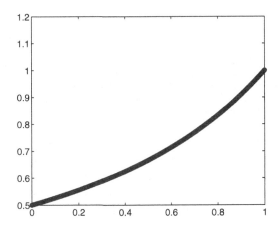

Da bei MATLAB – im Gegensatz zu MAPLE – das von der Schrittweitensteuerung erzeugte Gitter in der Standard-Grafikdarstellung (vierfach verfeinert) sichtbar ist, sieht man hier deutlich den Effekt der Erhöhung der Genauigkeit: das Gitter ist im Vergleich zur ersten Darstellung in diesem Abschnitt deutlich feiner geworden.

Das obige Beispiel zeigt, wie man mit odeset verschiedene Optionen beeinflusst: Beim ersten Aufruf wird lediglich der Name der zu ändernden Option und der gewünschte Wert angegeben und der Variablen options zugewiesen. Um weitere Optionen zu setzen bzw. zu ändern, wird danach bei jedem weiteren Aufruf die bereits definierte Optionsvariable options als erstes Argument an odeset übergeben.

Neben den Genauigkeiten gibt es eine Reihe von weiteren Optionen, die z. B. das Ausgabeverhalten der Routine oder weitere Details der Schrittweitensteuerung beeinflussen. Ausführliche Informationen hierüber finden sich in der Hilfe-Seite von odeset in MATLAB.

Erwähnt sei hier nur noch die refine-Option, mit der gesteuert wird, wie viele Gitterpunkte dem Rechengitter für die Ausgabe hinzugefügt werden. Der Parameter ist für

---

[4] Wie in der Fußnote in Abschn. 14.1 bereits erwähnt, hält nur der *geschätzte* aber nicht unbedingt der *tatsächliche* Fehler diese Schranke ein.

`ode45` wie oben bereits erwähnt auf 4 voreingestellt, für alle im Folgenden beschriebenen anderen Verfahren auf 1. Will man also in `ode45` das wirkliche Rechengitter in der Ausgabe sehen, so muss

```
options = odeset(options,'refine',1);
```

gesetzt werden.

Andere numerische Verfahren Neben dem Standardlöser `ode45` bietet MATLAB eine Reihe weiterer numerischer Verfahren an, von denen hier nur zwei erwähnt seien, die als Alternative zu `ode45` nützlich sein können:

Unter `ode113` steht ein kombiniertes Adams-Bashforth-Moulton Mehrschrittverfahren (ein sogenanntes Prädiktor-Korrektor-Verfahren) mit variabler Konsistenzordnung bis hin zu $p = 13$ zur Verfügung, das bei sehr hohen Genauigkeiten effizienter als `ode45` sein kann. So liefert z. B. der Aufruf

```
ode113(@bsp1_f, [0,1], 0.5, options);
```

mit den oben definierten Optionen ein deutlich gröberes Gitter, da `ode113` in jedem Zeitschritt genauer ist und die Schrittweitensteuerung daher größere Schritte wählen kann.

Mittels `ode15s` steht ein implizites Mehrschrittverfahren zur Verfügung, das eingesetzt werden sollte, wenn die zu lösende Differentialgleichung steif ist. Ob eine steife Gleichung vorliegt, kann man zumeist daran erkennen, dass `ode45` sehr kleine Schrittweiten wählt und daher sehr viel Rechenzeit braucht, obwohl die Lösung annähernd konstant verläuft.

Für weitere Routinen siehe die Hilfe-Seite zu `ode45`, auf der alle Verfahren beschrieben sind. Alle numerischen Verfahren werden in MATLAB auf die gleiche Art und Weise angesprochen, so dass ein Verfahren leicht gegen ein anderes ausgetauscht werden kann.

Grafische Ausgabe

Die von `ode45` und den anderen Lösern direkt erzeugte grafische Ausgabe kann mittels der `OutputFcn`-Option auf verschiedene Weise gestaltet werden, vgl. die Hilfeseite zu `odeset`. In diesem Abschnitt beschreiben wir eine andere Vorgehensweise, in der wir das Gitter und die auf diesem berechneten approximativen Lösungwerte zunächst in zwei Variablen speichern und dann mit den Standard-Plot-Routinen von MATLAB grafisch darstellen. Auf diese Weise können wir alle in MATLAB zur Verfügung stehenden Methoden zur Bearbeitung von Grafiken für unsere Lösungsdarstellung verwenden.

Grundlegende Plot-Anweisungen Im einfachsten Fall geht dies mit den Anweisungen

```
[t1,x1] = ode45(@bsp1_f, [0:0.1:1],0.5);
plot(t1,x1);
```

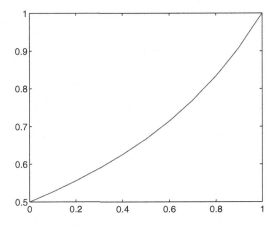

bzw.

```
[t2,x2] = ode45(@bsp2_f, [0,20],[1, 0]);
plot(t2,x2);
```

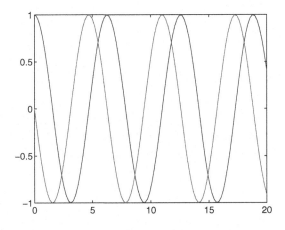

Der plot-Befehl in MATLAB stellt die auf den Gittern t1 bzw. t2 definierten Daten x1 bzw. x2 als interpolierte Funktionen in Abhängigkeit von *t* dar und behandelt die zweidimensionalen Datenpunkte in der Matrix x2 automatisch als zwei separate reellwertige Funktionen. Zu beachten ist dabei, dass der plot-Anweisung stets diskrete Daten in Form von Gittern und auf diesen definierten Werten übergeben werden, also Vektoren oder Matrizen. Dies bedeutet insbesondere, dass die Auflösung allein durch die übergebenen Daten bestimmt ist und in der plot-Anweisung selbst nicht beeinflusst werden kann. In der Standard-Einstellung werden die Gitterpunkte (im Gegensatz zu den mittels ode45 direkt erzeugten Grafiken) nicht markiert, dies kann aber wie unten im Abschnitt „Plotoptionen" beschrieben geändert werden.

Will man diese zweidimensionale Funktion als Phasenportrait darstellen, so muss man die zweite Komponente in x2 in Abhängigkeit der ersten plotten. Die Komponenten der zweispaltigen Matrix x2 werden in MATLAB mittels x2(i,j) angesprochen, wobei der erste Index i der Zeile, also dem Zeitpunkt im Gitter, und der zweite Index j der Spalte, also der Lösungskomponente entspricht. Die gesamte j-te Spalte von x2 erhält man mit x2(:,j). Daraus ergibt sich, dass das Phasenportrait mit der Anweisung

```
plot(x2(:,1),x2(:,2));
```

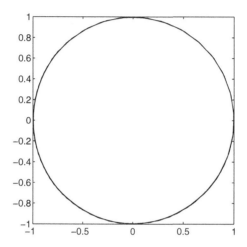

erzeugt wird.

Für eine dreidimensionale Darstellung dient die Anweisung plot3, der drei Vektoren übergeben werden müssen: das Zeitgitter sowie die erste und zweite Komponente der Lösung. Folglich erzeugt man die dreidimensionale Darstellung mit

```
plot3(t2,x2(:,1),x2(:,2));
```

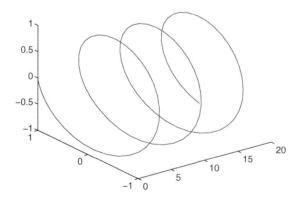

In einer `plot`-Anweisung können mehrere Datensätze auf einmal dargestellt werden. So kann man die obige Darstellung von `x2` in Abhängigkeit von `t2` alternativ mit

```
plot(t2,x2(:,1),t2,x2(:,2));
```

erzeugen. Diese Form ist sinnvoll, wenn der Zeichenstil der beiden Lösungskomponenten unabhängig voneinander verändert werden soll, wie im übernächsten Abschnitt „Plotoptionen" beschrieben.

Grafikfenster In der Voreinstellung zeichnet MATLAB jede Grafik in das Koordinatensystem des aktuellen Grafikfensters und löscht dabei alle bereits darin dargestellten Objekte. Existiert kein aktuelles Grafikfenster, so wird beim Ausführen der `plot`-Anweisung ein neues Fenster geöffnet.

Möchte man mit einer `plot`-Anweisung zeichnen, ohne die bereits im aktuellen Fenster dargestellten Objekte zu löschen, so kann dies mit der Anweisung `hold on` erreicht werden. Alle dieser Anweisung folgenden `plot`-Anweisungen werden ausgeführt, ohne dass das Fenster vorher gelöscht wird, so dass man beliebig viele Lösungen in ein Fenster zeichnen kann. Mit `hold off` wird dieser Modus wieder ausgeschaltet. Die oben vorgestellte Anweisung

```
plot(t2,x2(:,1),t2,x2(:,2));
```

kann daher alternativ auch als

```
plot(t2,x2(:,1));
hold on;
plot(t2,x2(:,2));
hold off;
```

ausgeführt werden.

Mittels `figure` wird ein neues Grafikfenster geöffnet und als aktuelles Grafikfenster für die nachfolgenden `plot`-Befehle aktiviert. Soll eine `plot`-Anweisung in ein anderes als das aktuelle Fenster plotten, so kann man jederzeit mittels der Anweisung `h = gca;` einen Zeiger auf das Koordinatensystems des aktuellen Grafikfensters (den sogenannten „Handle" der „CurrentAxes") in der Variablen h speichern. Dann kann man im Folgenden mittels `plot(h,...)` die Grafik gezielt in dieses Fenster (an Stelle des aktuellen) umleiten.

Plotoptionen MATLAB bietet vielfältige Möglichkeiten, das Aussehen des Plots, den Zeichenstil sowie die Beschriftung der Grafik zu beeinflussen. Wir geben hier nur die drei wesentlichen Möglichkeiten anhand von Beispielen wieder und verweisen wiederum auf die Hilfe-Seiten von MATLAB für die vollständigen Informationen.

Die einfachste Art, die Darstellung zu beeinflussen, geschieht über die sogenannten LineSpec-Tripel. Mit diesen können die Farbe, der Zeichenstil der Linie und die Markierung der Gitterpunkte bestimmt werden. Z.B. bewirkt das Tripel ′r--o′, dass die Linie in Rot (r) und gestrichelt (--) gezeichnet wird und die Gitterpunkte mit kleinen Kreisen (o) dargestellt werden, also

```
plot(t1,x1,'r--o');
```

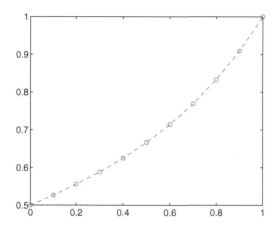

Diese LineSpec-Festlegung kann in der `plot`-Anweisung nach jedem zu plottenden Datensatz angegeben werden, also z. B.

```
plot(t2,x2(:,1),'-k',t2,x2(:,2),':k');
```

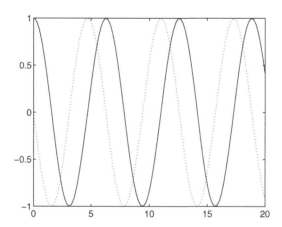

Hier werden beide Lösungskomponenten in Schwarz (k) dargestellt, die erste durchgezogen (-) und die zweite gepunktet (:). Da keine Markierung für die Gitterpunkte angegeben wurde, werden diese – gemäß der Voreinstellung – nicht dargestellt.

Die zweite Möglichkeit, eine Grafik zu beeinflussen, bieten die sogenannten Line-Properties, die der `plot`-Anweisung übergeben werden können. Mit diesen kann z. B.

die Liniendicke und die Größe der Gitterpunkt-Markierungen wie folgt beeinflusst werden:

```
plot(t1,x1,'k-o','LineWidth',2,'MarkerSize',12);
```

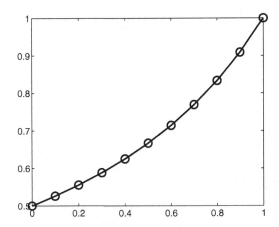

Die dritte Möglichkeit, eine Grafik zu bearbeiten, bilden verschiedene Anweisungen, die nach Erzeugen der Grafik ausgeführt werden. Mit diesen kann das Koordinatensystem verändert sowie Achsenbeschriftungen und Titel hinzugefügt werden. Die folgende Anweisungsfolge erzeugt die nachfolgend dargestellte Grafik mit Beschriftung und geändertem Koordinatensystem.

```
plot(t1,x1,'k-');
xlabel('t');
ylabel('x(t)');
title('Beispiel 1');
axis([0, 1, 0, 1.5]);
```

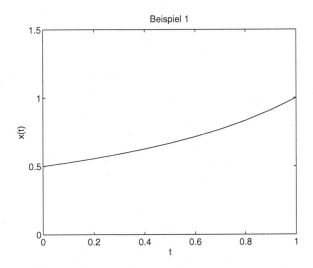

Analog zur `plot`-Anweisung kann auch diesen Anweisungen ein Handle auf ein anderes Koordinatensystem als das im aktuellen Grafikfenster übergeben werden.

Neben der in diesem Beispiel verwendeten expliziten Angabe eines Koordinatensystems stehen weitere `axis`-Funktionen zur Verfügung, z. B. `axis tight`, mit der das Koordinatensystem genau an die dargestellten Objekte angepasst wird, oder `axis square`, mit der die Darstellung so umskaliert wird, dass die Achsen ein Quadrat bilden. Diese Anweisung wurde z. B. für das Phasenportrait wie in der dritten Abbildung in Abschn. 14.2 verwendet.

Über die beschriebene kommandogesteuerte Bearbeitung von Grafiken hinaus gibt es die Möglichkeit, praktisch sämtliche Eigenschaften einer Grafik mittels des interaktiven Property-Editors zu ändern. Diesen öffnet man, indem man im Menü des Grafik-Fensters den Pfeil („Edit Plot") auswählt und das zu bearbeitende Objekt doppelt anklickt.

14.3   Matrixnormen

In diesem Anhang fassen wir einige grundlegende Begriffe und Zusammenhänge über Normen, insbesondere Matrixnormen, zusammen.

Definition 14.1 (Norm) Es sei X ein reeller Vektorraum. Eine Abbildung $\|\cdot\| : X \to [0, \infty]$ heißt *Norm*, falls für $x, y \in X$ gilt:

(1) $\|x\| = 0$ genau dann, wenn $x = 0$ *(Definitheit)*,
(2) $\|x + y\| \leq \|x\| + \|y\|$ *(Dreiecksungleichung)*,
(3) $\|ax\| = |a| \|x\|$ für alle $a \in \mathbb{R}$ *(Homogenität)*.

Typische Normen (*Vektornormen*) auf dem $\mathbb{R}^d$ sind

- die *p-Norm*

$$\|x\|_p = \left(\sum_{i=1}^{d} |x_i|^p \right)^{\frac{1}{p}},$$

  insbesondere die 1-Norm

$$\|x\|_1 = \sum_{i=1}^{d} |x_i|$$

und die 2-Norm (oder *euklidische Norm*)

$$\|x\|_2 = \sqrt{\sum_{i=1}^{d} |x_i|^2},$$

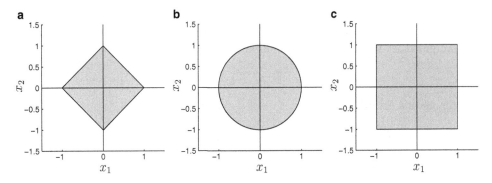

Abb. 14.1 Einheitskugeln in der 1- (**a**), der 2- (**b**) und der ∞-Norm (**c**) im $\mathbb{R}^2$

● sowie die *Maximums-Norm*

$$\|x\|_\infty = \max_{i=1,\dots,d} |x_i|.$$

Abbildung 14.1 zeigt die Einheitskugeln $B_0(1) = \{x \in \mathbb{R}^2 \mid \|x\| \le 1\}$ in der 1-, der 2- sowie der ∞-Norm.

Auch der Raum $\mathbb{R}^{n \times d}$ aller reellen $n \times d$-Matrizen ist ein Vektorraum und lässt sich mit einer Norm versehen (einer *Matrixnorm*).

Definition 14.2 Eine Matrixnorm heißt *verträglich* bzw. *konsistent* mit einer Vektornorm, falls

$$\|Ax\| \le \|A\| \|x\|$$

für alle $x \in \mathbb{R}^d$.

Satz 14.3 Zu einer Vektornorm $\|\cdot\|$ ist

$$\|A\| = \sup_{y \neq 0} \frac{\|Ay\|}{\|y\|} = \sup_{\|y\|=1} \|Ay\|$$

eine verträgliche Matrixnorm, die sog. *natürliche* oder *induzierte* Matrixnorm.

▶ **Beweis** Für $x = 0$ ist die Verträglichkeit klar, weil $\|Ax\| = 0 = \|x\|$ gilt. Für $x \neq 0$ gilt

$$\|A\| = \sup_{y \neq 0} \frac{\|Ay\|}{\|y\|} \ge \frac{\|Ax\|}{\|x\|}$$

und daher $\|A\| \|x\| \ge \|Ax\|$, also die Verträglichkeit.

Es bleibt zu zeigen, dass $\|A\|$ tatsächlich eine Norm ist, d. h. wir müssen Definition 14.1 (1)–(3) nachweisen:

(1) Es gilt $\|A\| = 0$ genau dann, wenn $\|Ax\| = 0$ für alle $x \neq 0$, und dies wiederum genau dann, wenn $Ax = 0$ für alle $x \neq 0$. Letzteres ist aber äquivalent zu $A = 0$.

(2) Aufgrund der Verträglichkeit der Matrixnorm gilt

$$\|Ax\| \leq \|A\|\|x\|$$

für alle $x \in \mathbb{R}^d$, also

$$\|A + B\| = \sup_{\|x\|=1} \|Ax + Bx\| \leq \sup_{\|x\|=1} (\|Ax\| + \|Bx\|) \leq \|A\| + \|B\|.$$

(3) Es gilt

$$\|aA\| = \sup_{\|x\|=1} \|aAx\| = |a| \sup_{\|x\|=1} \|Ax\| = |a|\|A\|. \qquad \square$$

Die von den eingangs erwähnten Vektornormen induzierten Matrixnormen sind (vgl. z. B. Quarteroni et al. [6])

(1) die 1-Norm (oder *Spaltensummennorm*)

$$\|A\|_1 = \max_{j=1,\dots,n} \sum_{i=1}^{d} |a_{ij}|,$$

(2) die Maximums-Norm (oder *Zeilensummennorm*)

$$\|A\|_\infty = \max_{i=1,\dots,d} \sum_{j=1}^{n} |a_{ij}|,$$

(3) sowie die induzierte 2-Norm, für die gilt

$$\|A\|_2 = \sqrt{\rho(A^{\mathrm{T}}A)} = \sqrt{\rho(AA^{\mathrm{T}})} = \sigma_1(A),$$

wobei $\rho(A) = \max_{\lambda \in \sigma(A)} |\lambda|$ den *Spektralradius*[5] und $\sigma_1(A)$ den größten Singulärwert von A bezeichnet.

Neben der induzierten Matrixnorm gibt es aber auch weitere, die ebenfalls verträglich sind:

Beispiel 14.4 Die Matrixnorm

$$\|A\|_F = \sqrt{\sum_{i,j=1}^{d} |a_{ij}|^2} = \sqrt{\operatorname{spur} AA^{\mathrm{T}}}$$

auf dem $\mathbb{R}^{d\times d}$, die sog. *Frobeniusnorm*, ist mit der 2-Norm verträglich.

---

[5] $\sigma(A)$ bezeichnet die Menge aller Eigenwerte, das *Spektrum*, der Matrix A.

14.4   Antworten auf die Fragen im Text

Antwort 1   Alle Lösungskurven von $\dot{x} = 0$ haben die Form $x(t) = c$, wobei $c \in \mathbb{R}^d$ ein beliebiger (konstanter) Vektor ist. Der Zustand des Systems bleibt also für alle Zeiten t gleich. Lösungen dieser Form heißen auch *Gleichgewichte* (vgl. Kap. 7).

Die Lösungskurven der Differentialgleichung $\dot{x} = c$ ($c \in \mathbb{R}^d$ konstant) haben die Form $x(t) = ct + b$ mit einem beliebigen (wiederum konstanten) Vektor $b \in \mathbb{R}^d$. Die Lösungskurven sind also Geraden.

Antwort 2   Die Lösungskurven von $\dot{x} = -cx$, $c > 0$, haben die Form

$$x(t) = e^{-ct} x_0, \quad x_0 \in \mathbb{R}.$$

Wenn wir uns wieder auf den Fall $x_0 \geq 0$ beschränken, erhalten wir also Lösungskurven, die mit der Zeit t exponentiell fallen, vgl. Abb. 14.2.

Antwort 3   Die Lösungskurven verlaufen ja tangential zum Vektorfeld f, das rechts in Abb. 1.2 gezeigt ist. Dass das Vektorfeld so gerichtet ist, kann man leicht überprüfen: So ergibt sich in (1.5) für $\alpha = x_1 = 0$ und $\dot{\alpha} = x_2 > 0$ der Vektor $\dot{x} = [x_2, 0]^{\mathrm{T}}$, also ein Pfeil horizontal nach rechts.

Antwort 4   Ja, es gibt noch eine weitere Lösungskurve, die die beiden Gleichgewichte miteinander verbindet, nämlich eine, die für $t \to -\infty$ auf x_1^* und für $t \to \infty$ auf x_{-1}^* zuläuft, wie in Abb. 14.3 gezeigt. Und es gibt noch die „umgekehrte" Überschlagsbewegung, also die, bei der das Pendel in die andere Richtung (also mit negativer Winkelgeschwindigkeit) rotiert.

Antwort 5   Wir erweitern die DGL $\dot{x} = f(t, x)$ um die Gleichung $\dot{t} = 1$, dann ist

$$\dot{y} = \begin{bmatrix} \dot{t} \\ \dot{x} \end{bmatrix} = \begin{bmatrix} 1 \\ f(t, x) \end{bmatrix} =: g(y).$$

Abb. 14.2 Lösungskurven für verschiedene *Anfangswerte* $x_0 \geq 0$ der Differentialgleichung $\dot{x} = -cx$, $c = 1$

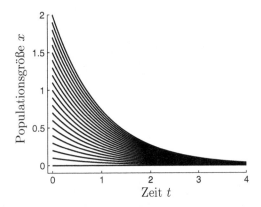

Abb. 14.3 Verschiedene Lösungskurven des Pendels

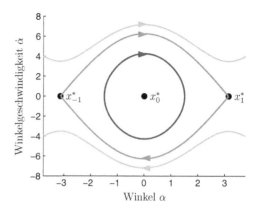

Die Antwort auf die Zusatzfrage ist nein. Als Beispiel betrachte die lineare zeitvariante
Gleichung $\dot{x} = t^2 x$, für die $g(y) = [1, t^2]^T$ weder linear noch affin linear ist.

Antwort 6 Die entsprechenden Phasenportraits sind in Abb. 14.4 gezeichnet.

Antwort 7 Sei E ein Eigenraum von A zum Eigenwert λ_i mit Basis $v_1, \ldots, v_n$ und $x_0 = c_1 v_1 + \cdots c_n v_n \in E$. Dann gilt für die Lösung von $\dot{x} = Ax$ zum Anfangswert x_0

$$
\begin{aligned}
x(t) &= \exp(At)x_0 \\
&= V \exp(Lt)V^{-1}x_0 \\
&= V \exp(Lt)(c_1 e_1 + \cdots + c_n e_n) \\
&= V(c_1 e^{\lambda_i t} e_1 + \cdots + c_n e^{\lambda_i t} e_n) \\
&= (c_1 e^{\lambda_i t} v_1 + \cdots + c_n e^{\lambda_i t} v_n)
\end{aligned}
$$

und diese Linearkombination ist für jedes $t \in \mathbb{R}$ ein Element aus E.

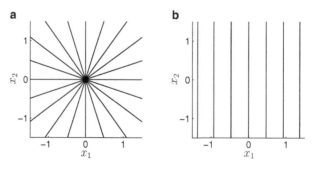

Abb. 14.4 Lösungskurven von $\dot{x} = Ax$ mit Diagonalmatrizen $A \in \mathbb{R}^{2\times 2}$, **a** $A = \text{diag}(1, 1)$, **b** $A = \text{diag}(0, 1)$

Antwort 8 Es ist $A^2 = \begin{bmatrix} -1 & 0 \\ 0 & -1 \end{bmatrix}$, $A^3 = \begin{bmatrix} 0 & 1 \\ -1 & 0 \end{bmatrix}$, usw., wir erhalten also

$$\exp(At) = \begin{bmatrix} \cos(t) & -\sin(t) \\ \sin(t) & \cos(t) \end{bmatrix}$$

Antwort 9 Ein verallgemeinerter Eigenraum ist ein invarianter Unterraum, gemäß Bemerkung 2.4 (iv) ist die Antwort also ja.

Antwort 10 Die Eigenwerte der Systemmatrix sind i und $-i$, die Lösungen also Kreise um den Ursprung wie in Abb. 2.4 (Mitte). Alternativ sieht man dies auch mit der Darstellung von $\exp(At)$ aus Frage 8.

Antwort 11 Die i-te Spalte $\varphi_i(t)$ von $\Phi(t;t_0)$ ist gerade die Lösung von $\dot{x} = A(t)x$ mit $\varphi(t_0) = e_i$. Im autonomen Fall ist die Lösung gemäß (2.12) gegeben durch $\exp(A(t-t_0))x_0$, es folgt also $\varphi_i(t) = \exp(A(t-t_0))e_i$, was gerade die i-te Spalte von $\exp(A(t-t_0))$ ist. Folglich stimmen $\Phi(t;t_0)$ und $\exp(A(t-t_0))$ überein.

Antwort 12 Wir setzen wieder $x = (x_1, x_2) := (\alpha, \dot{\alpha})$ und erhalten damit

$$\dot{x} = \begin{bmatrix} \dot{x}_1 \\ \dot{x}_2 \end{bmatrix} = \begin{bmatrix} x_2 \\ -g\sin(x_1) - kx_2 \end{bmatrix} =: f(x)$$

Antwort 13 Es ist ja

$$x(t) = x(t_0) + \int_{t_0}^{t} f(s)\,ds = \int_{t_0}^{t} f(s)\,ds,$$

der Wert $x(t)$ der Lösung zum Zeitpunkt t ist also der Wert des bestimmten Integrals der Funktion t über dem Intervall $[t_0, t]$ (bzw. $[t, t_0]$).

Antwort 14 Die Lösung ist in diesem Fall $x(t) = -\sqrt{-2t + 1}$, das maximale Existenzintervall ist wieder $I_{0,-1} = (-\infty, 1/2)$.

Antwort 15 Offensichtlich erfüllt ψ die Ungleichung (4.1) für $\alpha = 0$. Nach dem Gronwall-Lemma gilt also $\psi(t) = 0$ für alle t.

Antwort 16 Für das Vektorfeld $f(x) = \begin{bmatrix} 0 & -1 \\ 1 & 0 \end{bmatrix} x$ gilt

$$\| f(x) - f(y) \| \leq \left\| \begin{bmatrix} 0 & -1 \\ 1 & 0 \end{bmatrix} \right\| \| x - y \|.$$

Die (2-)Norm der Matrix $\begin{bmatrix} 0 & -1 \\ 1 & 0 \end{bmatrix}$ ist ihr größter Singulärwert, bzw. die Wurzel aus dem größten Eigenwert der Matrix $A^\mathsf{T} A$ – also 1. Die Lipschitz-Konstante L_I ergibt sich also zu

$$L_I = \max_{t \in I} e^{|t - t_0|}.$$

Antwort 17 Die Lösung lautet $x(t; 1, 1) = 1$, ist also zeitlich konstant. Die Ableitung von $f(x) = x(1 - x)$ nach x ist $\frac{df}{dx}(x) = 1 - 2x$, wir erhalten also $A = A(t) = \frac{df}{dx}(x(t; t_0, x_0)) = 1 - 2x(t; t_0, x_0) = 1 - 2x_0 = 1 - 2 \cdot 1 = -1$.

Antwort 18 Es ist ja $h(x) = x^{-1}$, für $x > 0$ also $H(x) = \ln x$, sowie $G(t) = t^2$. Wir erhalten also $x(t) = e^{t^2}$ – und sehen, dass unsere Annahme $x > 0$ erfüllt ist.

Antwort 19 Die Stammfunktionen sind von der Form $F(t, x) = tx + C$.

Antwort 20 Die Höhenlinien der Funktion $F(t, x) = \frac{1}{2}(t^2 + x^2)$ sind Kreise mit Mittelpunkt $(0, 0)$. Es ist $\frac{dF}{dt}(t, x) = t =: g(t, x)$ und $\frac{dF}{dx}(t, x) = x =: h(t, x)$. Die zugehörige exakte DGL lautet $x\dot{x} + t = 0$ bzw. $\dot{x} = -\frac{t}{x}$. Die Lösungen beschreiben nur Halbkreise, weil das Definitionsgebiet des Vektorfeldes $f(t, x)$ die Achse $\{x = 0\}$ nicht enthält. (Vollständige Kreise lassen sich allerdings auch nicht als Graph einer Funktion von t nach x darstellen.)

Antwort 21 Es ist

$$
\begin{aligned}
\dot{z}(t) &= (1 - \alpha) x(t)^{-\alpha} \dot{x}(t) \\
&= (1 - \alpha) x(t)^{-\alpha} (a(t) x(t) + b(t) x(t)^{\alpha}) \\
&= (1 - \alpha)(a(t) x(t)^{1-\alpha} + b(t) x(t)^0) \\
&= (1 - \alpha)(a(t) z(t) + b(t))
\end{aligned}
$$

Die Funktion $z(t)$ erfüllt also eine inhomogene lineare Differentialgleichung.

Antwort 22 Wir approximieren also

$$\int_{t_i}^{t_{i+1}} f(\tau, x(\tau)) d\tau \approx (t_{i+1} - t_i) f(t_{i+1}, x(t_{i+1})) = h_i f(t_{i+1}, x(t_{i+1})). \tag{14.7}$$

und erhalten die Iterationsvorschrift

$$\tilde{x}(t_{i+1}) = \tilde{x}(t_i) + h_i f(t_{i+1}, \tilde{x}(t_{i+1})).\tag{14.8}$$

Der Wert $\tilde{x}(t_{i+1})$ der Lösung zum nächsten Zeitpunkt t_{i+1} lässt sich hier also nicht *explizit* aus dem Wert $\tilde{x}(t_i)$ zum aktuellen Zeitpunkt t_i berechnen, vielmehr ist zu seiner Bestimmung zunächst noch die Lösung der (typischwerweise nichtlinearen) Gl. (14.8) notwendig. Solche *impliziten* Verfahren haben für bestimmte Differentialgleichungen Vorteile, vgl. Kap. 6.5.

Antwort 23 Wir approximieren also

$$x(t_i + h_i) \approx \tilde{x}(t_i + h_i) = x(t_i) + h_i \dot{x}(t_i) + \frac{h_i^2}{2}\ddot{x}(t_i),$$

und erhalten mit $\dot{x}(t_i) = f(t_i, x(t_i))$ und $\ddot{x}(t) = f_t(t_i, x(t_i)) + f_x(t_i, x(t_i))\dot{x}(t_i)$ das Verfahren

$$x(t_i + h_i) = x(t_i) + h_i f(t_i, x(t_i)) + \frac{h_i^2}{2}\left(f_t(t_i, x(t_i)) + f_x(t_i, x(t_i))f(t_i, x(t_i))\right).$$

Im Gegensatz zu den Runge-Kutta-Verfahren muss man für diese sog. *Taylor-Verfahren* also Ableitungen des Vektorfelds bestimmen. Dies ist symbolisch i. Allg. (und insbesondere für höhere Ordnungen) aufwendig, lässt sich aber mit Methoden des *Automatischen Differenzierens* heutzutage sehr effizient durchführen, so dass diese Verfahren in den letzten Jahren eine gewissen Renaissance erfahren haben.

Antwort 24 Es ist $f(x) = -\lambda x$, wir erhalten also als Iterationsvorschrift mit dem expliziten Euler-Verfahren

$$x(t_{i+1}) = (1 - \lambda h)x(t_i).$$

Diese Iteration konvergiert nur für $|1 - \lambda h| < 1$ gegen 0, es muss also $h < 2/\lambda$ gelten.

Für das implizite Euler-Verfahren erhalten wir dagegen $x(t_{i+1}) = x_{t_i} - \lambda h x(t_{i+1})$, also

$$x(t_{i+1}) = \frac{1}{1 + \lambda h}x(t_i)$$

als Iterationsvorschrift. Hier gilt $\left|\frac{1}{1+\lambda h}\right| < 1$ für jede Wahl von h, die maximale Schrittweite ist also nicht beschränkt.

Antwort 25 Die Differentialgleichung besitzt die Gleichgewichte $r_0 = -1, r_1 = 0$ und $r_2 = 1$. Für $r > 1$ gilt $\dot{r} < 0$, für $r \in (0, 1)$ gilt $\dot{r} > 0$, für $r \in (-1, 0)$ gilt $\dot{r} < 0$ und für $r < -1$ schließlich $\dot{r} > 0$, das Phasenportrait hat also die folgende Form:

Antwort 26 Das Beispiel 7.1 besitzt das instabile Gleichgewicht $r = 0$ und das asymptotisch stabile Gleichgewicht $r = 1$. Eine eindimensionale Gleichung mit einem stabilen Gleichgewicht, das nicht asymptotisch stabil ist, ist z. B. $\dot{r} = 0$ – allerdings sind hier gleich alle Stellen $r \in \mathbb{R}$ Gleichgewichte ...

Antwort 27 Nein, denn die Matrix $A = \begin{pmatrix} 0 & 1 \\ 0 & 0 \end{pmatrix}$ ist der 2×2 Jordan-Block zum (algebraisch) doppelten Eigenwert 0 – und damit nach (ii) in Satz 7.8 instabil.

Antwort 28 Es sind z. B. alle Funktionen der Form $V(x) = cx^2$ globale quadratische Lyapunov-Funktionen. Das Gleichgewicht ist $x^* = 0$, die Schranken (8.1) sind mit $c_1 = c_2 = c$ erfüllt, und es gilt

$$DV(x)f(x) = 2cx \cdot (-ax) = -2acx^2,$$

so dass (8.2) mit $c_3 = ac$ und für alle $x \in \mathbb{R}$ erfüllt ist.

Antwort 29 Für kleine x_1 gilt $\cos x_1 \approx 1 - x_1^2/2$ und $\sin x_1 \approx x_1$, wir erhalten also

$$\begin{aligned} V_\alpha(x) &= \frac{1}{2}x_2^2 + g(1 - \cos x_1) + \alpha x_2 \sin x_1 \\ &\approx \frac{1}{2}x_2^2 + \frac{g}{2}x_1^2 + \alpha x_2 x_1 \\ &= x^\mathrm{T} A_\alpha x \end{aligned}$$

mit

$$A_\alpha = \frac{1}{2}\begin{pmatrix} g & \alpha \\ \alpha & 1 \end{pmatrix}.$$

Antwort 30 Wir wählen $Q = \begin{bmatrix} 1 & 0 \\ 0 & 1 \end{bmatrix}$ und lösen die Lyapunov-Gleichung (8.10):

$$\begin{bmatrix} -1 & 0 \\ 0 & -2 \end{bmatrix} P + P \begin{bmatrix} -1 & 0 \\ 0 & -2 \end{bmatrix} = -\begin{bmatrix} 1 & 0 \\ 0 & 1 \end{bmatrix}.$$

Die eindeutige Lösung ist $P = \begin{bmatrix} \frac{1}{2} & 0 \\ 0 & \frac{1}{4} \end{bmatrix}$, die Lyapunov-Funktion ist also $V(x) = x^\mathrm{T}\begin{bmatrix} \frac{1}{2} & 0 \\ 0 & \frac{1}{4} \end{bmatrix} x = \frac{1}{2}x_1^2 + \frac{1}{4}x_2^2$.

Antwort 31 Die Differentialgleichung besitzt (vgl. Frage 25) die Gleichgewichte $r_0 = -1, r_1 = 0$ und $r_2 = 1$, das Phasenportrait hat die Form:

Wir haben also

$$W^s(-1) = (-\infty, 0), \qquad W^u(-1) = \{-1\},$$
$$W^s(0) = \{0\}, \qquad W^u(0) = (-1, 1),$$
$$W^s(1) = (0, \infty), \qquad W^u(1) = \{1\}$$

Entsprechend gehören die Intervalle $(-1, 0)$ und $(0, 1)$ zu heteroklinen Lösungen. Homokline Lösungen gibt es hier nicht (und kann es auch für eindimensionale Gleichungen nicht geben).

Antwort 32

$$
\begin{array}{ll}
r < -1 & \alpha(r) = \emptyset, \quad \omega(r) = \{-1\}, \\
r = -1 & \alpha(r) = \omega(r) = \{-1\}, \\
-1 < r < 0 & \alpha(r) = \{0\}, \quad \omega(r) = \{-1\}, \\
r = 0 & \alpha(r) = \omega(r) = \{0\}, \\
0 < r < 1 & \alpha(r) = \{0\}, \quad \omega(r) = \{1\}, \\
r = 1 & \alpha(r) = \omega(r) = \{1\}, \\
r > 1 & \alpha(r) = \{1\}, \quad \omega(r) = \emptyset.
\end{array}
$$

Antwort 33 Die Gleichgewichte erfüllen $0 = x^2 + 2\mu x + 1$, also

$$x^{\pm}(\mu) = -\mu \pm \sqrt{\mu^2 - 1}.$$

Wir erhalten also für $\mu^2 < 1$ kein Gleichgewicht, für $\mu = \pm 1$ die Gleichgewichte -1 und 1, sowie für $\mu^2 > 1$ ingesamt vier, wie in der folgenden Abbildung dargestellt.

Antwort 34 Es ist $C = 0$, $f^c(y, z) = yz$ und $h(z) = -z^2 + \mathcal{O}(z^4)$, wir erhalten also

$$\dot{z} = (-z^2 + \mathcal{O}(z^4))z = -z^3 + \mathcal{O}(z^5),$$

d. h. bis auf Terme der Ordnung 5 die Gleichung $\dot{z} = -z^3$ für z aus einer Umgebung der Null.

Abb. 14.5 Verzweigungs-
Diagramm der Gleichung $\dot{x} =$
$x^2 - 2\mu x + 1$

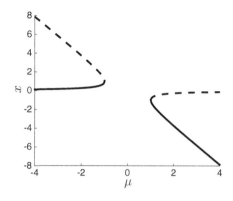

Antwort 35 Ja, wie in jeder Differentialgleichung ist jeder positive Halborbit $\mathcal{O}^+(x) = \{\varphi^t(x) \mid t \geq 0\}$ vorwärts invariant, aber im Allgemeinen nicht invariant.

Antwort 36 Das Phasenportrait hat die Form

Asymptotisch stabile Mengen sind also alle Intervalle $[-1-\delta_1, -1+\delta_2]$, $[1-\delta_2, 1+\delta_1]$, aber auch $[-1 - \delta_1, 1 + \delta_3]$ für $\delta_1, \delta_3 \geq 0$ und $\delta_2 \in [0, 1)$.

Antwort 37 Die Attraktoren sind $\{-1\}$, $\{1\}$ und $[-1, 1]$.

Antwort 38 Die potentielle Energie der Masse ist proportional zu ihrer Höhe x (über der Erdoberfläche),

$$U(\alpha) = mgx.$$

Ihre kinetische Energie ist

$$T(\dot{\alpha}) = \frac{m}{2}\dot{x}^2$$

und damit ihre Lagrange-Funktion

$$L(\alpha, \dot{\alpha}) = \frac{m}{2}\dot{x}^2 - mgx.$$

Antwort 39 Die Lagrange-Funktion der Masse ist mit $q = x$

$$L(q, \dot{q}) = \frac{m}{2}\dot{q}^2 - mgq,$$

insbesondere also

$$\frac{\partial L}{\partial q}\Big(q(t), \dot{q}(t)\Big) = -mg \quad \text{und} \quad \frac{\partial L}{\partial \dot{q}}\Big(q(t), \dot{q}(t)\Big) = m\dot{q}$$

und damit lautet die Euler-Lagrange-Gleichung für dieses System

$$m\ddot{q} + mg = 0, \tag{14.9}$$

bzw.

$$\ddot{x} = -g,$$

in Übereinstimmung mit dem, was wir aus den Newtonschen Gesetzen $F = ma = m\ddot{x}$ für die Beschleunigung der Masse und $F = -mg$ für die auf die Masse wirkende Gewichtskraft erhalten.

Antwort 40 Hier ist der Impuls $p = m\dot{x} = m\dot{q}$, die Hamilton-Funktion lautet

$$H(p,q) = \frac{1}{2m} p^2 + mgq.$$

Das äquivalente Hamilton-System ist also

$$\dot{p} = -mg$$
$$\dot{q} = \frac{1}{m} p.$$

Literatur

1. KOLINSKY, H.: *Eine Einführung in das Computeralgebrasystem MAPLE*. http://www.rz.uni-bayreuth.de/lehre/maple/, 2007.

2. LYNCH, S.: *Dynamical systems with applications using MAPLE*. Birkhäuser, Boston, 2001.

3. HIGHAM, D. J. and N. J. HIGHAM: *MATLAB guide*. SIAM, Philadelphia, 2nd ed., 2005.

4. BEHRENS, J. und A. ISKE: *MATLAB – Eine freundliche Einführung*. http://www-m3.ma.tum.de/twiki/pub/Allgemeines/Skripten/matlab.pdf, 1999.

5. LYNCH, S.: *Dynamical systems with applications using MATLAB*. Birkhäuser, Boston, 2004.

6. QUARTERONI, A., R. SACCO und F. SALERI: *Numerische Mathematik 1*. Springer, Berlin, 2002.

Sachverzeichnis

© Springer Fachmedien Wiesbaden 2016
L. Grüne, O. Junge, *Gewöhnliche Differentialgleichungen*,
Springer Studium Mathematik – Bachelor, DOI 10.1007/978-3-658-10241-8

Printed in the United States
By Bookmasters